암반 구조

암반 구조

황 상 기 저

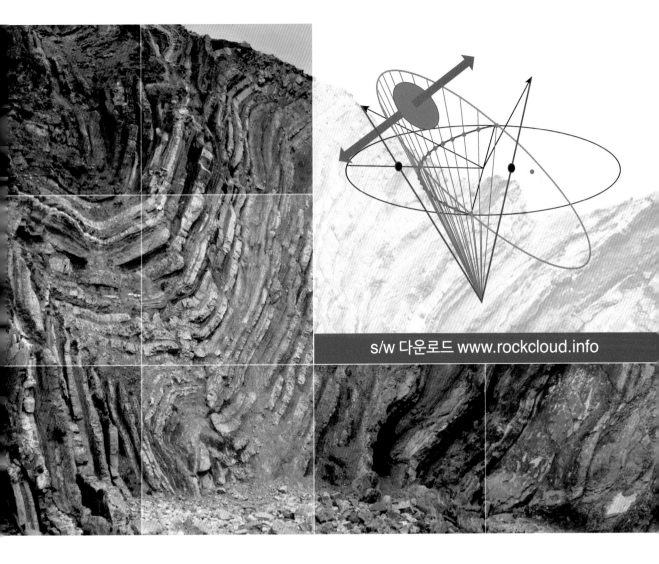

s/w 다운로드 www.rockcloud.info

씨
아이
알

▌일러두기

본 교재와 연계된 s/w들은 www.rockcloud.info에서 다운로드 받을 수 있습니다. AB3153

너무도 부족한 제게
큰 사랑과 가르침을 주시고
분에 넘치는 기대를 해주셨던
스승님이신,

박봉순,
George R. Stevens,
Paul F. Williams
교수님께

이 책을 바칩니다.

■ 서언

절취비탈면의 표면에서와 같이 암석의 지질구조는 사람들의 얼굴만큼이나 다양한 형상을 보인다. 이러한 형상들도 적절한 구조지질학적 기초를 바탕으로 정리하면 나름대로 동일한 특징을 갖는 영역(구조구)들로 분류해 분석할 수 있다. 이와 같이 구조구를 분류하여 분석하는 데 필요한 구조지질학적 기초지식을 요약해볼 수 있을까 하여 전반부인 1~6장에서 암상과 지질구조들에 관한 내용을 정리해보았다.

학위과정까지 추구하였던 순수과학에 대한 열정이 우연히 관심을 갖게 되었던 지질정보에 관한 호기심과 그간 본인이 소속되었던 공과대학이라는 환경으로 인해 많이 변형된 것 같다. 그간 수행하였던 시추정보 처리방법, 원격 지질구조 측정법, 비탈면과 터널의 정보정리와 분석방법 등의 연구들은 뿌리도 없고 논문들로 적절히 정리되지도 못한 아쉬움이 많았다. 그리하여 그간 연구한 내용들을 후반부 7~12장에 정리해보았다. 대부분의 연구내용들이 정보처리에 관한 것들로, s/w로 만들어졌던 것들이 많다. 책이 출간될 즈음에 이 s/w들을 함께 공개하고자 노력하였다. 그러나 일부 루틴들은 너무 오래전에 만들어져 지금의 컴퓨터 환경으로 아직 전환되지 못하였다. 책의 출간 이후에도 그 작업은 지속될 것을 약속한다.

▪️. 감사의 글

돌이켜 생각해보니 주변의 모두가 스승이었다. 배움에 준비가 없었던 내 자신이 가장 아쉬울 뿐이다. 특히 준비가 없었던 시절, 공부를 해보라는 희망을 주셨던 박봉순 교수님께서는 유학시절 한 해도 거르지 않고 연하장을 손수 써 보내주셨고, 내가 순수구조지질을 공부하겠다는 소식을 듣고 그리도 좋아하셨다고 들었다. 당시는 한국에 전화 한 번 하기도 어려웠고 한국인들이 거의 없는 환경에서 공부하던 나는 교수님의 연하장이 끊긴 이유를 몇 년이 지난 후에야 알게 되었다. 용서받기 어려운 죄를 지은 것 같다. 분에 넘치는 기대와 가르침을 주셨는데 교수님의 순수과학에 대한 열정에 조금도 보탬이 되지 못해 더욱 죄송하다.

석사과정을 시작하였던 1982년 캐나다는 너무도 낯선 곳이었다. 한국 교민들도 동부의 3개 주를 모두 모아야 10가정 정도 있었던 참으로 추웠던 곳이었다. 아무런 준비가 없었던 내게 부모와 같이 모든 것을 도와주셨던 석사과정 지도교수님이신 Georgy R. Stevens 교수님과 그 가족 분들께 너무 큰 은혜를 입었다. 진심으로 감사를 드린다. 또한 박사과정 지도교수님이신 Paul F. Williams 교수님께서는 유명세 덕분에 우리 차지가 되기 어려울 줄 알았다. 그러나 지도교수님께서는 여름 필드시즌엔 빠지지 않고 논문 지역을 찾아주시고 현장의 문제를 풀어주셨다. 누구보다 많이 알고 계셨지만, 지식을 주시는 것보다는 공부하는 법을 가르쳐 주셨던 참 스승이셨다. 한국의 연구소에 취직하여 간다는 말씀을 드렸을 때 좋아하시던 모습이 생생하다. 대학보다는 연구소엘 가야 큰 연구를 할 수 있다고 기대를 하셨는데 한없이 못 미쳐 무척 죄송하다. 많은 기대와 사랑을 주셨던 세 분의 스승님들께 이 책이 조금이라도 보답이 될 수 있었으면 좋으련만, 너무 부족하고 죄송할 뿐이다.

무슨 이유에서인지 구조지질학은 우리말로 정리된 책자가 많지를 않다. 그런 연유로 전공 단어에 대한 한글 번역어가 큰 숙제이었다. 최근 그 일을 수행하셨던 김영석 교수님은 본인이 번역 용어들을 사용하는 데 흔쾌히 허락해주셨다. 깊이 감사를 드린다. 바쁜 일정에도 원고를 꼼꼼히 읽어주시고 정정해주신 이채현 교수님과 윤혜수 교수님께도 감사를 드린다.

본 서의 후반부 내용은 기존의 연구가 흔치 않았던 관계로 연구의 지원을 받기 쉽지 않았다. 연구가 시작되었던 2000년대 초반에 농업기반공사에서 지원해주었던 지하수 정보처리 연구들은 본 책자 후반부 내용의 기초를 놓는 데 큰 도움이 되었다. 항상 품고 있었던 고마운 마음을 이제야 전한다.

긴 세월 참으로 이기적으로 살아왔던 내 생활을 인내로 지원해주셨던 배재대학과 동료 교수님들 그리고 실험실 식구들 모두에게 감사드린다. 역시 빠질 수 없는 지원은 가족들이었다. 돌이켜보면 별로 중요하지도 않았던 많은 일들을 핑계로 가족들에게 너무 많은 미안한 일들을 하였다. 그럼에도 언제나 응원을 해주었던 부모님, 동생들과 그 가족들 그리고 우리 식구들 모두에게 깊이 감사한다.

CONTENTS

제3장 절 리

제4장 단 층

제5장 습 곡

제6장 투영망

제7장 비탈면공학과 구조지질

제8장 사진을 이용한 면구조의 원격 측정

제9장 공내 카메라와 지질구조

제10장 블록이론

제11장 터널과 지질구조

제12장 정량적 분석

제1장

변형과 응력

제1장　변형과 응력

　　구조지질학은 암석이 형성된 후 어떠한 과정을 거쳐 현재의 지질구조를 가지게 되었는가를 연구하는 학문이다. 일반적인 물체의 변형은 힘이 주어지면 물체의 물성에 따라 그 힘을 수용하는 형태로 진행된다[그림 1.1]. 그러므로 힘이 주어지는 상황(크기, 방향 등)과 변형의 방법과 물체의 물성에 대한 관계가 변형으로 이어지는 다양한 과정을 이해해야 할 것이다. 그러나 암석의 변형은 그리 단순하지만은 않다.

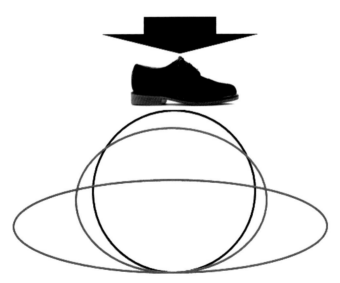

그림 1.1 원형에 수직인 힘이 주어져 타원의 형태로 변형된다. 물성이 강한 경우는 작은 타원으로 물성이 약한 경우는 큰 타원으로 변형된다.

1.1 변형(Deformation)

암석의 변형은 오랜 시간과 다양한 변형의 역사에 의해 진행된다. 그러므로 현재 우리가 관찰하는 변형된 구조가 한 방향의 응력에 반응하여 한 번에 변형된 최종 결과물일 확률은 높지 않다. 또한 하나의 변형이 다른 변형을 초래하는 경우도 흔하다. 예를 들면 그림 1.2(a) 와 같이 책꽂이에 꽂힌 책들이 우측으로 넘어지는 변형은 우수향 전단변형으로 정의할 수 있다. 이 과정에서 책과 책 사이의 변형은 좌수향 전단변형을 보인다. 전체적으로는 우수향 전단변형이나 내부에서는 이에 반대되는 좌수향 변형이 공존하는 것이다. 흔히 이를 서가형 (책꽂이) 모델Bookshelf Model이라 칭한다. 암석에서 이러한 변형의 예는 장석과 같은 광물이 쪼개지는 변형처럼 극히 소규모의 변형에서 대륙판의 내부가 쪼개지고 외부가 전단으로 변형되는 대규모의 변형에 이르기까지 다양한 경우에서 발생한다.

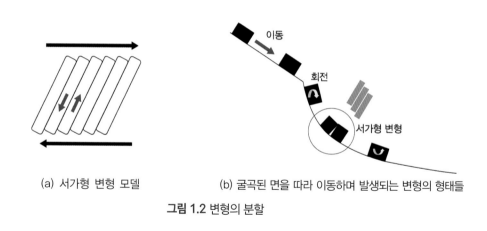

(a) 서가형 변형 모델　　　　　(b) 굴곡된 면을 따라 이동하며 발생되는 변형의 형태들

그림 1.2 변형의 분할

또 한 가지의 예를 그림 1.2(b)와 같이 굽은 면을 따라 사각형의 물체가 이동하는 과정을 통해 관찰할 수 있다. 초기의 이동면은 직선이므로 이 구간에서는 물체가 직선으로 이동한다. 그러나 이동면이 곡선이 되면 물체는 이동과 회전을 병행한다. 이 과정에서 만약 물체가 부서진다면[그림 1.2(b) 원으로 표시된 영역], 전기한 모델의 변형이 일어날 뿐 아니라 부서진 블록들의 회전각이 서로 다르므로 발생되는 공간이 만들어질 수 있다. 단층면과 같은 구조는 대부분 평면이 아니며 굽어진 면구조를 갖는다. 이와 같이 하나의 변형이 기하학적 형상에 따라 여러 가지의 변형으로 분할되는 것을 변형 분할Strain Partitioning이라 하며, 이러한 현상은 많은 지질구조에서 관찰된다.

변형분할을 통해 이해해야 할 점은 지질구조가 형성되는 과정을 단일 응력에 의해 파생되는 단일 변형으로 모델하려는 노력은 무의미할 수 있다는 것이다. 특히 오랜 기간을 통해 변형이 중첩되었을 경우를 고려하면 더욱 응력과 변형의 관계를 단순히 정의하기는 어려워진다. 그러므로 본 서는 지각의 변화를 물리적으로 모델하기 위해 필요한 응력과 변형 및 물성의 관계를 자세히 다루지 않겠다. 이 부분에 관심이 있는 독자에게는 Means(1976)를 권한다. 그러나 비탈면, 터널 등과 같은 지질공학의 문제를 이해하기 위해 필요로 하는 응력과 변형의 관계가 있다. 이들은 현생에서의 국부적인 영역에서 파생되는 기본적인 응력과 변형의 관계로서 암반지질구조의 이해를 위해 필요한 내용으로 판단된다. 또한 단층이나 습곡구조 등을 이해하기 위해 필요한 서술적인 변형이론의 이해 역시 중요하므로 본 교재에서는 이들과 관련된 부분만을 발췌하여 간략히 정리하기로 하겠다. 이곳에 정리된 내용은 후반부 (7장 이후) 내용을 이해하는 데 특히 도움이 될 것이며, 정확한 이해를 돕기 위해 예제를 중심으로 설명하고 각 단계가 포함된 전산코드를 "Strain.exe"이라는 s/w로 정리하도록 하겠다. 쉬운 이해를 위해 2차원 단면의 변형을 다루고 있으나 모든 내용은 쉽게 3차원으로 확대 적용될 수 있다.

물체의 변형은 물체의 회전Rotation, 이동Rranslation, 모양의 변화Strain, 크기의 변화Volume Change 로 나눠서 분석할 수 있으며, 각 변형은 변형행렬로 계산될 수 있다.

1.1.1 회전(Rotation)

2차원 공간에서 어느 좌표의 회전은 회전각도 θ에 대하여 다음의 변형행렬을 곱해줌으로써 회전 후의 좌표를 계산할 수 있게 된다.

$$\begin{bmatrix} \cos\theta & -\sin\theta \\ \sin\theta & \cos\theta \end{bmatrix} \times \begin{bmatrix} x \\ y \end{bmatrix} = \begin{bmatrix} x' \\ y' \end{bmatrix}$$

그림 1.3은 코너의 좌표가 (50, 50), (−50, 50), (−50, −50), (50, −50)인 사각형을 15° 회전시킨 결과이다. 회전된 사각형은 (35.4, 61.2), (−61.2, 35.4), (−35.4, −61.2), (61.2, −35.4)의 코너좌표를 갖는다. 회전은 평면에 수직인 z축을 기준으로 오른손 법칙을 적용한 좌표계에서 반시계 방향으로 15° 회전한 결과이다.

3차원의 회전은 회전축을 중심으로 각기 식 1.1의 회전행렬을 곱하여 구할 수 있다.

$$Rx(\theta) = \begin{bmatrix} 1 & 0 & 0 \\ 0 & \cos\theta & -\sin\theta \\ 0 & \sin\theta & \cos\theta \end{bmatrix}$$

$$Ry(\theta) = \begin{bmatrix} \cos\theta & 0 & \sin\theta \\ 0 & 1 & 0 \\ -\sin\theta & 0 & \cos\theta \end{bmatrix} \qquad \text{식 1.1}$$

$$Rz(\theta) = \begin{bmatrix} \cos\theta & -\sin\theta & 0 \\ \sin\theta & \cos\theta & 0 \\ 0 & 0 & 1 \end{bmatrix}$$

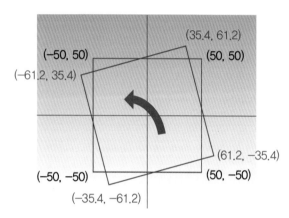

그림 1.3 평면에 수직인 z축을 중심으로 사각형을 15° 회전한 결과

특정 회전축(단위벡터 ax, by, cz)을 중심으로 θ의 각도 회전을 계산하려면 쿼테니온 Quaternion 회전 수식이 유용하게 사용되는데, 여기에 적용되는 행렬은 다음의 식 1.2와 같다.

$$\begin{bmatrix} 1 - 2b^2 - 2c^2 & 2ab + 2sc & 2ac - 2sb \\ 2ab - 2sc & 1 - 2a^2 - 2c^2 & 2bc + 2sa \\ 2ab + 2sb & 2bc - 2sa & 1 - 2a^2 - 2b^2 \end{bmatrix} \qquad \text{식 1.2}$$

여기에서, $a = ax\sin\left(\dfrac{\theta}{2}\right),$

$\qquad\qquad b = by\sin\left(\dfrac{\theta}{2}\right),$

$$c = cz \sin\left(\frac{\theta}{2}\right),$$

$$s = \cos\left(\frac{\theta}{2}\right)$$

1.1.2 이동(Translation)

회전이 없는 단순이동은 좌표에 이동 증분을 더하거나 빼주면 된다. 다음의 행렬은 z축을 기준으로 각 θ만큼 회전한 후 각기 dx와 dy 증분으로 이동한 경우의 예이다. 즉, 새로운 좌표 (x', y')은 식 1.3과 같은 수식으로 계산된다.

$$\begin{bmatrix} \cos\theta & -\sin\theta & dx \\ \sin\theta & \cos\theta & dy \\ 0 & 0 & 1 \end{bmatrix} \begin{bmatrix} x \\ y \\ 1 \end{bmatrix} = \begin{bmatrix} x' \\ y' \\ 1 \end{bmatrix}$$

식 1.3

$$x' = x\cos\theta - y\sin\theta + dx$$

$$y' = x\sin\theta + y\cos\theta + dy$$

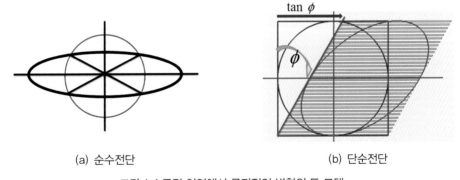

(a) 순수전단   (b) 단순전단

그림 1.4 균질 영역에서 국지적인 변형의 두 모델

1.1.3 모양의 변형(Strain)

구조지질학에서는 국부적인 위치에서 균질하게 변하는 모양의 변형을 그림 1.4와 같이 순수전단Pure Shear과 단순전단Simple Shear으로 구분하여 모델화한다. 순수전단은 변형의 축과 응력의 축이 동일한 상태의 변형으로 한 축으로는 압축, 다른 축으로는 인장이 일어나는 변형을 의미한다[그림 1.4(a)]. 단순전단의 경우는 카드와 같이 겹쳐진 면을 따라서 이동변형

을 하여 만들어지는 전단변형의 형태를 의미한다[그림 1.4(b)-(c)]. 흔히 이들 변형의 강도는 변형 전의 원이 타원의 형태로 변형되면서 신장되는 정도로 표현하는데, 이를 2차원에서는 변형타원, 3차원의 경우는 변형타원체라 한다. 변형의 강도가 클수록 타원의 장축이 길어지며 단축이 짧아진다.

순수전단변형을 모델하기 위해서는 각기 x와 y 방향의 변형률을 ε_x와 ε_y라 하면 식 1.4와 같은 변형행렬을 활용하여 변형 후 좌표를 계산할 수 있다. 여기에서 축방향의 변형률들은 단위길이당 길이의 변화($\varepsilon = \Delta L / L$)를 의미한다. 그러므로 변형행렬은 실제길이의 비율인 1에 변형률을 합한 값을 쓰게 된다.

$$\begin{bmatrix} 1+\varepsilon_x & 0 \\ 0 & 1+\varepsilon_y \end{bmatrix}$$

$$\begin{bmatrix} 1+\varepsilon_x & 0 & 0 \\ 0 & 1+\varepsilon_y & 0 \\ 0 & 0 & 1+\varepsilon_z \end{bmatrix} \qquad \text{식 1.4}$$

한편 단순전단은 그림 1.4(b)에서와 같이 전단각이 θ라 할 때 x방향의 이동량은 높이 y 좌표에 $\tan\theta$를 곱하여줌과 동일하다. 그러므로 단순전단의 변형행렬은 식 1.5와 같다.

$$\begin{bmatrix} 1 & \tan\theta \\ 0 & 1 \end{bmatrix} \qquad \text{식 1.5}$$

지금까지 정의한 변형의 모형은 균질영역에서 발생하는 순수한 변형의 모형이다. 그러나 지질학적 상황에서의 변형은 많은 복합적인 요인을 수반한다. 그림 1.5는 지층의 두 부분이 습곡되는 과정에서 어떠한 변형의 역사를 겪을 수 있는가를 모델화한 것이다(Hobbs et al, 1976). 두 부분(A와 B영역)은 모두 초기단계에서는 압축에 의한 순수변형으로 수평으로 인장하는 변형을 보인다. 그러나 습곡의 축이 형성되면서 A영역의 변형이 B영역의 변형보다 커지고 이어지는 습곡날개의 회전으로 B영역은 단순전단의 변형양상으로 바뀌게 된다. 한편 A영역은 인장과 압축의 방향이 바뀌면서 변형타원이 다시 원형으로 바뀌는 변형의 역사를 보이게 된다.

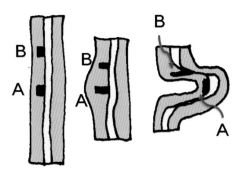

그림 1.5 습곡에 의해 변형되는 암석의 모델

앞에서 소개되었던 만화와 같은 변형의 역사는 변형축의 회전이나 압축과 인장의 방향과 크기 변화 등이 합쳐지면서 실제 변형은 얼마나 복잡해질 수 있을까를 짐작할 수 있게 해준다. 이와 같은 변형을 완벽하게 모델화하는 것은 쉽지 않다.

점진적인 변형을 이해하기 위하여 변형과정을 최종변형에 증분변형이 합쳐지는 상황으로 모델해보자. 그림 1.6과 같이 원형의 물체가 변형되어 만들어지는 타원을 최종변형타원 Finite Strain Ellipse이라 한다[그림 1.6(a)-(b)]. 변형이 극히 작은 상황에서 만들어지는 최종타원은 그림 1.6(c)와 같이 원에 가까운 타원이 될 것이다. 이와 같이 매우 작은 변위의 변형타원을 증분변형타원Incremental Strain Ellipse이라 한다[그림 1.6(c)]. 변형은 점진적이어서 최종타원을 만드는 변형에 순간적인 증분변형이 겹쳐진다.

타원의 중심을 기점으로 360° 방향으로 타원까지 선분을 그려보라. 이 선분의 방향에서 물질의 변형은 선분의 길이가 축소되거나 연장됨으로 표현할 수 있다. 그림 1.6과 같이 원래 원의 형상과 변형된 변형타원을 겹쳐보면 선분의 길이 변화가 없는 무변형 물질선Line of No Finite Elongation이 2곳 존재하는데[그림 1.6(a)], 이 물질선Material Line을 기준으로 타원의 한 방향으로는 수축이, 다른 방향으로는 압축이 일어난다.

직육면체 형태로 쌓아놓은 카드나 화투가 단면에서 마름모 형태로 변형되는 단순전단에서는 무변형 물질선 중 하나는 이동변형의 이동방향과 같은 방향이므로 회전이 없으나 다른 무변형 물질선은 변형률이 커지면서 변형방향으로 회전하게 된다[그림 1.6(a)]. 순수전단의 경우는 변형률이 커지면서 두 무변형 물질선 공히 응력의 수직방향(신장방향)으로 회전하게 된다[그림 1.6(b)].

변형의 과정을 분리하여 진행되는 변형에 지속적으로 매우 작은 증분의 변형이 겹쳐지는

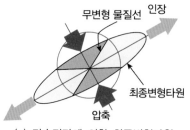
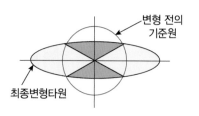

(a) 단순전단에 의한 최종변형타원   (b) 순수전단에 의한 최종변형타원

(c) 단순전단 형태의 증분변형타원

그림 1.6 최종변형과 증분변형타원

과정을 생각해보자. 그림 1.6(c)와 같은 매우 작은 증분타원이 그림 1.6(a)와 같은 최종타원에 중첩되면서 변형이 진행되는 상황을 고려해보자.

단순전단의 경우는 그림 1.7(a)에서와 같이 점선으로 표기된 최종변형타원에 증분변형타원이 겹쳐지는 상황이다. 이 경우, 두 변형타원 공히 변형의 양상은 무변형 물질선을 경계로 인장과 수축영역으로 나뉜다[그림 1.7(b)]. 이 상황에서 물질선을 경계로 나뉜 3영역(그림 1.7(b)을 자세히 관찰해보도록 하자.

첫 번째 영역에서는[그림 1.7(b)의 영역1], 최종변형타원의 인장 부분이 증분타원의 인장영역에 포함되므로 이 영역은 기존(최종변형타원이 만들어지는 단계)에도 인장변형을 받고 있었으며 겹쳐지는 증분변형 역시 인장임을 알 수 있다(+ & +). 두 번째 영역의 경우는[그림1.7(b)의 영역2] 최종타원의 수축영역이 중첩되는 증분변형의 수축영역과 동일하므로 지속적으로 수축변형을 받았음을 알 수 있다(− & −). 그러나 세 번째 영역은[그림 1.7(b)의 영역3] 최종변형에서 수축변형을 받았던 영역에 겹쳐지는 증분변형은 인장변형이다(− & +). 즉, 이 영역의 물질선 방향은 수축을 받아왔으나 겹쳐지는 현재의 변형은 인장이라는 것이다. 야외에서 간혹 관찰되는 수축으로 만들어졌던 습곡구조가 인장에 의해 늘어져 부딘 구조를 보이는 지질구조들이 아마 이러한 변형의 과정으로 설명될 수 있을 것이다. 순수전단의 경우도 그림 1.7(d)와 같이 수축이 인장으로 변하는 영역(− & + 영역)이 있음을 이해할 수 있을 것이다.

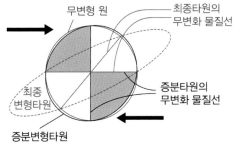

(a) 단순전단에 의한 변형으로 최종변형과 증분변형 타원 내 길이변화가 없는 두 물질선 중 하나(수평선)는 동일한 위치이다.

(b) 단순전단의 최종변형타원에 증분변형타원을 중첩한 결과. 최종변형에서 압축되었던 부분이 증분변형에서는 인장되는 (− & +) 영역에 주목하라.

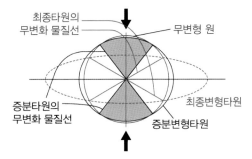

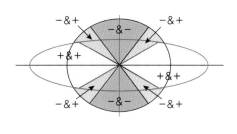

(c) 순수전단의 경우 길이변화가 없는 두 물질선의 위치는 모두 다르다.

(d) 순수전단에서 역시 최종변형에서 수축이었던 부분이 증분변형에서는 인장되는 (− & +) 영역에 주목하라.

그림 1.7 최종변형과 증분변형의 중첩

1.1.4 부피의 변형(Volume Change)

부피의 변화는 그림 1.8과 같은 세 축에서 길이의 변화로 표현될 수 있다. 그림 1.8에서와 같이 x, y, z축에 평행한 육면체의 길이를 각각 a, b, c라고 하고 각 축에서 발생된 변형률을 각각 ε_x, ε_y, ε_z라 하자.

변형률이 ε_x, ε_y, ε_z이므로 각 축에서 발생한 실제 변위는 변형률에 육면체의 변형 전 길이 a, b, c를 곱한 값 $a\varepsilon_x$, $b\varepsilon_y$, $c\varepsilon_z$와 같다. 그러므로 각 변의 변화된 길이는 원래 길이에 변화량을 더한 $(a + a\varepsilon_x)$, $(b + b\varepsilon_y)$, $(c + c\varepsilon_z)$가 되며 변화된 체적은 다음과 같이 세 면의 길이를 곱한 값으로 계산된다.

$$V = (a + a\varepsilon_x)(b + b\varepsilon_y)(c + c\varepsilon_z) = a(1 + \varepsilon_x)b(1 + \varepsilon_y)c(1 + \varepsilon_z)$$

이 체적의 수식은 다음과 같이 전개될 수 있는데 변형률 ε은 매우 작은 숫자이다. 그러므로 한 개 이상의 변형률이 곱해진 숫자들은 너무 작은 숫자라 모두 무시할 수 있으며 세 변의 길이를 곱해준 abc항은 육면체의 변형 전 체적(V_0)이 된다.

$$V = a(1 + \varepsilon_x)b(1 + \varepsilon_y)c(1 + \varepsilon_z) = abc(1 + \varepsilon_x + \varepsilon_y + \varepsilon_z + \varepsilon_x\varepsilon_y + \varepsilon_y\varepsilon_z + \varepsilon_z\varepsilon_x + \varepsilon_x\varepsilon_y\varepsilon_z)$$

그러므로 위 수식은,

$$V \cong V_0(1 + \varepsilon_x + \varepsilon_y + \varepsilon_z)$$

으로 단순화되며 체적의 변화는,

$$\Delta V = V_0(1 + \varepsilon_x + \varepsilon_y + \varepsilon_z) - V_0 = V_0(\varepsilon_x + \varepsilon_y + \varepsilon_z)$$

즉, 원래의 길이에 세 변의 변형률을 더해준 값을 곱해주는 것과 같게 된다.

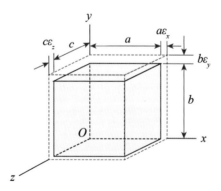

그림 1.8 x, y, z축과 평행한 a, b, c 길이의 육면체가 각 축 방향으로 ε_x, ε_y, ε_z 만큼의 변형률을 보여 점선의 육면체로 체적의 변화를 보였다.

1.2 응력과 변형

단위면적에 적용되는 힘Force을 응력Stress이라 한다. 앞에서 언급되었듯이 본 교재에서는 지질학적 상황에서 파생될 수 있는 복합적인 응력의 문제를 다루지 않을 것이며 비탈면이나 터널 등의 안정성 평가를 이해하는 데 도움이 될 수 있는 몇 가지 기초 이론만 다루기로 하겠다.

한 점에 작용하는 2차원과 3차원 응력은 그림 1.9와 같이 각기 4개와 9개로 정의된다. 2차원 평면에서의 응력은 두 수직응력 σ_1, σ_2와 두 전단응력 τ_{12}, τ_{21}으로 분해된다. 일반적으로 면과 평행하게 적용되는 전단응력의 아래첨자 표기법은 적용면에 수직으로 작용하는 수직응력의 번호와 전단응력의 방향과 평행한 수직응력의 번호를 합쳐서 표기한다. 즉, τ_{12} 응력은 σ_1의 수직응력이 적용되는 면과 평행하며 전단응력이 가리키는 방향은 σ_2의 방향과 평행한 방향의 응력을 의미한다. 그림 1.9(b)에서와 같이 3차원 응력의 전단응력 표기법을 이와 같은 방법으로 확인해보도록 하라.

한 점에 작용하는 응력의 경우 물체의 회전이 없을 경우는 반대방향에서 작용하는 전단응력은 서로 상쇄되어야 한다. 즉, 두 응력의 크기가 서로 같아서, $\tau_{12} = \tau_{21}$의 관계가 성립함을 의미한다.

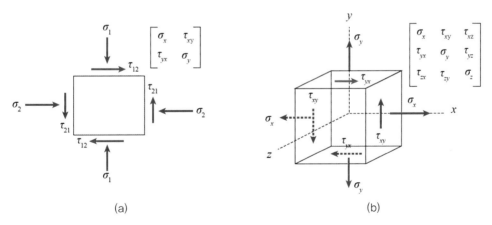

(a)   (b)

그림 1.9 한 점에 작용하는 2차원과 3차원 응력들

응력에 의한 변형

물체에 응력이 주어지면 변형이 일어나며, 그 변형은 물체의 물성에 따라 다르게 나타날 것이다. 예를 들어 연식 정구공과 축구공의 경우를 비교하면, 동일한 응력이 주어졌을 때 전자가 더 많이 변형되는 것은 두 물질의 물성이 다르기 때문이다. 물체의 물성은 이와 같이 응력에 의해 변형이 이뤄졌다 응력이 제거되면 원래의 형태로 돌아가는 탄성변형과 그렇지 못하고 영구변형이 이뤄지는 소성변형과 파괴되는 변형의 형태로 나눌 수 있다[그림 1.10].

1) 탄성계수

탄성물질의 성격은 그림 1.10(a)에서와 같이 응력과 변형의 관계가 직선으로 표현된다. 즉, 응력이 주어지면 그 크기만큼 변형이 이뤄진다는 뜻이며 이 직선의 기울기를 탄성계수(E)라 한다. 탄성의 중요한 성격은 응력이 없어지면 변형된 물질이 변형 전의 모습으로 회귀하는 것이다. 고무와 같이 특이한 탄성물질을 제외하고 대부분의 물질(예, 암석, 콘크리트)은 매우 작은 변형에서만 이 성격을 보이며 탄성의 한계를 지나치면 그림 1.10(a)와 같이 파괴되어, 더 이상의 응력이 증가되지 않아도 변형이 지속되는 변형을 보인다.

소성변형의 특성은 응력과 변형의 관계가 선형(압력이 증가하면 변형이 일정한 비율로 증가함)의 관계를 이루지 않으며 변형과정에서 응력이 제거되면 그림 1.10(b)의 회복경로 1과 같이 원래의 상태로 돌아오기보다는 회복경로 2와 같이 영구변형을 남기게 된다. 탄성과 달리 회복경로 역시 변형경로와 전혀 다른 경로를 보인다.

암석의 경우, 초기 매우 작은 변형의 영역도 그림 1.10(c)와 같이 전형적인 탄성변형을 보이지는 않는다. 처음 암석의 변형이 시작될 때는 암석 내부에 존재하는 미세균열이 닫히면서 응력을 흡수하므로 응력에 비해 변형이 다소 많으나 미세균열이 닫힌 이후에는 응력과 변형이 선형의 관계를 보인다. 점차 응력이 높아지면서 암석이 깨지는 일축압축강도[그림 1.10(c)의 Sc[1]]에 가까워지면서 다시 내부의 미세균열이 생성된다. 균열이 증가하면서 암석은 점차 응력에 비해 변형이 많아지며 파괴에 이르게 된다. 그러므로 암석의 탄성계수는 적절한 규칙에 의해 결정되어야 한다. 흔히 곡선형태의 변형곡선을 지나는 최적의 직선을 설정하는 방법이나[그림 1.10(c)의 E_{secant}], 일축압축강도의 50% 지점에서 그래프의 접선을

---

1 암석에 한 방향으로 응력을 가할 때, 깨어질 때의 응력

선택하는 방법[그림 1.10(c)의 E_{50}]을 사용한다. 물론 탄성계수는 이 직선들의 기울기이다.

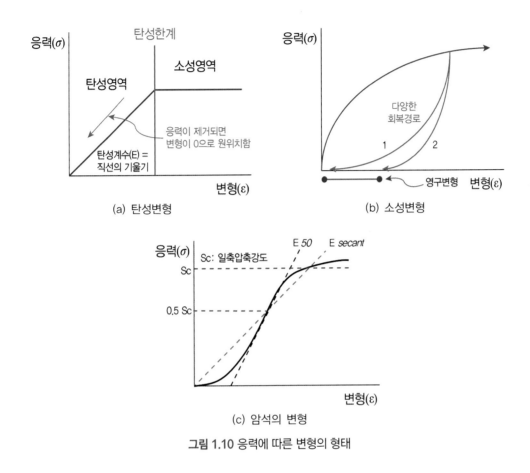

그림 1.10 응력에 따른 변형의 형태

흔히 공학에서는 탄성변형이 한계에 이르러 파괴가 일어나는 탄성한계까지의 변형을 중요하게 고려한다. 이는, 구조물에 파괴가 진행되기 이전의 변형을 정확히 이해하여 구조물의 안전을 유지해주는 것이 중요하기 때문이다. 그러나 터널과 같은 경우는 굴착 과정에서 이미 파괴되어 변형이 진행되는 과정에서 보강이 이뤄지는 특수한 상황이 연출된다. 그러므로 이 경우는 탄성한계 이후의 변형을 이해하기 위해서 응력과 변형의 시험과정에서 미세한 변형을 측정하여 응력을 1/2,000초 단계로 제어하는 등의 실험이 시도되기도 한다.

1.1.3절에 언급되었던 변형에 관한 행렬식을 다시 이해하도록 해보자. 다음의 2차원 행렬식에 x와 y방향의 변형률이 각기 0.1과 -0.1이라 가정하자. 즉, 그림 1.11(a)와 같이 정사각형의 물체가 수평방향으로 0.1만큼(10%) 인장하였고 그에 따른 수직방향의 수축률이 동일

하게 0.1(10%)이라 가정하는 것이다. 그러면 식 1.4는 다음과 같다.

$$\begin{bmatrix} 1+\varepsilon_x & 0 \\ 0 & 1+\varepsilon_y \end{bmatrix} = \begin{bmatrix} 1+0.1 & 0 \\ 0 & 1-0.1 \end{bmatrix} = \begin{bmatrix} 1.1 & 0 \\ 0 & 0.9 \end{bmatrix}$$

이 변형행렬에 원래의 사각형 코너좌표를 곱해주면 변형 후 좌표가 계산된다. 그림 1.11(a) 우측 상단좌표 (50, 50)의 변형 후 좌표를 계산해보자.

$$\begin{bmatrix} 1.1 & 0 \\ 0 & 0.9 \end{bmatrix} \begin{bmatrix} 50 \\ 50 \end{bmatrix} = \begin{bmatrix} 55 \\ 45 \end{bmatrix}$$

이와 같이 정사각형의 코너좌표들 모두를 계산해보면 그림 1.11(a)와 같은 직사각형의 변형결과를 확인할 수 있을 것이다.

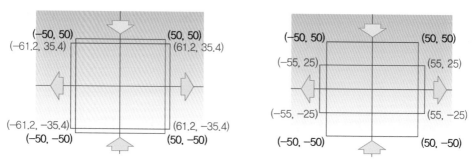

(a) 수평과 수직방향(x와 y방향)의 변형률을 각기 0.1 (인장)과 −0.1(수축)으로 설정한 변형

(b) 수평변형률 0.1에 푸아송비 0.2를 적용하여 수직 변형률 −0.5가 적용된 변형직사각형

그림 1.11 직사각형의 변형

2) 푸아송비

변형에 반영되는 또 하나의 물체의 특성은 한 방향의 변형이 다른 방향의 변형량과 어떠한 관계를 보이는가 하는 푸아송비Poisson's Ratio(ν)이다. 즉, 어떤 물질이 균질하고 등방성일 때 수평방향으로 인장을 하면 수직방향으로는 어느 정도의 비율로 수축하는가 하는 특성을 말한다[식 1.6]. 일반적으로 콘크리트와 같은 재료는 0.1~0.2의 값을, 철강 재료는 0.2~0.3의 값을 갖는다.

$$\nu = -\frac{\varepsilon_x}{\varepsilon_y} \qquad\qquad\qquad \text{식 1.6}$$

그림 1.11(b)와 같이 수평의 변형률을 0.1이라 가정하고 이 물체의 푸아송비를 0.2라 가정하면 수직의 압축률은 −0.5가 된다(0.2 = −0.1/−0.5). 그림1.11(a)와 동일한 사각형의 변형에 이를 적용한 결과는 그림 1.11(b)와 같다. 다음의 수식은 정사각형의 코너점 (50, 50)에 수평과 수직방향 변형률 0.1과 −0.5를 적용해 계산된 변형된 좌표 (55, 25)를 구하는 과정이다.

$$\begin{bmatrix} 1.1 & 0 \\ 0 & 0.5 \end{bmatrix} \begin{bmatrix} 50 \\ 50 \end{bmatrix} = \begin{bmatrix} 55 \\ 25 \end{bmatrix}$$

이제 응력에 물질의 특성인 탄성률과 푸아송비를 함께 고려하면 물질의 변형이 어떻게 정의되는가를 이해하도록 하자. 다음의 수식들[식 1.7]은 균질하고 등방성인 물체이며 E의 탄성계수와 ν의 푸아송비를 갖고 있을 때, 일반 직교 좌표계에 각 x, y, z방향으로 응력이 σ_x, σ_y, σ_z로 주어지면 발생되는 각 방향의 변형률에 관한 수식이다. 변형과 응력의 관계를 탄성계수로 적용한 앞부분의 수식$\left(\text{예, } \varepsilon_x = \dfrac{\sigma_x}{E} \right)$에 푸아송비로 정의되는 변형의 방향성의 차이$\left(\text{예, } \dfrac{\nu}{E}(\sigma_y + \sigma_z) \right)$를 보정하여 전체 변형을 정의하고 있다.

$$\varepsilon_x = \frac{\sigma_x}{E} - \frac{\nu}{E}(\sigma_y + \sigma_z)$$

$$\varepsilon_y = \frac{\sigma_y}{E} - \frac{\nu}{E}(\sigma_z + \sigma_x) \qquad\qquad \text{식 1.7}$$

$$\varepsilon_z = \frac{\sigma_z}{E} - \frac{\nu}{E}(\sigma_x + \sigma_y)$$

실제 변형을 계산하기 위한 변형행렬은 다음의 수식에 식 1.7과 같은 변형률을 적용하면 될 것이다.

$$\begin{bmatrix} 1+\varepsilon_x & 0 & 0 \\ 0 & 1+\varepsilon_y & 0 \\ 0 & 0 & 1+\varepsilon_z \end{bmatrix}$$

3) 평면응력과 평면변형

일반적으로 어떠한 평면에 수직으로 작용하는 응력이 없을 경우를 평면응력이라 한다. 그러므로 평면응력은 2차원 면에서 서로 직교하는 두 방향의 응력을 의미한다. 평면변형 역시 평면에 수직으로는 변형이 일어나지 않는 상태를 의미하므로 응력과 변형의 관계식 식 1.7은 다음 식 1.8로 단순화된다.

$$\varepsilon_x = \frac{\sigma_x}{E} - \frac{\nu}{E}\sigma_y$$

$$\varepsilon_y = \frac{\sigma_y}{E} - \frac{\nu}{E}\sigma_x \qquad\qquad\qquad 식\ 1.8$$

$$\varepsilon_z = -\frac{\nu}{E}(\sigma_x + \sigma_y)$$

평면응력과 변형은 2차원에서 일어나는 현상으로 이해하면 쉽다. 그러나 식 1.8과 같이 3차원에서 응력과 변형의 관계를 고려하면 다소 복잡해진다. 등방성 물질의 경우는 응력이 한 축에 작용하면 다른 두 축에 이 응력에 해당되는 변형이 푸아송비와 탄성계수의 영향만 큼 일어나게 된다. 그러므로 평면의 두 축에 응력이 작용하면 평면의 수직방향에는 그 응력에 해당하는 변위가 반드시 일어나야 하는 것이다[그림 1.12(b)]. 이러한 수직변위를 일어나지 않게 하려면 수직 변위를 일어나지 않게 할 만큼의 수직응력이 주어져야 비로소 순수한 평면변형이 일어날 수 있는 것이다. 식 1.8에서와 같이 평면 x_y에 응력 σ_x, σ_y가 주어지면 z축 방향의 변위는 $-\dfrac{\nu}{E}(\sigma_x + \sigma_y)$가 일어나는데 이는 σ_x, σ_y의 영향만큼 z방향으로 눌러 줘야 평면변형이 만들어진다는 의미이다[그림 1.12(a)]. 이와 같이 정확한 의미에서의 평면변형은 평면응력으로 만들어질 수 없으며 면에 수직한 응력이 존재해야 한다. 그러나 터널의 단면과 같이 터널의 진행방향이 단면보다 매우 긴 상황 등에서는 적절한 가정하에 평면변형의 모델이 활용되기도 한다.

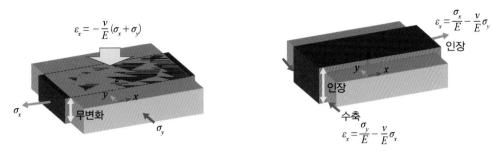

(a) 3차원 변형에서 수직방향(z방향)의 변형이 없는 평면변형

(b) 수직방향의 변형이 같이 일어나는 일반적인 변형

그림 1.12 3차원 변형

1.3 한 점에서의 응력

특정 면에 작용하는 한 점에서의 수직과 전단응력의 관계는 비탈면의 안전성 분석을 이해하는 데 매우 중요하다. 그림 1.13(a)와 같이 θ각도로 경사하는 비탈면의 한 점에 수평방향의 응력 σ_2와 수직방향의 응력 σ_1이 작용하고 있으며, 한 점에 작용하는 수직응력이 σ_n

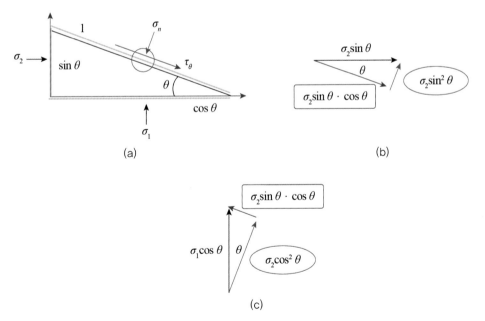

그림 1.13 비탈면 한 점에 가해지는 수직응력 σ_n과 전단응력 τ

이며, 전단응력이 τ라고 가정하자. 고려하고 있는 비탈면의 단면면적을 단위면적 1이라 하면, 단면삼각형의 수평면의 면적은 $\cos\theta$이며, 수직면의 면적은 $\sin\theta$가 된다[그림 1.13(a)].

이 상태에서 각 면(삼각형 단면)에 작용하는 힘을 고려하자. 응력은 단위면적에 작용하는 힘이므로, 응력에 면적을 곱하면 그 면에 작용하는 힘이 된다. 그러므로 수직면의 면적 $\sin\theta$에 σ_2의 응력이 작용하면 그 힘은 $\sigma_2\sin\theta$[그림 1.13(b)]가 되고, 수평면의 면적 $\cos\theta$에 σ_1의 응력이 작용하면 그 힘은 $\sigma_1\cos\theta$[그림 1.13(c)]가 된다.

수평면과 수직면에 작용하는 힘들을 각기 수직응력방향과 수평응력방향으로 분해하면 그들은 각기 그림 1.13(b)와 1.13(c)와 같이 분해된다. 이와 같이 분해된 힘들 중 수직응력방향의 힘들을 모으면 $\sigma_n = \sigma_1\cos^2\theta + \sigma_2\sin^2\theta$이 된다. 여기에 코사인법칙 $\cos^2\theta = \frac{1}{2}(1+\cos2\theta)$와 $\sin^2\theta = \frac{1}{2}(1-\cos2\theta)$을 적용하여 정리하면 식 1.9와 같이 정리된다.

$$
\begin{aligned}
\sigma_n &= \sigma_1\cos^2\theta + \sigma_2\sin^2\theta = \frac{\sigma_1}{2}(1+\cos2\theta) + \frac{\sigma_2}{2}(1-\cos2\theta) \\
&= \frac{\sigma_1}{2} + \frac{\sigma_1\cos2\theta}{2} + \frac{\sigma_2}{2} - \frac{\sigma_2\cos2\theta}{2} = \frac{\sigma_1+\sigma_2}{2} + \frac{\sigma_1-\sigma_2}{2}\cos2\theta
\end{aligned}
$$
식 1.9

전단응력의 분력을 모으면 $\tau = \sigma_1\sin\theta\cos\theta - \sigma_2\sin\theta\cos\theta$이 되며 이 수식에 사인법칙 $\sin2\theta = 2\sin\theta\cos\theta$을 적용하여 정리하면 식 1.10과 같다.

$$
\tau = \sigma_1\sin\theta\cos\theta - \sigma_2\sin\theta\cos\theta = (\sigma_1 - \sigma_2)\sin\theta\cos\theta = \frac{\sigma_1-\sigma_2}{2}\sin2\theta
$$
식 1.10

2차원 응력은 두 개의 수직응력 σ_1, σ_2와 두 개의 전단응력 τ_{12}, τ_{21}으로 정의된다. 위에서 정의한 두 수직응력의 경우는 전단응력이 존재하지 않는 주응력Principal Stress 상태의 경우이고, 더 일반적인 경우는 그림 1.14(a)와 같이 두 전단응력이 존재하는 경우이다. 전단응력의 경우도 각기 수직단면에 작용하는 힘 $\tau_{21}\sin\theta$와 수평단면에 작용하는 힘 $\tau_{12}\cos\theta$를, 수직응력(σ_n)과 전단응력(τ) 방향의 분력들로 분해하면 각기 그림 1.15(b), (c)와 같이 된다.

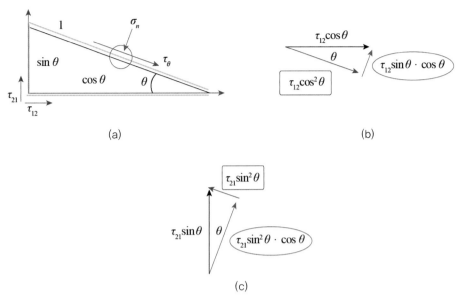

그림 1.14 전단응력의 분해

분해된 수직력과 전단력을 정리하면 식 1.11과 같이 되는데, 여기에서 두 전단력이 같음($\tau_{12} = \tau_{21}$)을 수식에 반영하고, 사인과 코사인 법칙을 적용해 정리하면 수직과 전단응력들은 다음과 같다.

$$\sigma_n = \tau_{12}\sin\theta\cos\theta + \tau_{21}\sin\theta\cos\theta = (\tau_{12} + \tau_{21})\sin\theta\cos\theta = \tau_{12}\sin2\theta \qquad \text{식 1.11}$$

$$\begin{aligned}
\tau &= \tau_{21}\sin^2\theta - \tau_{12}\cos^2\theta = \frac{\tau_{21}}{2}(1 - \cos2\theta) - \frac{\tau_{12}}{2}(1 + \cos2\theta) \\
&= \frac{\tau_{21}}{2} - \frac{\tau_{21}\cos2\theta}{2} - \frac{\tau_{12}}{2} - \frac{\tau_{12}\cos2\theta}{2} = \frac{\tau_{21} - \tau_{12}}{2} - \frac{\tau_{21} + \tau_{12}}{2}\cos2\theta \\
&= \tau\cos2\theta
\end{aligned} \qquad \text{식 1.12}$$

정리하면 경사가 θ인 면 위 한 점에 작용하는 수직응력과 전단응력은 식 1.13과 같다.

$$\begin{aligned}
\sigma_n &= \frac{\sigma_1 + \sigma_2}{2} + \frac{\sigma_1 - \sigma_2}{2}\cos2\theta + \sigma_{12}\sin2\theta \\
\tau &= \frac{\sigma_1 - \sigma_2}{2}\sin2\theta - \tau_{12}\cos2\theta
\end{aligned} \qquad \text{식 1.13}$$

1.4 모아의 응력원

19세기 초 독일의 엔지니어 Christian Otto Mohr는 응력상태를 모아원이라는 기하학적 형태로 간략히 정리했다. 그림 1.15(a)와 같이 수평축이 수직응력 σ_n이고, 수직축이 전단응력 τ인 직교좌표계에 최대응력 σ_1과 최소응력 σ_2로 경계된 원이 존재한다고 가정하자. 이 원의 중심좌표는 $\frac{\sigma_1 + \sigma_2}{2}$이고 원의 반경은 $\frac{\sigma_1 - \sigma_2}{2}$가 될 것이다[그림 1.15(a)]. 그림 1.15(b)와 같이, 원의 중심을 지나는 하나의 선분을 고려하고 수평축으로부터 선분까지 시계 반대 방향의 각도를 2θ라 하자. 그림 1.15(b)에 녹색으로 표시된 삼각형의 수평선분으로부터의 빗변까지의 각도는 $180° - 2\theta$가 된다. 이 삼각형의 빗변은 원의 반지름인 $\frac{\sigma_1 - \sigma_2}{2}$이므로, 삼각형의 수평선분의 길이는 $\frac{\sigma_1 - \sigma_2}{2}\cos(180 - 2\theta)$가 되고 수직선분의 길이는 $\frac{\sigma_1 - \sigma_2}{2}\sin(180 - 2\theta)$가 된다. 여기에서 $\cos(180 - 2\theta) = -\cos 2\theta$, $\sin(180 - 2\theta) = \sin 2\theta$이므로, 수평과 수직 선분의 길이는 각각 $-\frac{\sigma_1 - \sigma_2}{2}\cos 2\theta$, $\frac{\sigma_1 - \sigma_2}{2}\sin 2\theta$가 된다.

그림 1.15(c)에서와 같이 수평축으로부터 2θ 각도로 그려진 선분이 원과 만나는 점의 수평축(수직응력)과 수직축(전단응력)의 좌표를 계산하면 이들은 각각 다음과 같다.

$$\sigma_n = \frac{\sigma_1 + \sigma_2}{2} + \frac{\sigma_1 - \sigma_2}{2}\cos 2\theta$$

$$\tau = \frac{\sigma_1 - \sigma_2}{2}\sin 2\theta$$

이 수식들은 그림 1.13에서 설명하였던 한 점에 적용되는 수직과 전단응력의 수식 식 1.9, 1-10과 동일한 것이다.

정리하면, 단면에서 한 부분에 작용하는 수직응력과 수평응력을 알고 있을 경우는 θ 각도로 경사하는 면 위에 작용하는 수직응력과 전단응력을 그림 1.15(c)와 같은 모아원을 그려서 계산할 수 있다는 것이다. 비탈면의 각도에 두 배한 각도로 선분을 그려서 원과의 접점을 찾으면 그 접점의 수평축좌표는 붕괴 블록의 활동면에 작용되는 수직응력의 값이고, 수직축좌표는 전단응력의 값이다.

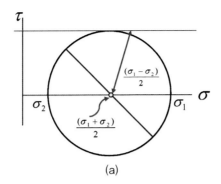

(a)

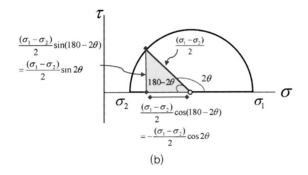

(b)

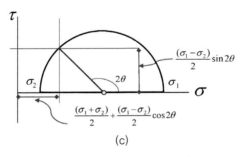

(c)

그림 1.15 모아원에 대한 정의

1.4.1 모아원과 물성

탄성변형에서 물질의 변형에 관련된 물성으로 탄성계수와 푸아송 비에 대하여 언급한 바 있으며, 응력이 탄성한계를 넘어서 적용되면 물질의 파괴가 발생됨을 그림 1.10(a)에서 설명한 바 있다.

어느 정도의 응력에서 물체는 파괴되는 것인가? 물론 물체의 특성에 따라 다르며, 그 특성을 규명하는 것이 중요하다. 파괴와 연관된 탄성물체의 중요한 물성으로 점착력과 내부마찰각이 있다. 전자는 물체의 알갱이끼리 접착되는 상태를 의미하며(예, 찰흙은 모래보다는 점착력이 높다), 후자는 알갱이끼리의 억물림 상태를 의미한다(예, 모래는 진흙보다는 내부 마찰각이 높다).

1.4.2 파괴포락선

내부마찰각과 점착력은 모아의 원에 표시되는 파괴포락선으로 정의된다. 그림 1.16(a)와 같이 사각시료에 수직으로 응력이 σ_n만큼 작용하는 상황에서 측면으로 좌수향의 전단력 τ를 시료가 깨어질 때까지 적용하는 상황을 고려하자. 동일한 시료로 이러한 실험을 반복한다 할 때, 수직응력이 높아지면 시료를 파괴하기 위한 전단응력 역시 높아진다. 이와 같이 파괴실험에서 파괴되는 시점에 적용된 응력상황(수직과 전단응력)은 그림 1.16(b)와 같은 모아공간에 한 점으로 점기되며, 수직응력을 변화하며 측정된 파괴 시의 전단응력들을 점기하여 연결하면 그림 1.16(b)에 표기된 파괴포락선이 된다.

파괴포락선은 직선으로 직선의 기울기를 내부마찰각이라 하며, 절편은 점착력을 의미한다[그림 1.16(c)]. 일반적으로 수평축이 x이고 수직축이 y인 2차원 좌표계에서, 직선의 방정

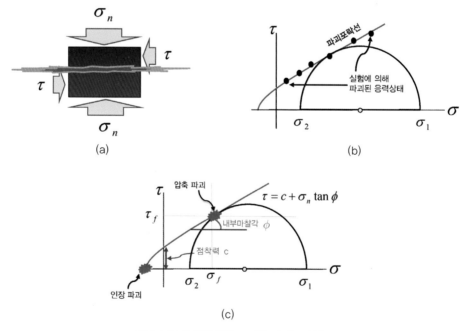

그림 1.16 모아공간에 표기된 파괴포락선

식은 $y = ax + b$로서 a는 기울기이며 b는 절편이 된다. 수평축이 σ_n이고 수직축이 τ인 모아공간에서는 직선의 방정식이 $\tau = \tan\phi\, \sigma_n + c$가 되어서 직선의 방정식 $y = ax + b$와 비교하면 기울기 a는 내부마찰각을 포함한 $\tan\phi$와 동일하며 절편 b는 점착력 c와 동일하다.

일반적으로 파괴포락선은 $\tau = c + \sigma_n \tan\phi$로 표현된다. 이와 같은 수식으로 표현되는 파괴모델을 모어-쿨롱 파괴모델Mohr-Coulomb failure criterion이라 하는데 이는 쇄설성으로 파괴되는 많은 물질이 갖고 있는 성격이다. 모아-쿨롱 모델이 적용되는 물질은 물성에 따라 파괴에 이르는 응력 상황이 다를 것이고 이 특성은 직선의 위치(절편:점착력)와 기울기(내부마찰각)가 다른 것으로 표현되는 것이다.

모아공간에 한 점에 주어진 최대와 최소응력으로 원을 그리면 모아원이 된다. 이렇게 그려진 모아원이 그림 1.17(a)와 같이 파괴포락선과 접하지 않으면, 고려하고 있는 물질(주어진 c와 ϕ를 갖은 물질)은 모아원으로 표현된 최대와 최소응력상황에서는 파괴가 일어나지 않는다. 그러나 모아원이 그림 1.17(b)에서 A와 B의 경우와 같이 좌측으로 이동하여 파괴포락선과 접하게 되면 물질은 파괴가 일어나게 되며, 파괴시점에서 적용되는 수직응력과 전단응력은 접점의 좌표[그림 1.16(c)의 σ_f, τ_f]가 된다. 만약 지하에 수압이 발달하여 그림 1.17(b)와 같이 모아원이 수압 P만큼 좌측으로 이동하여 파괴포락선과 접하게 되면[그림 1.17(b)의 원 A] 파괴에 이를 수 있다. 다른 하나의 예로, 지하에 공동을 만들면 공동의 벽면에 작용하는 응력이 0에 가까워지므로 그림 1.17(b)의 원 B와 같이 최소응력이 0인 모아원(원 B)은 파괴포락선의 영역을 넘어가게 된다. 즉, 파괴의 영역에 들어가게 된다.

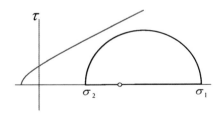

(a) 안정한 상태의 응력상황

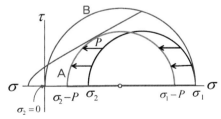

(b) 수압으로 최대와 최소응력이 줄어들어 모아원이 이동하거나(A), 공동의 굴착 등으로 최소응력이 줄어들어 모아원이 커져(B) 파괴포락선에 접하거나 포락선을 넘어가는 현상

그림 1.17 응력변화와 파괴환경

제2장

암 석

제2장　암석

　지질학적으로 암석을 분류하는 방법은 매우 다양하다. 특히 전문적인 영역에서는 분류기준에 따라 동일한 암상도 상이한 명칭이 주어지기도 한다. 심지어 공학에서는 암석의 종류와 상관없이 암괴의 강도와 관련된 암질계수로 암반을 분류하기도 한다. 이번 장에서는 단순하지만 보편적으로 활용되는 지질학에서 암반의 분류기준을 정리해보고자 한다.

　지각을 구성하는 암석은 화성암, 퇴적암, 변성암으로 구분할 수 있으며 이들은 세월이 흐름에 따라 서로 다른 암석으로 변화하는 윤회의 과정을 겪는다. 예를 들면 화성암이나 퇴적암이 높은 힘과 열을 받아서 변성암으로 변하고, 이들이 풍화되어 자갈, 토사와 같은 풍화쇄설물이 되었다가 다시 쌓여 굳으면 퇴적암이 된다. 화성암과 퇴적암이 침강되어 지하 깊은 곳에 묻혀 녹아서 마그마를 형성하고, 마그마가 다시 암석으로 굳어지면 화성암이 되고, 화성암은 다시 변성암이나 퇴적암이 되는 등의 윤회과정을 겪는다.

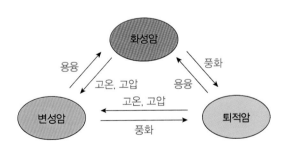

2.1 광물

광물은 암석을 구성하는 단위 성분인데 일정 원소와 결정형을 가지고 있다. 광물은 구성 원소의 종류에 따라 다양하게 나누어진다. 지구의 표면을 구성하는 주된 원소는 8가지로서 산소 46.4%, 규소 27.2%, 알루미늄 8.1%, 철 5%, 칼슘 3.6%, 나트륨 2.8%, 칼륨 2.6%, 마그네슘 2.1%와 기타 원소들 1.5%이다[그림 2.1(a)]. 일반 독자들이 이해하기 쉽게 이들을 3가지의 그룹으로 나누어보고자 한다.

1. 첫 번째 그룹은 규소와 산소다. 규소와 산소의 조합으로 이뤄진 규산염(SiO_4)은 지각을 구성하는 약 97% 광물의 기저가 된다. 즉, 대부분의 광물은 규산염을 기저 화학성분으로 갖고 있다고 이해하면 된다. 그 외의 광물군은 그림 2.1(b)에 정리된 바와 같이 탄산염, 산화, 황화염 및 암염 등인데, 이들 중 석회암을 구성하는 탄산염 광물과 금속 광물인 산화광물은 일반적이나 황화염이나 암염 등은 희귀광물이라 할 수 있다.
2. 두 번째 그룹은 마그네슘(Mg)과 철(Fe)로서 이들은 어두운 계열의 광물에 흔히 포함된다.
3. 세 번째 그룹은 알루미늄(Al), 칼륨(K)이며 이들은 밝은 계열의 광물에 주로 포함된다.
4. 네 번째 그룹은 나트륨(Na)과 칼슘(Ca)으로 밝은 광물과 어두운 광물에 공히 포함되는 원소들이다.

광물의 화학성분은 매우 복잡한 듯하다. 그러나 나름대로 화학조성에 대한 특성이 있어서 위의 네 가지 원소그룹으로 분류하면 이해가 다소 쉬울 것이다.

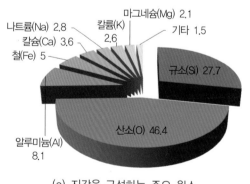

1. 규산염 광물(Silicates)
   −SiO_4, 지각에서 가장 많은 광물
2. 탄산염 광물(Carbonates)
   −석회석, 방해석이라는 광물이 주된 성분
3. 산화광물(Oxides)
   −금속 광물 예 적철석(Fe_2O_3), 자철석(Fe_3O_4)
4. 황화염 광물(Sulfides & Sulfates)
   −황철석(FeS_2), 석고($CaSO_4$)
5. 암염(Salts)
   −NaCl

(a) 지각을 구성하는 주요 원소   (b) 지각 구성 광물의 그룹

그림 2.1 지각을 구성하는 주요 원소와 지각구성 광물의 그룹

표 2.1은 지각구성 광물 중 매우 흔히 관찰되는 광물들이다. 이들의 특성을 분류하기 위해서는 먼저 규산염 광물에 모두 포함된 SiO_4를 화학식에서 제하고, 광물에 밝은 계열인 Al과 K이 함유되어 있는지, 어두운 계열인 Mg과 Fe이 포함되어 있는지를 확인해본다. 운모류는 판상의 구조를 갖고(대부분의 점토류 광물도 판상의 구조를 갖는다) 있는데, 흑운모는 Mg과 Fe을 포함하고 백운모는 K을 포함한다. 당연히 흑운모는 어두운색을 보이고 백운모는 밝은색을 띤다. 장석 중 정장석은 K을 포함하고 사장석은 Na과 Ca을 포함한다. 두 광물 공히 밝은색을 보이며 정장석은 K을 함유하여 간혹 핑크빛을 띠기도 한다. 물론 광물의 색상은 소량의 불순물(원소)이 함유되어도 달라지므로 이렇게 단순하지는 않다. 그러나 매우 복잡한 광물들의 화학조성 수식에 접근하여 광물의 특성과 친근해지기 위해서 초기에는 다소 지나치게 단순화된 이러한 접근방법을 권한다. 표 2.1은 흔히 관찰되는 광물들을 이러한 관점에서 요약한 것으로, 규산염을 제외한 화학조성을 표에 정리된 특성을 확인하면서 기억하도록 하라.

표 2.1 주요 광물들과 이들의 화학조성

광물	• 정장석(Orthoclase) : $(K, Na)AlSi_3O_8$ • 사장석(Plagioclase) : $Albite(NaAlSi_3O_8)$와 $Anorthite(CaAlSi_2O_8)$
특성	• 밝은색을 띤 장석류 광물들로 두 광물 공히 Al을 포함한다. • 정장석은 K을 포함하여 핑크빛을 띠기도 한다. • 사장석은 Na 성분과 Ca 성분을 끝 멤버(end member)로 하는 고용체이다. • 규산염을 제외하면, 정장석은 K 성분을 사장석은 Na과 Ca 성분을 갖는 장석들이다.
광물	• 흑운모(Biotite) : $K(Mg, Fe_2^+)_3(Al, Fe_3^+)Si_3O(OH)_2$ • 백운모(Muscovite) : $KAl_2(AlSi_3O_{10})(OH)_2$
특성	• 두 광물 공히 판상으로 만들어진 원자구조로 만들어져 있으며 실제 판상으로 쪼개지는 성격을 갖는다. • Mg과 Fe을 함유한 흑운모는 검은색이며 K을 함유한 백운모는 밝은색이다. • 수산기 OH를 갖는다.
광물	• 각섬석(Amphibole) : $Ca_2Na(Mg, Fe_2^+)_4(Fe_3^+, Al)(Al, Si)_8O_{22}(OH)^2$ • 휘석(Pyroxene) : $(Ca, Na)(Mg, Fe_2^+, Al)(Si, Al)_2O_6$ • 감람석(Olivine) : $(Mg, Fe, Ca)_2SiO_2$
특성	모두 어두운 계열의 광물들이며 Mg과 Fe을 함유한다.

광물은 원소로 구성되어 있으므로 원소의 종류에 따라 광물이 결정되리라는 것은 쉽게 이해된다. 그러나 지구상에 존재하는 5,000여 가지의 광물 특성 중 광물을 구성하는 화학원소들의 조합 못지않게 중요한 것이 원소들이 결합된 배열의 형태이다. 대부분을 차지하는

규산염 광물의 경우는 규소 원소를 둘러싸고 있는 4개의 산소로 이뤄진 규산염 4면체들이 단독, 선상, 띠상, 판상으로 배열되는 규칙성을 보이며[그림 2.2] 그 외의 원소들이 이들과 융합 혹은 일부 원소를 치환하며 공존하는 형태를 보인다. 광물 내부의 원자들이 이와 같이 규칙성을 보이므로 광물의 외부나 내부 형상이 결정내의 원자배열 형태와 무관하지 않다. 예를 들어 판상의 형태로 존재하는 운모의 경우는 원소들이 판상 구조형[그림 2.2]의 배열로 이뤄져 있다.

형태	독립 사면체형		단쇄형
결합구조	SiO₄		SiO₄ 사면체
광물 예	감람석		휘석

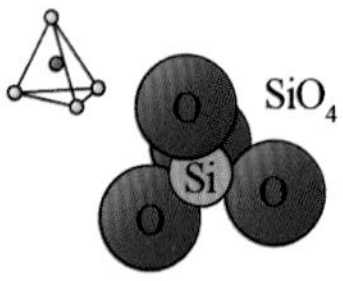

형태	복쇄형	판상 구조형	망상형
결합구조	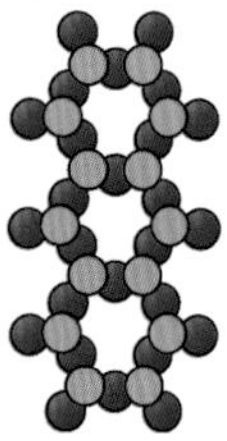	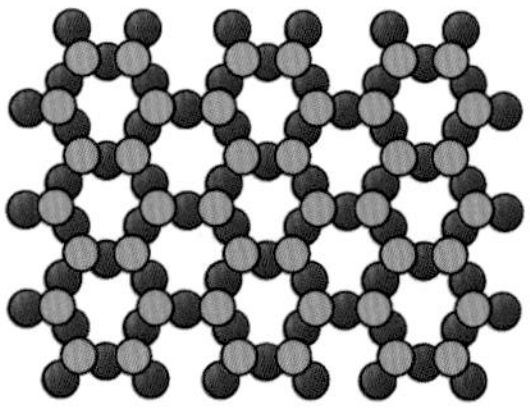	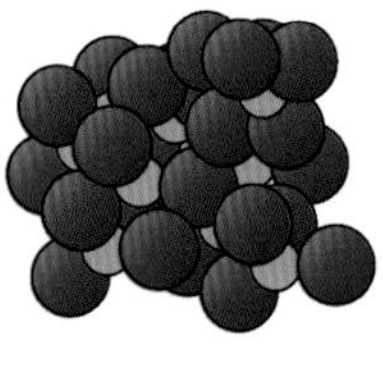
광물 예	각섬석	운모	석영

그림 2.2 광물을 구성하는 원자들의 배열 형태

광물의 광학적 특성

모든 규산염 광물은 빛을 투과시키며 빛이 광물에 투과되어 굴절하는 과정이 광물마다 차이를 보여서 이러한 광학적 특성이 광물을 구분하는 데 큰 역할을 한다. 광학현미경은 서로 교차하는 편광렌즈를 장착하고 있다. 편광렌즈는 빛을 한 방향으로만 투과시키는 특성이 있어 산란되는 빛을 제거해주므로 눈이 부시는 현상을 감소시켜준다. 이러한 관계로 흔히 선글라스에 편광렌즈가 사용되기도 하는데, 편광 선글라스의 렌즈를 직각방향으로 교차시키면 빛이 전혀 투과되지 않음은 편광렌즈가 한 방향으로만 빛을 투과시키기 때문이다.

광학현미경은 편광렌즈를 시편(암석을 0.03mm 두께로 갈아서 슬라이드에 장착한 시료)의 하부와 상부에 서로 교차하게 장착하여 빛을 완전히 차단하는 구조를 갖고 있다. 빛이 완전히 차단되었음에도 시편을 통과한 빛이 보이는 이유는 시편의 광물들이 빛을 굴절시키기 때문이다. 물론 굴절현상은 결정의 배열방향과 광물의 종류에 따라 달리 일어나며, 이러한 광학적 변별력은 광물의 종류나 배열을 관찰하는 데 큰 도움을 준다.

빛은 진동을 하며 진행하게 되는데, 광물에 투사된 빛은 굴절되며 굴절현상은 광물에 따라 단일진동(등방성) 혹은 복수진동(이방성)의 파장 형태로 진행된다. 복수로 진동하므로 입사광이 두 개로 나뉘어 하나의 선이 두 개로 보이는 방해석의 복굴절 현상이 이방성 물질의 전형적인 예이다. 석영과 같은 등방성 광물은 단일 광축을 갖는다. 이 광축과 평행한 진동방향의 광선을 정상광선Ordinary Wave이라 하고 광축에 수직 진동방향의 광선을 이상광선Extraordinary Wave이라 하는데, 이 광선들의 굴절률이 다르며 이 굴절률의 차이를 간섭Interference이라 한다. 간섭이라는 굴절률의 차이는 간섭색Interference Color이라는 광학적 특성으로 관찰되는데, 흔히 광축의 방향성에 따른 굴절률의 간섭 정도를 이해하기 위하여 세 축의 상이한 굴절률로 만들어지는 법선타원체Indicatrix가 사용된다. 타원체의 세 축 중 한 축을 정상광선의 방향이라 하면 다른 두 축은 이상광선의 방향이 된다. 등방성 광물은 이상광선 방향의 두 축이 같은 굴절률을 갖고 정상광선방향의 굴절률만 다르다. 그러므로 광축방향을 중심으로 회전할 때는 모든 방향에서의 간섭이 동일하게 보이게 된다. 이방성 광물의 경우는 복수진동현상에 따라서 광축과 굴절률들의 변화가 매우 복잡해진다. 이러한 현상을 모아서 광물 굴절률의 법선타원체가 만들어지는데, 이 타원체의 경우는 이상광선 방향의 두 축이 서로 다른 값을 갖게 된다. 광물이 갖고 있는 이와 같은 복잡한 광학현상은 우리에게 많은 분별력을 제공하여 편광현미경과 같은 특수 관찰 장비를 통해 다양한 광물의 종류를 분별할 수 있도록 도와준다.

2.2 화성암

2.2.1 마그마

화성암은 용융상태의 마그마가 굳어져 형성되며, 암석은 심부에서 온도가 상승하거나, 압력이 강하하거나 H_2O나 CO_2와 같은 증발물이 첨가되어 촉매의 역할을 하면 다시 용융된다.

마그마는 액체, 고체, 기체의 성분으로 구성된다. 액체는 용융된 물질이며, 고체는 마그마 내부에서 미리 정출된 광물들이나 모암에서 떨어진 암편들이며, 기체는 수증기 외에도 황, 불소, 염소, 이산화탄소 등 다양한 성분으로 구성된다. 이와 같은 구성성분의 차이에 따라서 지표로 분출되는 마그마는 매우 다른 특성을 보인다. 가스가 많이 포함된 마그마는 화산폭발 현상이 우세할 것이고 그렇지 않은 마그마는 지표로 분출되는데, 지표로 분출된 마그마를 라바Lava라 한다. 라바의 흐름은 점성도에 따라 큰 차이를 보여서 점성도가 낮으면 (흐름이 좋으면) 분출된 화산암은 지표에서 멀리 흐르며 굳어지고 높으면 바로 굳어진다. 점성도가 낮아서 라바의 흐름이 좋아지는 조건은 온도가 높거나, 증발물의 함량이 높거나, SiO_2(규소)의 함량이 낮은 경우이다. 물론 그 반대의 경우는 점성도가 높아 라바의 흐름이 좋지 않게 된다.

화성암은 마그마가 지하 심부에서 굳어진 심성암과 지표로 분출되어 생성된 화산암으로 구분되는데[그림 2.3], 전자는 지하에서 서서히 굳어져 광물들이 자랄 수 있는 충분한 시간을 가지므로 광물의 입자가 크다. 반면 후자(화산암)는 급격히 굳어져 입자가 매우 작은 특징을 보인다. 마그마가 지표 가까이까지 올라와 굳어진 천부의 화성암을 반심성암이라 하고, 화산이 폭발하여 화산재가 분출되고 그 재가 바람이나 비와 같은 매체에 의해 운반되어 지상에 쌓이고 굳어서 만들어진 암석들을 화산성 쇄설암(응회암이 대표적인 암석임)이라 한다[그림 2.3].

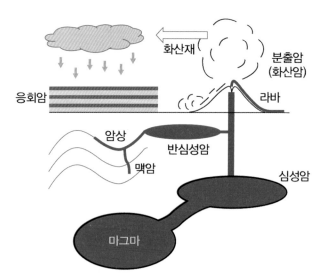

그림 2.3 마그마로부터 생성되는 화성암의 종류

야외에서 흔히 관찰되는 맥암들 역시 마그마 활동의 산물들로서 층리, 엽리, 단층 등 기존의 지질구조와 평행하게 관입하는 암상Sill과 이러한 지질구조를 자르고 관입하는 맥암Dyke으로 분류된다[그림 2.3]. 이들 역시 지표 가까이에서 형성되므로 입자가 작은 화산암이나 반암구조의 반심성암 특징을 보인다. 한편 마그마 주변에서 증기에 포함되었던 광물질들이 식으면서 정출되는 열수정맥Hydrothermal Vein들은 맥암의 형상을 갖고 있으나, 특이한 온도와 압력에서 정출되어 큰 입자로 구성되기도 한다. 증기에 녹아 있던 석영 성분이 정출되면서 석영맥과 같은 특수한 맥암구조를 형성하기도 하는데, 이 과정에서 금과 같이 열수에 녹아 있는 광물질이 함께 정출되기도 하여 금을 함유한 석영맥 자체가 중요한 금광원이 되기도 한다.

2.2.2 심성암과 화산암의 암석 명칭

화성암의 분류는 석영, 사장석, 정장석의 함량에 대한 비율로 암석의 명칭을 정하는 IUGS International Union of Geological Sciences 분류기준을 따른다(Le Bas and Streckeisen, 1991). 화산 쇄설성 암석, 초염기성 암석, 황반암(주로 흑운모, 각섬석, 휘석 등 유색 광물의 반정을 갖는 맥암류) 및 50% 이상의 탄산염을 함유한 특이한 화성암을 제외하고는 모두 이 기준에 의해 분류를 하면 된다. 광물의 함량은 그림 2.4와 같은 삼각 다이어그램으로 표기되는데, 도표의 성분 X, Y, Z는 꼭짓점에서 각기 100% 함량이며 꼭짓점의 연직방향으로 0%까지 감소된다.

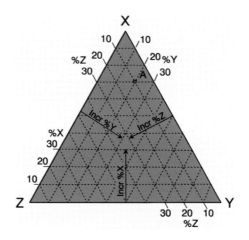

그림 2.4 세 성분의 함량을 도식화한 삼각 다이어그램

예를 들어 X성분의 경우, ZY빗변에서 X꼭짓점까지 연직선을 그리면, 그 연직선을 따라 0%에서 100%까지 등간격으로 증가한다. 그림 2.4는 이 증분을 10% 단위로 나누어 표기한 전형적인 삼각 다이어그램이다. 이 삼각 다이어그램의 특징은 삼각형 내부의 어느 한 점에서 각기 X, Y, Z 성분의 함량을 읽으면 그 함량의 합이 100%가 되는 것이다. 예를 들어 그림 2.4의 한 점 A의 성분은 X 70%, Y 20%, Z 10%로 이들의 합은 100%가 된다. 이와 같은 기준을 적용해 석영, 정장석, 사장석의 함량비로 분류된 암석의 이름은 심성암이 그림 2.5, 화산암이 그림 2.6과 같다.

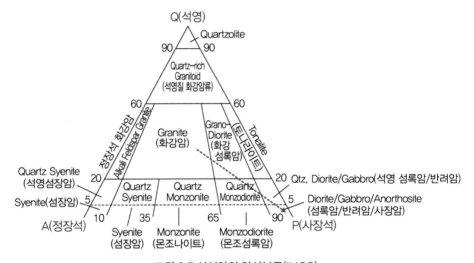

그림 2.5 심성암의 암상분류(IUGS)

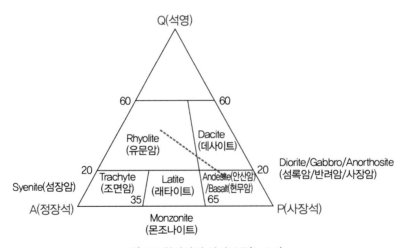

그림 2.6 화산암의 암상분류(IUGS)

표 2.2 주요 암상 특징

심성암	화강암	화강섬록암	섬록암	반려암
화산암	유문암	데사이트	안산암	현무암
특성	색상이 짙어짐 ─────────────────➤			높은 Mg, Fe

이들 암상 중 그림에 표시된 화살표를 지나는 다음의 암상들은 반드시 기억해야 할 암상들이다. 심성암을 기준으로 이들은 석영-정장석-사장석의 비율이 유사한 화강암에서 점차 사장석의 비율이 늘어나면서 화강섬록암을 거쳐 섬록암이 된다. 사장석이 우세한 암석으로 섬록암, 반려암, 사장암이 있는데, 이들 모두 사장석이 대부분인 암석이나 반려암은 Fe와 Mg가 많이 함유되어 매우 어두운색을 띠며 사장암은 사장석으로 구성된 암석으로 밝은색을 띤다. 표 2.2에서와 같이 화산암 역시 광물의 함량비에 따라 전기한 심성암과 대비되는 유문암-데사이트-안산암으로 분류됨을 같이 기억하도록 하자.

2.3 퇴적암

퇴적암은 자갈, 모래 알갱이와 같은 쇄설성 퇴적물이 고결되어 만들어지는 쇄설성 퇴적암이 주를 이루고, 그 외에 조개껍질과 같은 생물체 기원의 퇴적물이 고화되어 형성된 유기적 퇴적암과 바닷물이 증발되어 만들어지는 암염이나 산도의 변화에 의해 축적되는 석회암($CaCO_3$로 구성됨)과 같은 화학적 퇴적암들이 있다.

2.3.1 쇄설성 퇴적암

퇴적물은 다져지며 고결되는 속성작용을 통하여 암석에 이른다[그림 2.7]. 퇴적될 토사는 암석이 풍화되어 만들어지는데, 풍화는 크게 물리적과 화학적인 풍화로 구분할 수 있으며 그 내용은 표 2.3과 같이 정리할 수 있다. 대부분의 응용지질 분야에서 점토는 중요한 물질이다. 이들은 입자가 가늘어서 차수의 역할을 하기도 하고, 암석에 비해 상대적으로 매우 약하며 광물의 형태가 판상이어서 파괴면을 형성하는 위험한 물질이기도 하다. 한편, 암석이 점토로 변한 후 풍화된 점토가 유실되면서 지하수의 통로를 만들고 이로 인해 더 빠른 풍화를 발생시키기도 한다. 그러므로 점토가 만들어지는 과정은 매우 중요하다. 특히 엽리와 같이 광물들이 선별적으로 분할되어 면구조를 이루고 있는 경우는 엽리의 특정 부분에 집중된 풍화가 발생될 수 있다. 예를 들어 변성암의 편마 구조가 운모층과 석영/장석층으로 분할되어 형성되는 것은 흔한 현상이며 풍화는 운모 영역 혹은 장석이 많은 영역에 집중될 수 있다. 불행히도 광물의 이러한 풍화과정에 대한 완전한 연구결과는 아직 없다. 그러나 장석들이 다양한 점토로 변하는 현상은 개략적으로 표 2.3에 정리된 바와 같다.

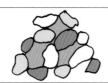	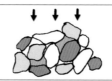	
1. 퇴적된 퇴적물 : 퇴적물 알갱이와 공극을 채운 공극수 혹은 공기로 구성된다.	2. 다짐 : 공극의 크기가 감소되고 공극수가 빠져나가 치밀하고 단단해진다.	3. 고결 : 지하수에 녹아 있던 석회질, 규질이 침전하여 입자를 붙여준다.

그림 2.7 퇴적된 토사가 암석이 되는 과정(속성작용)

표 2.3 풍화의 과정들

물리적 풍화

1. 쐐기파괴 : 암석 내부 절리 등에 충진된 물이 얼고 녹는 과정을 반복하면서 쐐기처럼 균열을 벌리며 암석을 파괴한다.
2. 인장절리 : 지표 위에 쌓인 흙이나 암석이 풍화되어 제거되면 그만큼 암석을 위에서 누르는 힘이 제거되는 것이다. 이러한 힘의 제거는 수축된 탄성의 물질을 원위치로 되돌리는 것과 동일한 효과를 보이며, 이로 인해 눌려 있던 암반은 제거되는 응력의 방향으로 인장하게 된다. 이 인장에 의해 암석에 균열이 생긴다. 많은 절리들이 이러한 과정으로 형성되며, 지표와 평행하게 발달하는 양파절리가 이 과정의 전형적이 예이다.
3. 열적팽창 : 마그마와 같은 지질학적 물질에 의한 높은 열은 벽돌이 구워지는 듯한 물질의 변화를 야기하며, 이렇게 형성된 단단한 물질은 쉽게 부서질 수 있다.
4. 동식물의 작용 : 식물의 뿌리 등은 오랜 기간 암석의 기존 파쇄면을 따라 자라면서 파쇄면을 늘리거나 파쇄면을 따라 지하수의 이동을 촉진시키는 등의 역할을 한다.

화학적 풍화

1. 용해 : 물에 의해 용해되는 작용으로, 석회암의 방해석이 녹아서 흐르다가 종류석 등으로 재성장하는 과정이 대표적인 예이다. 속도와 양의 차이는 많이 나지만 석영 성분 등도 물에 용해가 된다.
2. 가수분해 : 암석의 표면에서 광물의 이온과 물속의 OH^- 혹은 H^+이온과 결합하면서 광물을 분해하는 작용을 말한다.
3. 수화작용 : 광물의 원자격자 사이에 수산기(OH^-)나 수소(H^+)이온 등이 첨가되는 현상을 말한다.

장석들이 점토로 분화함

Kaolin($Al_2Si_2O_5(OH)_4$)
K-feldspar + water = kaolinite + silica + KOH
Pyrophyllite($Al_2Si_4O_{10}(OH)_2$)
K-feldspar + water = pyrophyllite + silica + KOH
Illite (muscovite)($KAl_2(Si_3Al)O_{10}(OH)_2$)
K-feldspar + water = illite + silica + KOH
Montmorillonite($(Ca,Na)_{0.3}Al_2Si_4O_{10}(OH)_2 \cdot 2H_2O$)
plagioclase + water = montmorillonite + silica + NaOH + Ca(OH)$_2$

이들 점토들 중 특히 주목해야 할 점토는 몬트몬리로라이트이다. 이 점토는 지하수를 흡수해 부풀어 오르면서 상부의 암석을 들어 올리는 효과로 이어져 암괴 파괴의 매우 위험한 활동면을 형성할 수 있다.

쇄설성 퇴적암의 명칭은 퇴적암을 형성하는 쇄설물의 크기로 분류되는데, 쇄설물은 입자의 크기가(직경이) 1/256mm 미만이면 점토, 1/256mm 이상이면 실트라 하며, 입자의 크기가 1/16mm 이상이면 모래, 2mm 이상이 되면 역(자갈)으로 분리된다. 암석의 명칭 역시 퇴적물의 입도에 따라 작은 입도에서 큰 입도까지 이암, 실트암, 사암, 역암으로 분류된다[표 2.4]. 입도의 크기 분류에서 1/256, 1/16, 2mm의 분할 간격들을 기억하면 된다. 입자가 작은 실트암과 점토암을 합쳐 이암이라 하며 판상으로 쪼개지는 특성을 갖고 있는 이암을 셰일Shale이라 부르기도 한다[표 2.4].

표 2.4 퇴적물 크기에 따른 명칭과 이들을 포함한 암석의 명칭들

퇴적물	크기(mm)	비고	암석명
Clay(점토)	< 1/256	밀가루	점토암
Silt(실트)	1/256~1/16	설탕	실트암
Sand(모래)	1/16~2	소금	사암
Boulder(역)	> 2	탁구공	역암

2.3.2 화학적 퇴적암

물과 같은 매체에는 퇴적이 될 수 있는 성분이 녹아 있다. 녹아 있던 성분이 과포화에 이르게 되면서 정출되어 쌓이고 고화된 암석이 화학적 퇴적암이다. 다양한 화학적 퇴적암이 존재한다. 바닷물에는 염분이 녹아 있는데, 물이 증발하면 염분의 농도가 높아져서 과포화에 이르게 되어 소금으로 침전하고 고화되어 암석이 된 것이 암염이며, 칼슘과 황을 포함한 물의 증발로 만들어지는 퇴적암이 경석고이다. 바다의 해안가와 같이 물의 유동이 많은 곳에서 칼슘이온과 중탄산염이온이 결합하여 칼슘탄산염을 침전시켜서 석회암을 만들기도 하고, 칼슘탄산염($CaCO_3$)을 녹이고 있는 물속에서 미생물 등의 활동에 의해 물의 산도가 떨어지면서 $CaCO_3$의 포화 한계를 낮추게 되고, 이로 인해 $CaCO_3$가 침전되어 고화되면서 석회암을 형성하기도 한다[표 2.5].

표 2.5 화학적 퇴적암의 예

석회암
• 미생물이 산도(pH)를 떨어뜨려 $CaCO_3$ 침전을 유도
• 물속 이온들의 결합으로 $CaCO_3$가 침전 Ca_2^+(칼슘이온) $+HCO_3^-$ (중탄산염이온) $\rightarrow CaCO_3$(칼슘탄산염) $+H^+$(수소이온)
• 석회동굴의 종유석

증발암
• 농도를 높여 과포화된 화학성분이 침전함
• 암염
• 경석고(Anhydrite) : $CaSO_4$ 침전

2.3.3 생물학적 퇴적암

생물체의 잔해가 쌓여서 만들어지는 퇴적암이 가장 대표적인 생물학적 퇴적암이다. 석회암으로 퇴적되는 생물은 산호coral, 유공충foraminifera, 굴, 따개비, 석회질 해면류 등의 석회질 골격을 지닌 생물들이며 규질암을 만드는 생물로는 방산충radiolaria과 규조류diatom 등의 규질 골격을 지닌 생물들이다. 이 외에도 식물이 퇴적되어 만들어지는 석탄이나 주로 플랑크톤, 박테리아 등의 생물유해가 퇴적물과 함께 퇴적되어 유기물이 열과 압력을 받아 케로신이라는 화합물로 변성되어 생성되는 석유 등도 있다.

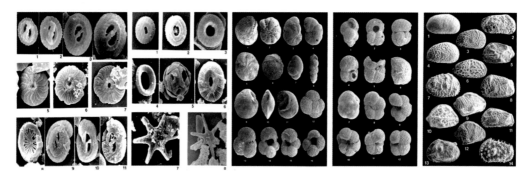

그림 2.8 석회암과 규질암을 형성하는 미생물들(포항퇴적분지와 울릉분지 퇴적암에서 산출하는 석회질과 규질 미화석, 윤혜수 외, 1999)

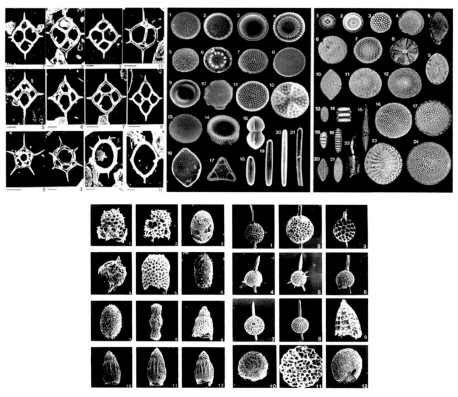

그림 2.8 석회암과 규질암을 형성하는 미생물들(포항퇴적분지와 울릉분지 퇴적암에서 산출하는 석회질과 규질 미화석, 윤혜수 외 1999)(계속)

2.4 변성암

암석이 높은 온도와 압력에 의해 새로운 광물이나 조직을 만들면서 변화한 암석을 변성 암이라 한다. 변성 작용은 광역변성, 접촉변성, 동력변성으로 구분되는데, 광역변성이 가장 대표적이며 접촉변성은 화강암 주변과 같이 높은 열에 노출된 지역에 분포한다. 동력변성은 단층과 같이 특이한 상황에서 만들어지므로 후에 단층 부분에서 다루기로 하겠다.

2.4.1 변성암석의 종류(모암의 분류)

변성암은 다양한 기원의 암석들이 온도와 압력에 의해 변화된 암석으로 변성 전의 모암 들에 관한 이해가 매우 중요하다. 일반적으로 암석은 크게 6종류의 모암으로 구분할 수 있다. 첫 번째가 Al, K가 많이 포함된 밝은 계열의 이암류이다. 이들은 진흙(점토성분이 많은)이 암석으로 변한 상태를 연상하면 된다. 두 번째는 석영과 장석이 풍부한 암질로 바닷가 모래사장이 암석으로 변한 상태나 화강암과 같은 암석을 연상하면 된다. 세 번째는 탄산염으로 구성된 석회질 암석이며, 네 번째와 다섯 번째는 Mg와 Fe가 많이 포함된 염기성 계열의 암석들로 제주도에서 흔히 볼 수 있는 어두운 색상의 현무암을 연상하면 된다.

암석은 규소(SiO_2)의 함량에 따라 각기 산성($SiO_2 > 63\%$), 중성($63 \sim 52\%$), 염기성($52 \sim 45\%$)과 초염기성($SiO_2 < 45\%$) 암상으로 나누어지는데, 이들 중 규소의 함량이 적은 염기성과 초염기성 암석들이 네 번째 종류이다. 마지막으로 Mn을 포함한 암상인데 이들은 흔치 않다. 각 암상의 특성은 표 2.6에 정리되어 있다.

표 2.6 모암의 종류

이암류 (Pelitic Rock)	• Al, K 등이 풍부하고, SiO_2와 Ca, Fe, Mg가 적게 포함됨 • 운모류, 정장석, 십자석, 근청석, 석류석, Al_2SiO_5류 남정석, 규선석, 홍주석 등의 광물 • 혈암/이판암/셰일(shale), 경사암(greywacke : 장석이 많이 포함된 사암)
석영 장석류 (Quartzo feldspatic)	• Si, Al이 풍부, K, Al, CFM(Ca, Fe, Mg)가 적게 포함됨 • 석영, 장석, 석류석, 흑운모류 • 사암, 화강암, 유문암
석회질류 (Calcarious)	• Ca, Mg가 풍부 • Woolastonite, 방해석, 백운석, 투각섬석(tremolite), 녹렴석(epidote), 투휘석(diopside), 사장석, 석류석(grossular) • 석회석, 백운암(dolostone : Mg를 함유한 석회석), 대리석(석회석이 변성된 암석)
염기성 암류	• 높은 CFM 함량, 낮은 SiO_2($52 \sim 45\%$), Na, K 함량 • 각섬석, actinolite(Ca 각섬석), Augite(Ca Px), epidote, garnet, chlorite, Cordierite • 현무암, 반려암(gabbro)
초염기성 암류	• 높은 Mg, Fe 함량, 매우 낮은 SiO_2($< 45\%$) 함량 • talc, forsterite, enstatite, brucite • 초염기성암
Fe-Mn 암상	• Fe, Mn 포함 • magnetite, hematite, almandine, chlorite, stilpnomaline, (Mn) spessartine, piemondite (epidote) • Mn chert, BIF, MnO_2

2.4.2 광역변성암

지구의 하부지각에서는 방사능 동위원소가 핵분열하면서 지열이 발생 된다. 이 지열로 인해 지하로 내려가면서 30m당 약 1°C씩 증가하여 1km 깊이에서는 10~40°C의 온도가 된다. 그러므로 약 100km의 깊이에서는 300°C를 넘어가게 된다. 한편 암석의 일반적인 비중은

2.5~3의 영역으로 암석의 무게는 물보다 약 2.5배 더 무겁다. 그러므로 지하로 가면서 압력은 기하급수적으로 증가하게 된다. 이와 같이 깊어지면서 온도와 압력이 같이 증가하는 광역적인 지하의 환경에서 발생하는 변성활동이 광역변성이며, 그림 2.9의 화살표들 중 B는 광역변성대 방향의 변성환경을 의미한다.

암석은 지하에서 특정한 온도와 압력 상황이 되면 광물의 변화나 조직의 변화를 시작한다. 온도와 압력 조건에 따라 새로운 광물군이 만들어지는 온도/압력 영역을 그림 2.9와 같이 변성상으로 분류하는데, 변성상의 이름에 영역의 변성 광물군 중 대표적인 광물의 이름이 활용되기도 한다. 광역변성 환경에서는 온도와 압력이 높아지면서 지올라이트Zeolite − 프레나이트/펌펠레라이트Prehnite/Pumpellyite − 녹색편암Greenschist − 각섬암Amphibolite − 그래뉼라이트(백립암Granulite)로 변화하는[그림 2.9의 B : 광역변성대] 단계적 변성상은 반드시 기억해야할 변성암의 분류이다.

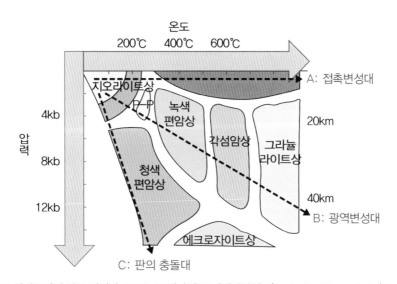

그림 2.9 온도 압력조건에 따른 변성상. P-P는 프레나이트/펌펠레라이트(Prehnite/Pumpellyite)를 의미한다.

변성상은 광물군의 변화로 인지되는데, 그림 2.10의 예는 이암계열의 변성과정을 분석할 때 사용되는 AFKM 다이어그램으로 변성에 의한 광물군의 변화를 분석하는 데 사용되는 전형적인 분석방법 중 하나다. Thompson(1976)에 의해 제시된 이 다이어그램은 이암에 우세한 원소가 SiO_2, Al_2O_3, FeO, MgO, K_2O임을 전제로 K_2O를 포함하고 있는 백운모($KAl_2(AlSi_3O_{10})(OH)_2$) 성분에서 삼각형 공간에 광물들의 성분을 투영해 분석한다. 투영된 수직 스케일은 그림 2.10(a) 다이어그램과 같이 $\dfrac{Al_2O_3 - 3K_2O}{Al_2O_3 - 3K_2O + FeO + MgO}$ 으로 계산된다. 이 다이어그램에 표기된 전형적인 이암류 변성광물들은 FeO와 MgO의 성분이 넓게 표시된다. 그 이유는 광물 내에 이 성분들이 흔히 고용체로 공존하여 광물의 변성과정에서 인접광물들과 이 원소를 서로 주고받아 함량의 변화를 보이기 때문이다.

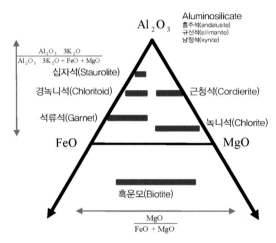

(a) 변성광물들의 위치와 수평, 수직축의 스케일

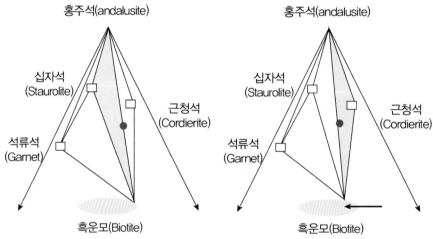

(b) 십자석 광물군에서 근청석 광물군으로 진화하는 현상. 흑운모의 성분이 FeO에 근접해감으로 광물군으로 형성된 삼각형이 바뀜

그림 2.10 이암계열의 변성 광물군 분석에 이용되는 AFKM 다이어그램

그림 2.10(b)의 AFKM 다이어그램은 좌측에서 우측 다이어그램으로 변성도가 높아지면서 광물군이 변화하는 형상을 보여준다. 좌측은 홍주석−십자석−흑운모의 광물군이며, 우측은 홍주석−근청석−흑운모의 변성 광물군이다. AFKM 다이어그램의 중요한 성격들은, 이 도표에 점기된 전암(암석 전체의 화학조성)의 성분이 광물군으로 만들어진 삼각형 내에 존재해야 한다는 것과, 광물의 연결선이 서로 교차를 하면 이들은 반응을 유발한다는 것이다. 그림 2.10(b)의 예제와 같이 변성이 진행되면서 흑운모의 성분이 FeO 쪽으로 변하면, 홍주석−흑운모의 연결선이 전암의 성분을 지나치면서 안정된 변성 광물군이 홍주석−근청석−흑운모로 바뀌게 되는 것이다. 즉, 십자석이 빠지고 근청석이 들어오게 되는 것이다. 다른 하나의 예로서 만약 석류석−근청석 라인이 십자석−흑운모 라인과 교차하게 되면 석류석+근청석=십자석+흑운모와 같은 변성식이 가능하며 두 식의 화학평형을 맞춰서 H_2O 가 발생하는 방향으로 변성은 높아진다. 홍주석−석류석−십자석의 광물군이 홍주석−석류석−근청석의 광물군으로 변하는 등의 변화를 이와 같은 그래프에서 찾기도 한다.

2.4.3 접촉변성암 및 판의 충돌대

마그마가 지각을 관입하게 되면 매우 높은 열을 모암에 전가시킨다. 이 경우 높은 열에 의해 모암이 벽돌과 같이 구워지는데, 이와 같이 벽돌처럼 구워진 단단한 암석을 혼펠스Hornfels 라 한다. 관입되는 마그마 주변에는 고온의 증기와 여기에 포함된 다양한 광물질들이 모암에 유입되면서 특이한 맥암을 형성하기도 하는데 이들을 열수 맥암Hydrothermal Vein이라 한다. 높은 증기압에 의해 더러는 매우 큰 광물을 정출시키기도 하며 광물질들이 함께 고화되면서 맥암을 따라 순도 높은 열수광상을 만들기도 한다. 압력보다는 온도가 높은 관입환경에 형성되는 변성작용으로 그림 2.9 'A : 접촉변성' 화살표 방향 환경이다.

판의 충돌대나 섭입대는 높은 압력이 가해지지만 온도는 낮은 특수한 환경이다. 이러한 환경에서는 특이한 광물들을 포함하는 편암류가 만들어지는데, 남성석Glaucophane이나 로소나이트Lawsonite와 같은 청색의 광물들이 변성 광물군으로 만들어지므로 청색편암상Blueschist Phases이라는 변성대로 분류된다.

2.4.4 엽리

변성작용 시 광물들이 압력에 수직되는 방향으로 재배열하여 만들어지는 암석 내부에 면구조를 엽리라고 한다. 주로 판상광물인 운모들이 선택적으로(특정 방향으로) 배열하여 면구조를 형성하나[그림 2.11(a), (b)], 변성작용에 의한 광물들의 분별적 분할로 인해 흑운모나 각섬석과 같은 어두운 광물이 모인 부분과 장석과 석영이 모인 밝은 부분이 판상의 밴드 형태로 나타나기도 한다[그림 2.11(c)].

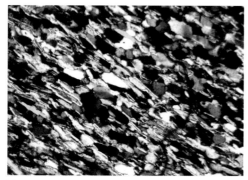
(a) 광현미경으로 관찰한 한 방향으로 배열된 흑운모들

(b) 이암계열 암석에 발달한 편리구조

(c) 어두운 밴드(Melanosome)와 밝은 밴드(Leucosonme)로 분할된 편마구조

그림 2.11 엽리구조

엽리는 고온과 고압의 환경에서 만들어지므로, 이들의 형성과정을 관찰하거나 실험으로 성인을 입증하기는 어렵다. 일반적으로 추정되는 몇 가지의 성인은 다음과 같다.

1. 암석이 압축되면서 내부의 광물들이 가위의 회전과 같이 회전하여 응력에 수직인 방향으로 배열한다[그림 2.12(a)].
2. 위치에너지와 같이 물체는 에너지가 높은 곳에서(혼동이 심한 곳) 낮은 곳(혼돈이 없

이 고요한 곳)으로 흘러서 안정을 확보하고자 한다. 열역학에서는 에너지로 혼돈된 상태를 엔트로피라 정의하기도 하는데 대부분 자연은 혼돈을 줄여서 안정된 상태로 가기를 추구한다. 광물도 예외는 아니어서 원소들이 응력이 집중되는 높은 에너지 영역에서 에너지가 낮은 영역으로 이동하여 안정을 확보하고자 한다.

광물에 일정방향의 응력이 주어지면 응력이 높은 부분의 원소가 녹아서 응력이 낮은, 응력에 수직방향 쪽으로 이동하여 축적되므로 응력의 수직방향으로 광물이 신장된다는 것이다[그림 2.12(b)]. 이 현상은 실제 광물의 주변에서 응력용해Pressure Solution라는 미구조로 관찰된다.

3. 위와 유사한 이유로 변성에 의해 새로운 광물이 형성된다면, 광물은 에너지가 낮은 방향으로 더 잘 신장할 것이다.

4. 변성과정을 거치면서 유색광물과 무색광물들이 분할되어 밴드와 같은 면구조를 형성하는 것은 화학적으로 성분이 유사한 물질들이 서로를 유혹하는 힘이 커지는 특성이 있지 않을까를 추정해본다.

5. 기존의 엽리구조(면구조)가 재변형을 받는 과정에서 비대칭습곡 등에 의해 운모와 같은 판상광물이 물리적으로 모이는 현상이 일어날 수 있다[그림 2.12(c)]. 이러한 현상은 재배열된 엽리면을 형성할 수 있으며 판상의 운모들을 엽리면으로 모으는 광물의 분열Segregation을 초래한다. 이와 같이 변형에 의해 발생하는 엽리는 단층암에도 흔히 관찰된다.

  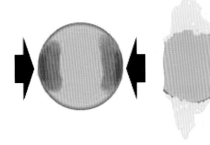

(a) 압축으로 인한 판상 광물의 회전 (b) 응력에너지가 높은 곳에서 용해된 광물질이 응력
에너지가 낮은 곳으로 이동

그림 2.12 엽리의 성인

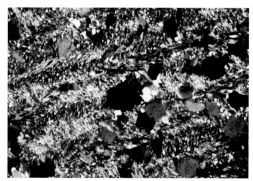

(c) 파랑습곡으로 형성된 2차 엽리

그림 2.12 엽리의 성인(계속)

2.4.5 변성암의 분류

변성암에서 변성상이나 변성광물군의 변화 등 변성과정과 연계된 학술적인 내용은 이해하기가 매우 어렵다. 그러나 암석의 분류 자체는 매우 단순하다. 분류는 다음과 같이 엽리를 갖는 암상과 엽리가 없는 암상으로 나누어 정리할 수 있다.

2.4.5.1 엽리를 갖는 암석

엽리를 갖고 있는 변성암의 분류는 매우 간단하다. 먼저 육안으로 입자가 보이는지를 관찰하여 입자가 보이지 않으면 점판암이고 입자가 육안으로 보일 경우는 편암으로 분류하면 된다. 입자가 육안으로 관찰이 안 되는 암석으로 운모를 많이 함유한 암석은 천매암으로 분류한다. 입자가 육안으로 구분이 되지만 매우 크고 밝은 밴드와 어두운 밴드로 분리된 띠모양의 밴드가 보이면[그림 2.11(c)] 편마암으로 분류된다[그림 2.13].

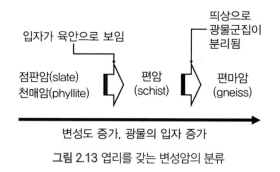

그림 2.13 엽리를 갖는 변성암의 분류

2.4.5.2 엽리를 갖지 않는 변성암

암석을 구성하는 광물이 단일광물인 경우 엽리를 만들기 어렵다. 석영만으로 구성된 사암이 변성이 되어 엽리가 없는 규암을 만들 수 있으며, 방해석만으로 구성된 석회암이 변성되면 엽리가 없는 대리석이 된다. 이들도 소량의 불순물을 함유하거나 광물자체가 엽리방향의 신장된 형태를 보일 때 엽리를 가질 수 있지만 엽리를 갖고 있어도 이 두 가지 변성암(석영과 방해석이 대부분인 암석)은 규암과 대리석으로 부른다.

압력보다는 높은 열에 의해 암석의 용해까지 도달한 고변성암 중 화강암의 조직과 매우 유사한 변성암이 있다. 이들을 화강편마암이라 한다. 이 외에 고열에 의해 벽돌과 같이 구워진 접촉변성암 혼펠스 역시 엽리가 없다.

2.4.6 후진변성작용(Retrograde Metamorphism)

지금까지는 온도와 압력이 올라가면서 만들어지는 전진변성작용Prograde metamorphism을 위주로 변성 광물군 등을 설명하였다. 그러나 더러는 높은 변성대에서 형성된 광물군이 낮은 변성대의 광물군으로 후퇴하며 변성되는 경우도 있다. 대부분의 고변성 암석은 현재 낮은 온도와 압력 환경에 노출되어 있으니 모두 후진변성을 받아야 할 것이나 당시의 변성상태를 유지한다. 그 이유는 저변성 상태의 후진변성이 발생하려면 저변성을 유발할 수 있는 온도와 압력이 주어져야 하며 그 상태가 새로운 광물군이 만들어지고 평형을 이룰 때까지 충분히 오래 지속되어야 하기 때문이다.

제3장

절 리

제3장 절리

일반적으로 암반이 갈라진 형상(면구조)을 단열Fracture이라 하는데 갈라짐에 변형이 있으면 단층Fault, 없으면 절리Joint라 분류한다. 그러나 이 분류도 정확치는 않다. 다음 장에 기술되겠으나 단층은 지층이 갈라진 하나의 면이 아니고, 전단변형이 집중된 하나의 띠상 구조(영역)이며 그 내부에는 수많은 단열을 포함한다. 그러므로 단층은 단열의 범주에 속하지 않는다.

절리는 인장절리와 전단절리로 구분이 되며, 이들 중 후자는 작은 변위를 보일 수도 있다. 그러므로 변위가 있는 범주를 포함하는 단열이나 절리는 큰 차이를 갖지 않는다. 굳이 두 용어의 차이를 찾자면 절리는 깨어진 면들이 조를 갖고 발달하면서 변위가 매우 좁은 갈라짐을 의미하고, 단열은 암반의 미세균열이나 절리와 같이 모든 깨어진 면을 포함하는 조금 더 폭넓은 의미의 갈라진 면에 대한 명칭으로 이해하면 된다.

3.1 절리의 분류

3.1.1 계통절리

절리는 연장성이 좋고 분포가 규칙적인 계통절리와 연장이 짧고 불규칙적으로 분포하는 비계통절리로 구분된다[그림 3.1(a)]. 계통절리는 동일방향의 절리들이 군집으로 형성되며 연장성 역시 좋은 절리들이다. 비계통절리에 비해 분포 양상이 뚜렷한 관계로 지표에서 관찰된 절리의 양상을 근거로 단거리(그리 깊지 않은) 깊이까지의 절리분포를 예측하기에 적절한 절리들이다. 연속성이 매우 좋을 경우는 비탈면이나 터널 붕괴의 활동면과 같은 위험한 지질구조가 될 수 있다.

3.1.2 교차상태

더러는 절리들의 교차 형태에 따라서 T, Y, X타입으로 분류되기도 한다[그림 3.1(b)]. 절리가 형성될 때 면이 벌어지는 끝부분에 응력이 집중되며, 이 응력이 다른 절리를 만나면서 해소되어 절리의 벌어짐이 멈추는 T타입과 에너지가 높아 교차하는 X타입 등으로 분류된다. 즉, 절리면이 벌어지면서(형성되면서) 에너지가 소멸되는 과정에 대한 암시적인 분류법이다. 같은 맥락에서 T타입의 경우 기존의 절리에 후기에 발생한 절리가 인접되는 형상이므로, 가서 붙는 인접절리가 젊은 절리임을 암시하기도 한다. 그러나 이 타입의 분류는 검증된 바 없으며, 자연에서 이러한 암시(절리 형성시기의 선후관계)가 항상 적용되지도 않으므로 이러한 분류를 필요로 하는 경우 조심스레 사용할 필요가 있다.

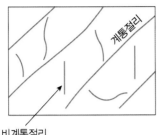

비계통절리

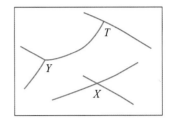

(a) 연장이 좋은 계통절리와 그렇지 않은 비계통절리   (b) 절리들의 교차 형태에 따른 T, Y, X타입 분류
로 분류

그림 3.1 절리의 분류

3.1.3 전단절리

　현장에서 절리의 분포를 조사할 때 매우 중요한 것이 파쇄대와 같은 띠상의 전단구조대를 분류해내는 것이다. 단층대와 같이 심하게 파쇄된 영역은 쉽게 인지될 수 있다. 그러나 절리들이 주변영역에 비해 다소 조밀하며 규칙적이지만 절리 상호 간에 작은 배열의 차이를 보이는 띠상의 영역은 전단에 의해 변형된 구조일 수 있는데, 파쇄대만큼 쉽게 인지되는 구조들이 아니다. 그림 3.2(a)의 절리분포를 관찰해보자. 스케치와 같이 절리가 분포하는 파쇄대의 외곽 경계와 절리 자체의 배열이 평행하지 않음을 알 수 있다(절리가 외곽경계로부터 시계 방향으로 약 15°가량 회전해 있다). 외곽경계와 내부에 분포하는 절리의 관계는 비대칭적이며 규칙적[2]이다. 이러한 구조가 전단구조의 전형적인 특성이다.

　야외에서 그림 3.2(a)와 같이 전단구조가 뚜렷한 경우는 흔하지 않다. 단층과 같이 뚜렷한 전단영역을 제외하고는 일반적으로 전단의 경향을 보이는 암반의 영역과 그렇지 않은 암반의 영역이 관찰된다 할 수 있다. 전단의 경향이 보이는 그림 3.2(b)의 경우와 그렇지 않은 그림 3.2(c)의 경우를 비교해보자. 전자는 두 조의 절리가(Set1, Set2) 보이며 후자에는 3조의 절리가 관찰되는데, 후자의 경우는 연장성이 좋고 절리들의 조가 뚜렷이 발달한 반면 전자의 경우는 연장성이 적으며 서로 교차하는 X자 형태의 배열을 보인다. 이들 X자 형태의 절리들은 부분적으로는 한 방향의 연장성이 뚜렷하고 다른 부분에서는 다른 방향의 절리가 연장성이 우수한 듯한 불규칙성이 강하다. 자세히 관찰하면 타원으로 표시한 영역들과

2　비대칭적인 구조가 규칙적으로 배열할 경우 전단구조일 확률이 매우 높다. 또한 전단구조는 국지적으로 모여 있는 것이 특징이다.

같이 한 방향의 절리로 경계 지워진 띠상의 영역에 간격이 조밀한 절리들이 분포하기도 한다. 이와 같은 영역을 매우 불규칙적이며 파쇄가 심한 영역이라 결론짓고 조사를 종료할 수 있으나 조금 다른 관점에서 관찰하면 흥미로운 규칙성을 발견할 수 있다. 물론 규칙성이라 함은 비대칭성 구조가 규칙적으로 배열함을 의미한다.

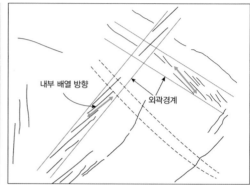

(a) 전형적인 전단절리로 큰 축척에서는 절리의 분포경계(외곽경계)와 실제 절리들의 배열방향이 일정치 않다.

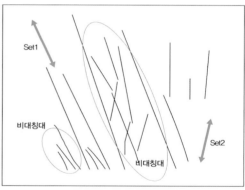

(b) 두 조의 절리가 관찰되나 이들은 명확한 계통절리가 아니고 서로 교차하는 형상을 보인다. 절리의 분포밀도가 높아 보이는 비대칭대가 존재한다.

그림 3.2 전단구조와 인장구조

(c) 전형적인 인장절리들로 사진에서도 3조의 계통절리가 쉽게 구분된다.

그림 3.2 전단구조와 인장구조(계속)

예전에는 X자 형태의 절리를 공액절리Conjugate Joint라 하여 전단시험에서 발달하는 두 방향의 전단절리를 암시하는 개념으로 통용되었다. 그러나 압축에 의해 파생되는 공액의 절리 뿐 아니라 전단과 변형의 분할[그림 1.2] 및 중첩변형[그림 1.7] 등을 고려할 때 공액절리를 압축에 의해 파생되는 전단 절리라 해석함은 적절치 않다. 그러므로 최근에는 절리의 형성과정에 대한 암시를 하지 않고, 순수하게 기하학적 형태만으로 이러한 모양의 절리를 공액절리라고 칭한다. 지금부터 설명될 공액절리의 내용 역시 형성과정과 관련 없는 단순 기하학적 형상임을 유의하기 바란다.

전단영역에서는 비대칭 구조가 규칙적으로 배열한다 하였다. 비대칭 구조란 한 방위의 면구조와 작은 각도로 교차하는 다른 면구조들이기도 하다. 이러한 측면에서 공액절리의 형상은 전단영역에서 흔히 관찰되는 지질구조일 수 있다. 한편 변형의 강도가 부분적으로 차이를 보일 수 있는 전단영역에서는 국부적으로 파쇄의 강도가 높아 절리의 밀도가 높은 영역이 존재할 수 있다. 이러한 영역이 띠상으로 분포하면 더욱 논리적으로 이해가 가는 전단변형의 지질현상이다. 그림 3.2(b)의 예제에서는 이러한 양상이 많이 관찰된다. 공액형 절리군이 그렇고 부분적으로 관찰되는 비대칭대들이 그렇다. 그러나 이 예제에서와 같이 우측의 비대칭대는 Set1의 절리방향으로 경계 지워진 띠상 구조 내부에 Set2 방향의 절리들이 다소 관찰되는 반면에 좌측의 비대칭대에는 Set1 방향의 경계에 동일방향의 절리가 조밀하게 분포한다(스케치된 그림 참조). 현장에서 관찰되는 비대칭 영역은 흔히 이와 같이 모호한 경우가 대부분이다. 이러한 모호함이 답답함으로 이어질 수도 있으나 많은 의문의 열쇠를 갖고 있기도 하다.

모호한 비대칭 영역이 관찰될 경우, 지질도를 관찰하여 유사한 비대칭성이 존재하는지를 확인해보거나, 인접 계곡의 방향이 어느 절리의 방향과 일치하는지를 확인하거나, 심지어는 모호함 내부에 다른 비대칭성이 없는지 확인할 수 있을 것이다. 이와 같이 모호함은 의문을 제시하고 그 답을 얻을 수도 있는 흥미로운 증거일 수도 있다.

3.1.4 전단구조의 활용

지질조사의 가장 큰 어려움은 암석 내부를 들여다볼 방법이 많지 않다는 것이다. 그러므로 지표에서 관찰된 지질구조로부터 지하의 지질구조를 유추하는 전통적인 조사방법이 오랫동안 시도되어 왔다. 이 과정에서 조사자가 인지해야 할 중요한 부분이 지역적으로 반복될 수 있는 지질구조를 인지하고 이를 적절히 활용해야 하는 것이다.

그림 3.2(b)와 같이 전단변형의 특성이 있는 절리군은 분류하여 지역의 다른 지질구조와 연계하여 분석해봄이 바람직하다. 인접한 위치에 비대칭대와 평행한 단층이 존재하는지를 확인하고 단층대 내부의 비대칭성과 전단구조의 비대칭성을 비교해보는 등의 노력이 필요하다. 만약 단층대와의 연관성이 확인될 경우, 조금 더 조사자의 상상력을 확대하면, 지형도에서 근처에 존재하는 비대칭대 방향의 계곡을 인지하고 이들이 혹시 전단대(단층대)가 아닌가 의심하는 것도 적절할 수 있다.

비대칭적이며 규칙적인 배열을 보이고 국지적으로 절리의 분포가 높은 띠상의 변형대를 보이는 절리들은 전단변형과 연계되어 있을 가능성이 높다. 그러나 이러한 절리들에서 변위가 인지되는 경우는 거의 없다. 그러므로 이들을 절리라 하기도 어렵고, 또 전단절리 혹은 단층관련 면구조로 표기하기도 적합지 않을 수 있다. 이와 같이 애매함이 있을 경우, 좀 더 광역적 의미인 단열이라는 용어를 사용할 수 있다.

3.1.5 양파절리(Unloading Joint)

화강암과 같이 조직이 없는 암석에서 지표면과 평행한 절리가 흔히 관찰된다. 풍화면의 경사가 40° 이상인 지표면에서 이러한 절리가 발달하면 이 절리는 비탈면붕괴의 활동면으로 작용하기도 한다.

지각은 오랜 시간을 통해 풍화가 되고 풍화된 지각은 물이나 바람 등에 의해 이동되어 삭박된다. 풍화되기 이전에 하부에 놓여 있던 지각은 상부 암석의 무게로 적지 않는 하중을 받고 존재하게 된다. 그림 3.3과 같이 상부에서 누르고 있던 지각이 삭박되게 되면, 하부지각에는 눌려 있던 하중이 반발하중으로 바뀌면서 풍화면에 수직인 인장력이 발달하게 된다. 이러한 인장력에 의해 풍화된 지표와 평행한 절리가 발달하게 되는데, 하중이 제거되면서 발달한다 하여 언로딩unloading 절리라고 하며, 지표면과 평행한 절리가 양파껍질과 같이 분포한다 하여 양파절리라고도 한다.

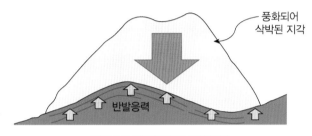

그림 3.3 양파절리의 발생원인

3.1.6 주상절리

화산암에서 6각형 단면을 갖은 기둥모양의 절리가 관찰된다. 기둥의 형태를 갖고 있다 하여 주상절리라 불린다. 주상절리는 그림 3.4(a)와 같이 분출된 마그마가 식으면서 수축하게 되는데, 육각형 중앙을 향하여 수축을 하면서 육각형의 경계를 만들어내는 구조이다. 단

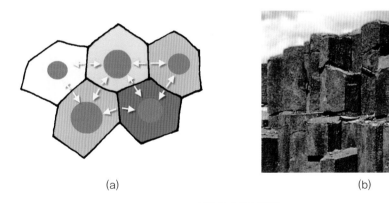

(a)   (b)

그림 3.4 주상절리

면이 반드시 육각형은 아니다. 그러나 뜨거운 용암이 식으며 수축되는 과정에서 영역을 가장 공평하게 나눌 수 있는 기하학적 모양이 육각형임을 자연도 잘 이해하여 최대한 육각형에 근접하는 구조를 만들어낸 것이다.

3.2 절리의 성인

물질의 균열은 개방형(모드 I), 미끌림(모드 II), 찢김(모드 III)으로 분류된다[그림 3.5]. 절리의 형성은 이들 중 첫 번째에 가깝고 단층은 두 번째에 가깝다할 수 있다. 즉, 절리는 인장에 의해 간극의 벌어져 발생한다. 지각 내부에서 간극을 벌릴 수 있는 인장이 어떻게 형성될까? 아마도 눌려 있던 지각의 상부가 풍화 등에 의해 삭박되면서 묻혀 있던 지각이 갖고 있던 응력이 반발응력(인장력)으로 바뀌는 경우를 중요한 원인으로 생각해봄이 바람직하다[그림 3.3]. 지각은 이와 같은 자중에 의한 수직하중뿐 아니라 조구조운동에 따른 수평하중과 단층 등의 지각운동에서 형성되는 공간을 메우기 위해 발생하는 부수적인 하중 등 매우 다양한 하중을 받고 있다. 이러한 하중이 지표 부근으로 노출되면서 인장력으로 바뀔 수 있는 것이다. 실제로 절리는 지하 300m 이하에서는 현저히 적어진다.

모드 1 개방형　　　　모드 2 미끌림　　　　모드 3 찢김

그림 3.5 단열모드

절리의 형성과 전파

절리는 인장력에 의해 벌어져 디스크 형태로 전파해나가게 되는데, 절리의 경계부분에는 매우 높은 응력에너지가 집중되게 된다. 이 현상을 그림 3.6과 같이 타원형 터널의 벽면에 발생하는 접선응력Tangential Stress에 대한 단순 모델로 이해해보도록 하자.

타원모델[그림 3.6]은 터널 단면의 장축과 단축의 길이가 각각 a와 b이고, 단축과 평행한 수직응력 σ_v와 장축과 평행한 수평응력 σ_h가 작용할 때 장축으로부터 β의 각도를 갖고 있는 벽면의 위치에 작용하는 접선응력과 이들 변수들과의 관계를 모델화한 것으로 식 3.1과 같은 관계식을 갖는다.

$$\sigma_\theta = \frac{\sigma_v(K-1)\left[\left(\frac{a}{b}+1\right)^2 \sin^2\beta - 1\right] + 2\frac{a}{b}\sigma_v}{\left[\left(\frac{a}{b}\right)^2 - 1\right]\sin^2\beta + 1} \qquad\qquad 식\ 3.1$$

이 수식에서 수평응력계수 K는 수직응력과 수평응력의 비율$\left(\dfrac{\sigma_v}{\sigma_h}\right)$이다. 타원의 뾰쪽한 측면부는 β의 각도가 0이 되며 그림에서의 타원 상부(크라운 부분)의 β각도는 90°가 된다. 이 두 각도를 대입하면 식 3.1은 식 3.2로 단순화된다.

측면부 : $\beta = 0$　　크라운부 : $\beta = 90$

$$\sigma_\theta = \left[1 + 2\left(\frac{a}{b}\right) - k\right]\sigma_v \qquad \sigma_\theta = \left[K\left(1 + 2\left(\frac{a}{b}\right)\right) - 1\right]\sigma_v \qquad 식\ 3.2$$

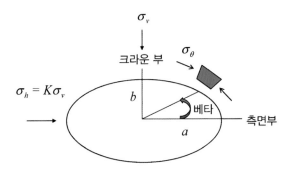

a＝타원의 장경
b＝타원의 단경
V＝타원의 장경과 단경의 비율(a/b)
β＝타원 장측에서 타원상의 임의의 위치
K＝수평축 응력/수직축 응력

그림 3.6 타원공동에서의 전단응력분포

타원형의 터널 단면을 절리의 단면이라 가정하자. 그러면 절리가 벌어지는 부분이 타원의 장축방향인 그림 3.6의 측면부가 될 것이다. 암반의 상부 하중이 제거되면서 절리면에 수직으로 발달하는 인장력이 −1이고 절리면 방향(장축방향)으로 작용하는 수축력이 인장력의 2배인 상황을 가정하고 장축과 단축의 비율이 6인 경우(장축이 단축보다 6배 긴 경우)를 식 3.2에 적용해 접선응력을 계산하면, 타원의 뾰족한 측면부(절리가 벌어지는 위치)에는 원래 주어졌던 인장력 −1의 27배가 되는 인장력이 작용하며 단축방향 크라운 부분에는 15배의 수축력이 작용하게 된다. 즉, 절리가 벌어지면서 진행되는 상황에서 절리의 수직방향으로 매우 작은 인장력이 발달한다 해도 절리의 끝단 경계부(절리가 벌어지는 부분)에는 매우 큰 인장 접선응력이 집중됨을 알 수 있으며, 이러한 접선응력에 의해 절리가 쉽게 확장될 수 있다는 것이다. 다음 표 3.1은 타원형 단면의 장단경비율이 다른 경우를 식 3.2를 이용해 계산한 결과로서, 비율이 커지면 벌어지는 측면부의 인장력이 급하게 증가함을 알 수 있다. 절리의 단면은 장단경의 비율이 매우 큰 상황이므로 작은 인장력도 절리가 벌어지는 부분에 큰 인장력으로 작용할 수 있음을 보여준다.

표 3.1 주요 광물과 화학조성

장단경 비율	측면부에 작용하는 응력	크라운부에 작용하는 응력
1	−7	5
2	−11	7
3	−15	9
4	−19	11
5	−23	13
6	−27	15

절리는 중앙의 핵점에서 시작된다[그림 3.7]. 전기한 바와 같이 확장되는 절리의 전단부에 인장력이 집중되면서 전단부는 점차 확장속도를 높여 매우 빠른 속도로(음속의 반 정도의 속도) 전파한다. 이 과정에서 진행속도가 너무 빨라지거나 진행의 전단부의 확장이 진동을 하거나 전단부의 물성이 바뀌는 등의 변화가 발생하면 전단부의 응력분포가 바뀌게 된다. 예를 들어 사암과 실트암이 섞여 있는 경우나 층리의 경계 및 엽리 등의 양쪽은 서로 다른 내부 응력을 갖고 있을 수 있다. 바뀐 응력으로 인해 전단부는 진행 방향을 바꾸면서 전파 에너지를 잃게 되며 절리의 표면은 점차 거친 양상을 보이게 된다.

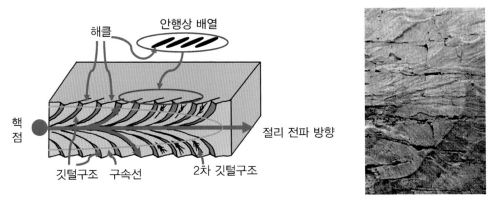

그림 3.7 절리의 전파와 그 과정에서 형성되는 절리면의 구조들

　그림 3.7은 전파과정에서 파생될 수 있는 절리 표면의 구조를 삽화로 표시한 것이다. 절리는 방사형으로 전파되는데, 전파의 경로가 깃털구조Plumose Structures로 표면에 남게 되며, 에너지 감소로 인해 전파의 속도가 급격히 감소하게 되면서 전파의 끝부분이 휘어져(전파의 방향이 바뀌어) 구속선을 형성한다. 절리의 전파는 핵점을 중심으로 타원형으로 진행되므로 구속선의 형상은 타원의 형태를 보인다[그림 3.7]. 전기한 바와 같이 이 영역을 지나면 절리의 확장을 주도하던 인장응력의 방향이 바뀌면서 절리의 확장방향이 바뀌게 된다. 그 결과로 인장 절리는 확장의 끝부분에서 전단변형을 가미한 변형구조를 보이기도 하는데 이를 해클Hackle 구조라 한다[그림 3.7]. 해클 구조를 단면에서 관찰하면 전단변형대에서 흔히 관찰되는 안행상(기러기가 날아가는 형상) 변형구조와 유사한 형상을 보인다[그림 3.8].

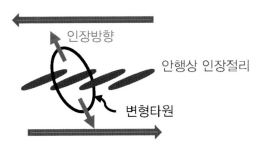

그림 3.8 좌수향 전단대에서 파생되는 안행상 인장절리. 좌수향 전단으로 만들어지는 변형타원(다소 과장되게 표현됨)에서 인장방향을 확인하고 그 방향과 안행상 절리의 배열을 비교하도록 하라.

　전파과정에서 인접부에 다른 단열이(미소균열과 같이 소규모의 불연속면을 포함하는 절리를 의미함) 존재해도 인접 단열의 영향으로 인해 절리는 그림 3.9와 같이 휘어지며 인접절리로 확장이 옮겨간다. 이와 같이 절리는 하나의 면으로 구성될 수도 있으나 전파과정에서 인접 단열들로 옮겨가며 깃털구조 등을 만들며 그 끝부분은 해클과 같은 구조를 만들기도 한다. 이러한 과정을 통해 만들어지는 절리의 표면은 항상 매끄러울 수 없으며, 그림 3.7과 같이 거칠거나 규칙성 있는 구조들로 구성된다. 공학에서는 이러한 절리의 거칠기가 비탈면이나 터널의 안정성 평가에 중요한 요인이 된다.

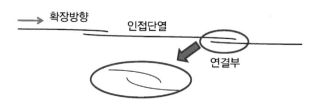

그림 3.9 인접단열이 존재할 경우 절리는 확장의 끝단이 휘면서 전파가 인접단열로 옮겨갈 수 있다.

3.3 미소단열과 파쇄면

암석의 내부에는 무수한 미소단열Micro Crack(미소균열)이 존재한다. 항공 공학자였던 그리프스Griffith는 물질에 존재하는 이러한 미소단열과 인장파괴의 관계에 대한 흥미로운 이론을 제시하였다.

그림 3.10의 중앙에서와 같이 암석의 내부에는 무수한 미소단열(균열)이 존재한다. 이러한 암석에 수직의 응력을 가하면, 수평방향으로 인장력이 작용하게 된다[그림 3.10 중앙의 변형타원 참조]. 이 인장력에 의해 수직방향으로 배열되었던 미소단열들은 확장되면서 근처의 유사배열 단열들과 연결되는 형태의 전파 양상을 보인다[그림 3.10(a)]. 한편 전단파괴의 경우는 전단대 영역(수직응력에 저각으로 발달하는 전단 파쇄대)에 전단응력이 집중되게 되며, 그 영역 내부에 존재하는 미소단열들 중 전단대와 방향이 유사한 단열들이 전단변형을 받게 된다[그림 3.10(b)]. 전단대 방향의 전단단열들은 단열의 끝부분에 인장응력이 집중되어 끝부분이 전파되는 현상이 인장단열보다는 극히 적다. 그러므로 주변의 인장방향 미소단열들(수직방향의 미소단열들)이 자라나 전단방향의 단열들을 연결하는 형태의 변형이 우세하다고 알려져 있다. 전단대 내부에서는 도식된 삽화와 같이 전단 파괴면이 단일면이 아

니고 전단방향과 인장방향의 미세균열들이 연결되어 만들어진 균열의 집합체들이 전단대 내부에 무수히 존재하며, 이들이 띠상의 전단영역을 형성함을 이해해야 한다. 또한 전단 파괴면은 이러한 구조들이 집합된 영역에서 만들어진 면구조인 관계로 파괴면은 깨끗한 평면이기 어렵다.

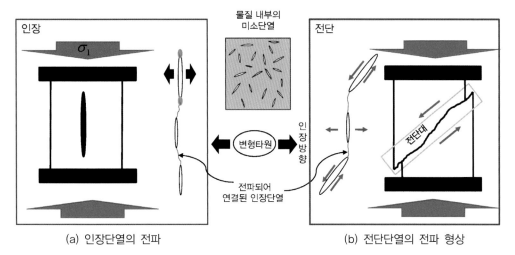

그림 3.10 암석 내부에 존재하는 미소단열(그림의 중앙)과 암석의 시편에 수직으로 압력을 가했을 때 내부에서 일어나는 인장단열의 전파와 전단단열의 전파 형상

그림 3.11은 그리프스의 파괴이론을 정리한 것이다. 1장에서 설명된 바와 같이 모아공간에서 인장영역의 파괴포락선은 직선으로 표현되지 않는다. 그 이유는 앞에서 설명하였듯이 암석 내부에 존재하는 미세단열들로 인해 인장변형은 그리프스의 파괴 포락선 $\tau^2 - 4T\sigma_n - 4T^2 = 0$의 궤적으로 모델되는 것이 더 적합할 수 있다. 이 수식에서 T는 인장강도를 의미한다. 그러므로 전단력이 0인 경우 파괴는 인장에 의해서만 형성되므로 인장강도가 되며 그리프스의 수식은 $0^2 - 4T\sigma_n - 4T^2 = 0$이 되고 이를 정리하면 $\sigma_n = -T$가 된다[그림 3.11의 P1]. 즉, 전단력이 없이 물질을 파괴시키는 파괴의 강도는 인장강도 T가 된다는 것이다. 한편 수직응력이 0인 상태에서 물질을 전단력으로만 파괴시키는 일축압축강도는 $\sigma_n = 0$인 상태에서 일어나며 포락선의 수식은 $\tau^2 - 4T \times 0 - 4T^2 = 0$이 되고 이는 $\tau = 2T$로 정리된다[그림 3.11의 P2].

이와 같은 인장영역에 그림 3.11과 같이 최대와 최소응력이 각기 다른 3가지의 모아원을 비교해보자. 이들은 다음과 같이 그 특성을 정리할 수 있다.

- A Circle : 최대와 최소응력이 모두 인장력이며 최소응력이 인장강도와 동일하다.
- B Circle : 최대응력은 압축력이나 최소응력은 인장력이고 인장강도와 동일하다.
- C Circle : 최대응력은 압축력이고 최소응력은 인장력이나 인장강도보다는 높다.

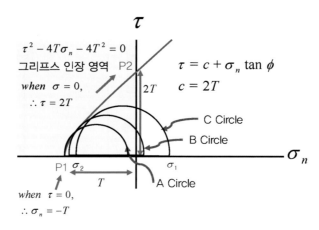

그림 3.11 인장영역에서의 그리프스 파괴곡선과 이와 연관된 파괴형태들

이 예제에서 주목할 점은 최대응력과 최소응력의 차이(이를 차응력Differential Stress이라 함)에 의해 모아원의 크기가 달라진다는 점이며, 차응력이 커지면(C Circle의 경우) 모아원이 인장강도 P1에 접할 수가 없이 파괴포락선에 먼저 접한다. 이는 차응력이 클 경우는 미세균열이 인장강도를 넘어서는 인장력에 의해 파괴될 수가 없으며 전단력이 복합된 전단파괴가 일어남을 암시한다. 즉, 인장파괴가 일어나려면 차응력이 작아야 한다는 점이며, 인장강도가 T이고 점착력이 $2T$인 상황에서는 인장파괴가 인장강도에서 일어날 수 있는 차응력 상태는 그림 3.11의 A Circle 정도의 응력상태가 되어야 한다.

3.4 전단단열

전단파괴는 단층과 동일한 것으로 다음 장인 단층부분에서 다루기로 하고 여기에서는 전단파괴가 일어나면서 이들이 파생시키는 부수 구조적인 요소들을 간략히 소개한다. 전단단열의 경우는 단열의 연결이 미소 인장단열과 연결되면서[그림 3.10(b)] 단열의 끝부분에 방향이 다른 날개균열Wing Crack(Fossen, 2016)이 형성되거나[그림 3.10(a)] 끝부분이 갈라지면서 파쇄 에너지를 줄여 파쇄를 멈추거나[그림 3.12(b)] 안행상 변형대를 형성하는[그림 3.12(c), 그림 3.8] 등 다양한 구조를 만들어내기도 한다.

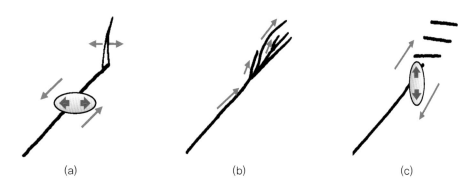

(a)   (b)   (c)

그림 3.12 전단단열의 진행 끝부분에 발달하는 가지 구조들. 전단변형으로 만들어지는 변형타원과 변형타원의 인장방향과 가지구조의 형상을 비교해보자.

제4장

단 층

제4장 단 층

4.1 용 어

4.1.1 정단층과 역단층

　지각이 갈라지면서 변위를 만들어내는 면구조를 단층이라 하며, 정단층, 역단층, 주향이동단층, 충상단층 및 가위단층으로 분류된다[그림 4.1, 그림 4.2]. 단면에서 단층면의 위쪽블록을 상반, 아래쪽 블록을 하반이라 하는데, 블록을 인장으로 잡아당기면 상반이 주저앉는 정단층이 발생할 것이며[그림 4.1(a)], 반면 블록을 압축하면 상반이 올라가는 역단층이 만들어진다[그림 4.1(b)]. 정단층은 상반이 주저앉으면서 함몰대를 만들어내어 흔히 대규모의 퇴적분지를 형성하는 경우가 있다. 이와 같이 함몰된 부분을 지구Graben라 하며, 함몰로 인해 돌출된 측면의 지형을 지루Horst라 한다[그림 4.1(a)].

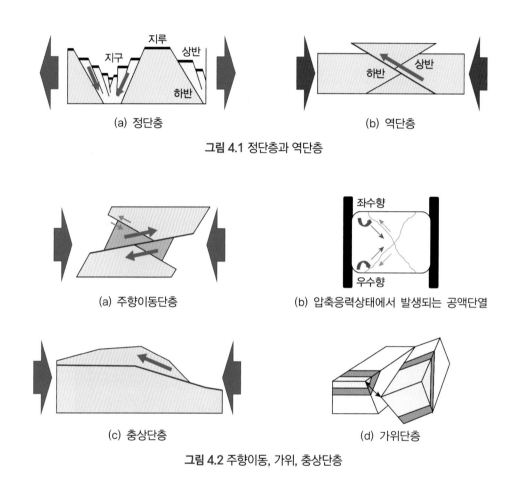

그림 4.1 정단층과 역단층

(a) 정단층

(b) 역단층

(a) 주향이동단층

(b) 압축응력상태에서 발생되는 공액단열

(c) 충상단층

(d) 가위단층

그림 4.2 주향이동, 가위, 충상단층

4.1.2 주향이동단층과 가위단층

단층의 움직임이 수평방향일 경우를 주향이동단층이라 한다[그림 4.2(a)]. 균질한 시료를 일축으로 압축하면 압축방향에 사각으로 가위형태의 한 쌍의 단열이 형성되는데, 이를 공액단열Conjugate Fracture이라 한다. 더러는 주향이동단층에도 이러한 변형의 가능성이 암시되기도 한다. 실험실에서도 우세한 한 방향이 파괴되듯이 자연에서 역시 두 방향이 함께 나오는 것은 흔치않다. 만약 두 방향의 파괴가 동시에 발생한다면 관찰되는 전단 방향은 그림 4.2(b)와 같다. 응력의 화살표와 변위의 화살표가 동일방향임을 기억하면 전단감각[3]을 쉽게 기억할 수 있을 것이다. 변위가 두 파괴면에서 각기 좌수향과 우수향으로 반대의 전단감각을 보임을 확인하라[그림 4.2(b)].

단층의 주된 기하학적 분류는 정단층, 역단층, 주향이동단층 3종류이다. 이 외에 단층면을 경계로 블록이 회전하는 가위단층[그림 4.2(d)]과 경사가 30° 이내이며 이동거리가 큰(수백 km의 이동거리도 관찰됨) 특수한 역단층을 충상단층Thrust이라 칭한다[그림 4.2(c)].

4.2 변형의 분할(Partitioning)

그림 4.3은 수평방향의 응력에 의해 형성될 수 있는 습곡과 단층의 평면도이다. 지질구조는 긴 지질시대를 통해 한 번 이상의 변형을 거쳐 오늘에 이르렀으며 주변의 지질상황이나 변형의 기하학적 형상으로 인해 복잡한 분할변형이 병행되므로, 이와 같이 단순한 이벤트의 군집으로 분리하기가 쉽지 않다. 그러나 단일 변형의 양상을 그림 4.3과 같은 이상적인 단일 변형양상으로 정리해보는 것도 중요하다.

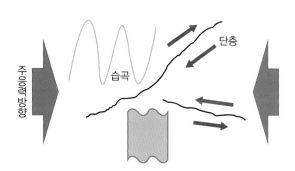

그림 4.3 하나의 응력에 의해 형성될 수 있는 단층 및 습곡구조

---

3   전단감각 : 전단의 방향을 전단감각이라 하는데, 시계 방향의 회전을 우수향(오른손 방향)이라 하고 반시계 방향의 회전을 좌수향이라 한다. 원어로는 전자를 clockwise 혹은 dextral이라 하고, 후자를 counter clockwise 혹은 sinistral이라 한다.

변형의 과정은 다양한 분할을 수반한다. 정단층에서 일어날 수 있는 몇 가지의 분할변형을 고려해보자. 첫 번째는 공간적인 문제이다. 그림 4.4(a)에서와 같이 정단층의 활동면이 휘어져 있을 경우, 이동하는 상반의 표면이 내려앉으면서 습곡형태의 구조가 발생할 수 있다. 즉, 인장으로 형성되는 정단층구조에서 흔히 압축으로 형성되는 습곡형태의 구조가 파생되는 것이다. 두 번째는 단층면의 기하학적 형상이다. 일반적으로 단층면이 평면일 경우는 단층으로 분할된 블록들이 직선운동을 하게 된다. 그러나 그림 4.4(b)와 같이 단층면이 곡면일 경우는 단층 블록들은 회전을 하게 된다. 세 번째는 단층으로 형성될 블록들이 기존의 층리, 엽리, 단층, 절리 등의 지질구조를 포함하여 단층방향과 다른 지질구조의 방향을 따라 부수적인 변위가 발생하는 경우다.

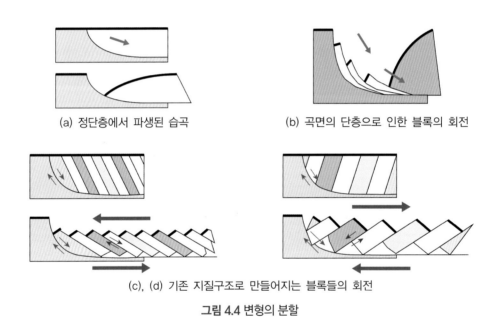

(a) 정단층에서 파생된 습곡   (b) 곡면의 단층으로 인한 블록의 회전

(c), (d) 기존 지질구조로 만들어지는 블록들의 회전

그림 4.4 변형의 분할

그림 4.4(c)와 (d)는 서가형 변형Bookshelf Model이라 부르는 분할된 변위의 전형적인 예들이다. 두 경우 공히 단층면의 배열과 무관한 내부의 지질구조(예, 층리, 엽리 등)를 갖고 있어서 단층의 변위가 일어나면서 내부 지질구조의 변위를 동반 시킬 때 만들어지는 구조들이다. 그림 4.4(c)는 기존 면구조의 경사가 단층면의 경사방향과 같은 경우로서 분리된 블록들은 정단층의 전단감각과 동일한 우수향 전단을 보인다. 그러나 분할된 블록들의 전체적인 모양의 변화는 좌수향 변형을 보이고 있다. 이와 같이 분할된 블록들이 책장에서 책이 넘어

지듯 변형되는 양상을 서가형 변형이라 하는데, 이 변형은 블록 간의(책 사이의) 전단감각이 블록이 넘어져 발생되는 전체변형의 전단감각과 반대인 특성이 있다. 그림 4.4(d)는 내부의 지질구조가 단층의 경사방향과 반대방향인 경우다. 이 경우는 분할 블록들의 회전에 의해 블록의 하부에 공간이 형성되며, 블록 사이의 전단감각과 블록들에 의해 만들어진 최종 변형의 양상은 각기 좌수향과 우수향으로서 동일 단층의 움직임인 우수향 정단층에 의한 변형인 그림 4.4(c)의 경우와 반대가 됨을 알 수 있다.

이와 같이 주된 변형이 주변의 지질상황이나 기하학적 형상으로 인해 다른 변형의 감각을 갖는 현상을 변형의 분할이라 한다. 이러한 분할은 정단층뿐 아니라 역단층 및 주향이동 단층에서도 관찰될 수 있는 현상들로, 지질구조를 해석할 때는 이와 같은 상식적인 기하학적 분석이 반드시 병행되어야 한다.

4.3 단층대의 비대칭성

단층은 인접한 두 블록이 이동한 경계면이다. 이 경계면은 하나의 면이 아니고 어느 정도의 두께(수 mm에서 수백 m)를 갖는 심히 교란된 파쇄영역이다. 즉, 어떠한 단층면도 단일 평면일 수는 없고 교란된 파쇄영역의 형상을 갖는다. 이러한 파쇄영역을 전단대라 하며, 전단대 내부에선 전단대 경계를 사교하는 비대칭 구조들이 규칙적으로 배열하는 특징이 있다 [그림 4.5]. 이러한 비대칭 구조는 단층대를 일반파쇄대나 풍화대와 구분할 수 있는 중요한 열쇠가 된다. 비대칭 구조들은 어떻게 형성되는 것일까?

(a)

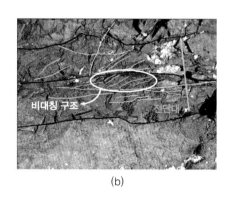
(b)

그림 4.5 전단대와 그 내부의 비대칭 면구조. (a)에서 (b) 스케치의 면구조를 찾아 비교해보아라.

4.3.1 R, P, Y, T 전단구조

　Cloos(1928)와 Riedel(1929)은 모래상자를 전단변형시키는 시험을 통해 전단변형의 경계방향을 낮은 각도로 사교하는 전단구조가 발생함을 인지하고 이를 리델전단Riedel Shear이라 명하였다. 근래에 Tchalenko(1970)와 Wilcox et al.(1973)은 점토시료를 전단변형시키는 시험을 통해 리델전단 이외에도 리델전단을 연결시키며 파생되는 다양한 단열구조가 발생됨을 보고하였다. 이들을 정리하면 그림 4.6과 같다.

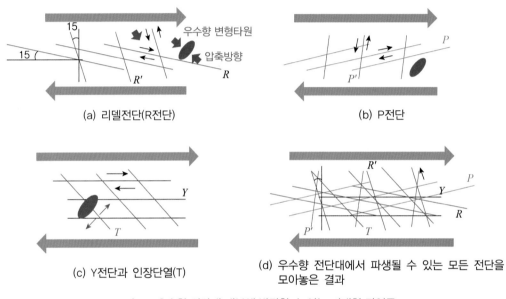

(a) 리델전단(R전단)　　　　　　　　　　(b) P전단

(c) Y전단과 인장단열(T)　　　(d) 우수향 전단대에서 파생될 수 있는 모든 전단을 모아놓은 결과

그림 4.6 우수향 전단대 내부에 발달할 수 있는 비대칭 단열들

1. 리델전단 : 전단대의 경계에서 시계 방향으로 약 15° 회전한 방향의 단열군으로 전단대의 전단감각과 동일방향의 전단감각을 갖는다. 그림 4.6(a)는 우수향 전단대에 발달할 수 있는 우수향 리델전단(일반적으로 R이라 표기함)을 도식한 것이다. 이 전단 단열대는 간혹 역방향의 전단감각을 갖는 공액의 전단단열(일반적으로 R′으로 표기함)을 함께 보이기도 한다[그림 4.6(a)]. 이 단열군은 취성전단의 초기단계에서 흔히 발달하는 것으로 야외의 현장에서도 적지 않게 관찰된다.

2. P전단 : 전단대 내부에서 관찰되는 또 하나의 비대칭단열들은 전단대 외곽 경계방향에서 반시계 방향으로 약 15° 회전한 동일 전단감각의 단열군이다. 이 단열은 일반적으로

P전단이라 명명된다[그림 4.6(b)]. 이 단열 역시 수직선에서 시계 방향으로 15°가량 회전한 반대방향의 전단감각을 갖는 공액단열을 수반할 수 있는데, 이 단열군은 P′단열이라 명명된다[그림 4.6(b)].

3. Y전단과 T인장단열 : Woodcock and Schubert(1994)에 의해 기재된 단열군이다. Y전단은 전단대의 경계와 평행하며 전단대와 전단감각이 동일한 단열들이다[그림 4.6(c)]. T단열은 전단대 내에 발달할 수 있는 인장단열로 전단변형으로 만들어질 변형타원을 연상하고 그 변형타원의 인장방향에 수직으로 발달하는 단열면을 그려보면 쉽게 이해가 갈 것이다[그림 4.6(c)].

그림 4.6(d)는 전단대 내부에 발달할 수 있는 모든 비대칭 단열(앞에서 설명된 R, R′, P, P′, Y, T단열)의 배열을 도식한 결과로 전단대 내부에서 이러한 면들에 의해 암석이 파쇄되면 각진 조각들이 만들어질 수 있음을 쉽게 이해할 수 있다. 단층 내부에 포함된 각진 조각들을 단층각력Fault Breccia이라 하는데, 이러한 조각들이 이와 같은 비대칭면들의 조합으로 만들어질 수 있음을 상상하기는 어렵지 않다. 또한 이렇게 만들어진 각력들이 서로 갈리면서 작은 조각으로 부서져 점토 크기의 단층점토Fault Gouge(혹은 단층비지라고도 함)를 형성했을 것이다.

4.3.2 S/C 압쇄암(Mylonite)

앞에서 소개하였던 파쇄구조와 달리 전단대 내부에서는 압축에 의해 형성되는 엽리와 유사한 구조들이 있다. Berthe et al.(1979)과 Lister and Snoke(1984)는 이러한 구조를 갖는 암석을 S/C 압쇄암이라 명하였으며, 자연에서 흔히 관찰되는 구조이다. 이들의 형상은 그림 4.7(a)에서와 같이 전단대와 평행한 C면 내부에 S자나 Z자 형태의 사교하는 면이 규칙적으로 배열하는 모습을 갖는다. 이러한 구조는 전단으로 만들어지는 변형타원을 그려보면 쉽게 이해가 간다. 변형타원의 압축방향은 단축방향이고 이 압축에 수직인 장축방향으로 엽리가 발달하면 그 면구조가 S면이 됨을 쉽게 이해할 수 있다[그림 4.7(a)]. 전단변형이 집중되는 C구조는 전단변형으로 S구조의 끝부분을 끌림으로 변형시키면서 S자(우수향 변형)나 Z자(좌수향 변형) 형태의 구조를 만들어낸다.

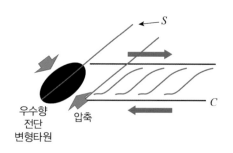

(a) 우수향 전단대에 발달하는 면구조 S와 C. 변형타원의 압축방향으로 발달하는 S면과 전단방향과 평행한 C면

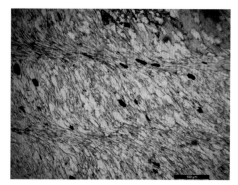

(b) 현미경에서 관찰되는 S와 C구조

그림 4.7 S/C 압쇄암

앞에서 기술한 모든 비대칭 구조가 전단대 내부에 모두 나타나는 것은 아니다. 전단의 환경(예, 온도, 변형속도, 암상, 기존 구조 및 초기발생 전단구조와 전단대의 진행방향 등)에 따라 이들 중 한 개 혹은 몇 개가 관찰되는 것이다.

비대칭 구조의 실체를 파악하기는 쉽지 않다. 그림 4.8(a)는 전단대 내부에서 관찰되는 비대칭 선형구조를 스케치한 것으로, 전단대의 경계는 비교적 확실하다. 그러나 전단대 경계와 평행한 사각형 내부에 좌측으로 경사하는 동일 비대칭 구조는 그들의 기하학적 모양만으로 R전단[그림 4.8(b)], P전단[그림 4.8(c)], S/C 압쇄암[그림 4.8(d)]으로 해석해도 모두 맞는 해석이 된다. 그렇다면 이 구조를 만들어낸 전단대의 변형감각은 각기 좌수향, 우수향, 우수향이었다고 해석될 것이다. 이들 중 어떤 해석이 옳은 것일까? 우선 S/C 압쇄암 구조는 비대칭 구조가 엽리이므로 이 방향으로 광물들이 배열하는 등 다른 파쇄된 면구조와는 차이가 있다. 그러므로 면구조가 엽리의 형상을 갖는지 아니면 파쇄면의 성격을 갖는지의 구분이 중요할 것이다. R전단과 P전단의 차이는 실제 면의 이동방향이 보이지 않는 한 구분하기가 쉽지 않다. 일반적으로 전자의 구조가 더 많으나 명확하게 구분하기는 어렵다. 이러한 경우, 이 영역을 편광현미경 등을 이용하여 관찰하면 큰 도움이 될 수 있다. 물론 박편의 제작을 위한 시료는 배열방향을 기록하여 채취되어야 하며, 시료에서 만들어진 현미경 박편의 배열도 정확히 판별될 수 있어야 한다.

(b) R전단일 경우는 좌수향 전단대

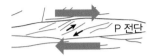

(c) P전단일 경우는 우수향 전단대

(d) S/C 압쇄암일 경우는 우수향 전단대

(a) 전단대에 대한 스케치. 박스 부분은 우측 해석에
활용된 영역

그림 4.8 그림 4.5의 전단대 사진에 대한 해석

    본 서에서는 비대칭 구조를 설명하면서 R, P, Y, T 등의 단열배열을 보기 쉽게 도식하기 위하여 면구조들을 직선으로 표기하였다[그림 4.6]. 그러나 실제 자연에서는 그림 4.8에 스케치된 것과 같이 이들은 직선이 아니고 굽어지고 더러는 서로 연결 교차하는 형상을 보인다. 이러한 전단구조를 좀 더 이해하는 것이 도움이 된다.

    동일 전단감각에서 만들어지는 비대칭 구조의 패턴은 모든 축척에서 관찰될 수 있다. 즉, 동일지역의 현미경, 노두, 지질도, 인공위성사진에 동일 전단감각에 의해 형성된 비대칭 구조들이 보일 수 있다는 의미이다. 또 한 가지의 중요한 특성은 전단면이 서로 연결되면서 전체적인 전단대가 형성되는 경우가 적지 않다는 것이다. 예를 들면 전단대 경계인 Y전단이 R전단으로 바뀌어 진행하다 다시 Y전단이나 P전단으로 이어지는 등의 기하학적 형상이다. 지금까지는 R, P, Y 등의 전단구조는 전단대 내부에 발생하는 구조로 설명되었다. 그러나 이러한 비대칭 구조가 반드시 전단대 내부에서만 발생하는 것이 아니고 전단대가 이어지는 전체의 기하학적 형상에서도 나타난다. 어쩌면 전단대들이 존재하는 넓은 영역 그 자체도 일종의 전단대로 이해될 수도 있을 것이다. 이것이 바로 단층구조의 특성이다. 현미경 속의 구조가 위성사진에서 유사하게 관찰됨은 이러한 비대칭 구조가 축척에 관계없이 발생된다는 의미이며, 대형 축척으로 만들어지는 전단대 내부에는 소형 축척의 비대칭 구조가 존재함을 의미한다. 그림 4.9는 Davis et al.(2000)의 논문에 수록된 미국 유타주 Capitol Reef

국립공원 내부의 Gulch 도폭 지역 일부인데 비대칭 구조들의 연결이 광역적 단층분포로 나타나는 좋은 예이다.

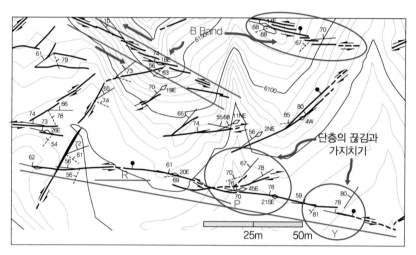

그림 4.9 미국 유타주 Capitol Reef 국립공원 내의 Gulch 지질도폭에 분포하는 주향이동 단층. Davis et al.(2000) Fig.15의 일부분

그림 4.9 아래쪽 좌수향 전단대는 직선(평면)이 아니다. 도면에 그려진 Y전단 방향이 전체적인 전단대의 경계 방향이라 할 수 있는데, 이 경계 방향을 기준으로 R전단과 P전단을 그려본 후 이 세 방향이 실제 단층의 분포와 어떠한 유사성이 있는지 확인해보자. 단층은 우측에서부터 Y전단→P전단→R전단→Y전단의 방향으로 진행하였음을 알 수 있다. 이들은 모두 연결된 하나의 단층면이 아니며 부분적으로 끊기며 다시 인접 단층으로 이어지거나 다른 단층대로 가지치기를 하기도 한다. 이러한 형상이 전형적인 주향이동 단층대의 모습이다. 흔한 경우는 아니나 Gulch 도폭의 경우[그림 4.9]와 같이 R전단이 안행상으로 분포하는(그림의 R Band) 형태 역시 전단대 내부에 존재하는 '비대칭성 구조의 규칙적인 배열 양상'으로 이해하면 된다.

4.4 단층암

단층은 심히 교란된 파쇄영역이며 환경에 따라 변형 물성의 차이로 인해 파쇄 형태가 매우 달라진다. 그러므로 단층은 두 블록을 이동시킨 하나의 이동면이라기보다는 이동된 두 블록 사이에 존재하는 하나의 영역zone으로, 영역 내의 암상(단층암)도 다양하게 분류된다.

			국부변형	광역적 변형
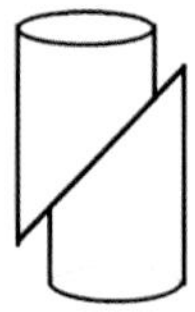	취성변형 파쇄변형(Cataclastic) : 물리적 변형, 파쇄된 입자의 부서짐 혹은 회전으로 변형이 이루어짐	파쇄	취성단층 ← 변형률(strain rate) 증가 온도와 압력 증가	파쇄성 흐름
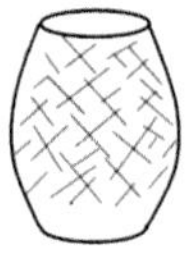	연성변형 결정가소변형(Crystal plastic) : 결정의 변형, 고체상태의 연성변형	압쇄암 (광물의 소성변형)	연성 전단대	균질 소성 흐름

그림 4.10 온도, 압력, 변형률의 차이에 따른 물성과 변형 특성

암석의 변형은 부서지는(파쇄되는) 취성변형과 밀가루 반죽과 같이 모양이 변하는 연성변형으로 나뉜다[그림 4.10]. 온도와 압력이 높아질수록 연성변형이 되며, 변형률(변형속도)이 높아지면 취성변형이 된다[그림 4.10]. 엿장수가 갖고 있는 호박엿 덩어리는 여름이 되면 물러져 잡아당기면 늘어지는 연성변형을 보이며, 추운 날에는 부러지는 취성변형을 보인다. 한편, 더운 여름에도 정을 대고 가위로 때리면 부러진다. 이 행위가 바로 변형속도를 높이는 행위로서, 변형률이 높으면 온도가 높아도 취성변형을 보이는 것이다.

암석의 연성변형은 엿이나 반죽된 밀가루의 변형과는 다소 차이가 있다. 암석은 완전히 용해되어 액체 상태의 변형을 만들 수도 있으나 그보다는 고체 상태에서 광물 내부 원자격자의 변형 등에 의해 변형되는데, 이를 결정의 가소변형Crystal plastic deformation이라 하며, 다음 절에서 좀 더 자세히 설명될 것이다.

지하로 가면서 점차 온도와 압력이 높아지며 이로 인해 동일단층도 변형의 물성이 달라진다[그림 4.11]. 지하 1~4km의 낮은 지역에서는 쇄설성 파괴에 의해 부서진 단층각력과 이들이 서로 갈리면서 만들어진 점토크기의 단층점토가 전단대를 만든다. 좀 더 깊어져(10~15km 깊이) 온도와 압력이 올라가면, 단층대의 폭이 증가하며 쇄설성 파괴로 부서진 각력과 단층비지들이 고결되어 서로 점착이 되기도 하며 동시에 비대칭성 파쇄구조(앞 절에서 소개된 R, P, Y, T)를 수반하는 취성–연성 전이대transition zone가 발달한다. 이 단계를 넘어서

약 15km 이하의 깊이에서는 전기한 S/C 압쇄구조와 같은 엽리와 흐르듯 심하게 변한 연성 단층암이 만들어진다.

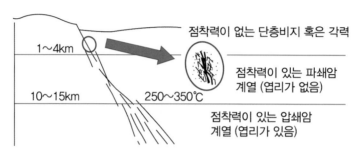

그림 4.11 깊이에 따른 단층암의 특성 변화

단층암의 분류

단층대 내부에는 전단변형으로 만들어진 단층암석이 존재하며 이들은 쇄설성 암석과 연성암석으로 분류된다. 전자를 파쇄암Cataclasite이라 하며, 후자를 압쇄암Mylonite이라 한다. 압쇄암의 경우는 전단변형으로 형성된 엽리가 잘 발달하나 파쇄암은 엽리들보다는 R, P, Y, T 등의 파쇄구조가 주를 이룬다. 그러나 현장에서 관찰되는 단층암은 두 가지 특성(쇄설성과 연성)이 함께 보이는 경우가 더 흔하며 이러한 전단대의 변형 특성을 전이변형Transition deformation 이라 한다.

전단대에서 파쇄되어 만들어지는 작은 입자를 기질이라 하는데, 그 속에 남아 있는 상대적으로 큰 파쇄입자와 기질의 비율로 전단암을 분류한다. 그림 4.12(a)-(c)는 기질의 함량이 점이적으로 높아지는 3종의 압쇄암들이다.

전단암의 분류는 변형의 특성에 따라 쇄설성인 파쇄암Cataclasite과 연성인 압쇄암Mylonite으로 분류하고, 기질의 함량이 50% 미만이면 원Proto을, 90% 이상이면 초Ultra를 명칭의 앞에 붙여 부른다[그림 4.12(d)].

(a) 기질의 함량이 50% 미만인 원압
쇄암

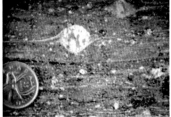
(b) 기질의 함량이 90% 미만이며 50%
이상인 압쇄암

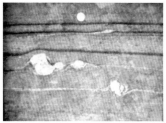
(c) 기질의 함량이 90% 이상인 초압
쇄암

파쇄암(Cataclasite)	압쇄암(Mylonite)	기질(Matrix)
원파쇄암(Protocataclasite)	원압쇄암(Protomylonite)	10~50%
파쇄암(Cataclasite)	압쇄암(Mylonite)	50~90%
초파쇄암(Ultracataclasite)	초압쇄암(Ultramylonite)	90~100%

(d) 전단암의 분류기준

그림 4.12 기질과 파쇄입자들

4.5 결정가소변형(Crystal Plastic Deformation)

4.5.1 광물 내 원소의 배열과 결함

지각을 구성하는 광물은 대부분이 규산염광물로서 규산염의 배열에 따라 다양한 원자구조가 만들어짐을 제2장에서 설명한 바 있다[그림 2.2]. 이러한 원자구조의 배열을 단순화시켜서 그림 4.13(a)와 같은 격자를 가상하자. 사각형으로 연결된 격자들은 광물 내부에서 원자의 배열이 조밀하여 규칙적인 면의 형태로 인식되는 것을 상징적으로 표현한 것이라 이해하면 된다. 이러한 원자의 배열에 격자 구성물의 결원이 생기거나, 다른 원소가 격자를 구성하는 원소를 치환하거나 다른 원소가 불순물로 들어가는 등의 결함이 존재할 수 있다[그림 4.13(b)]. 예를 들면 강옥Corundum이라는 산화알루미늄(Al_2O_3) 광물에 크롬(Cr)이 불순물로 들어가 붉은색을 띄는 광물이 루비이고, 철이나 마그네슘, 티탄 등의 불순물이 들어가면 청색, 녹색 등의 색을 띄는 사파이어가 되는 것이다. 이러한 결함을 점결함Point Deefect이라 한다.

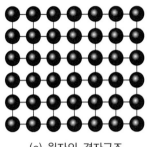

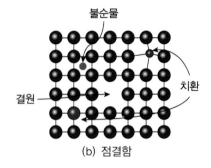

(a) 원자의 격자구조   (b) 점결함

그림 4.13 원자의 격자구조와 점결함

4.5.2 광물의 변형과 결함

광물의 내부에서 일어나는 변형 과정은 우리의 감정 변화와 유사한 면이 있다. 스트레스를 받으면 감정의 흐름이 무질서해지면서 내부의 감정에너지가 높아진다. 에너지는 높은 곳에서 낮은 곳으로 흐르려 하며, 에너지가 낮아지면(감정의 무질서가 적어지면) 스트레스는 풀리고 마음의 안정을 찾는다. 이와 같이 에너지를 낮춰주는 방법이 무엇일까? 아이들에게는 어머니의 따뜻한 체온이 이러한 역할을 할 수 있을 것이다.

광물에 응력이 가해져 변형이 되면 격자구조 내의 결함들이 증가하게 된다. 높은 결함을 갖게 되면 내부의 에너지가 높아지며, 이러한 에너지를 발산하여 안정된 구조로 변하기를 원하게 된다. 어머니의 체온과 같이 자연에서도 적절한 온도가 주어지면 광물 내부의 에너지를 낮춰주면서 내부의 결함을 줄여 안정된 구조로 변하게 한다. 물이 높은 곳에서 낮은 곳으로 흘러 위치에너지를 줄이고자 하는 것도 이와 유사하다.

4.5.2.1 변형에 의해 형성되는 구조

광물은 변형이 되면서 광물의 내부에 점, 선, 면결함을 증가시킨다. 점결함은 원자의 연결이 끊어진 격자내부의 공간이다[그림 4.14(a)]. 선결함은 격자의 끊김이 선형이다. 선결함은 격자의 변위가 발생하는 변형면(미끌림 평면Slip Plane)의 앞부분이라 할 수 있으며[그림 4.14(b)], 이러한 선결함을 전위선Dislocation Line이라 한다[그림 4.14(a), (b)]. 그림 4.14(c)는 전위선에 수직인 단면으로, 격자의 연결이 끊긴 반면Half Plane이 확실히 표현되어 있다. 광물격자의 변형은 고체 상태에서, 미끌림 평면을 따라 전위선이 이동하면서 격자들의 연결이 바뀌어가는 형태로 발생한다[그림 4.14(b)]. 이러한 전위선의 이동을 전위포행Dislocation Creep이라 한다. 단면에서 관찰하면 그림 4.14(d)와 같이 반면이 이동하면서 격자의 변위가 발생되는 형태이다.

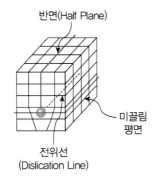

(a) 3차원 격자블록 내부의 전위선과 미끌림면

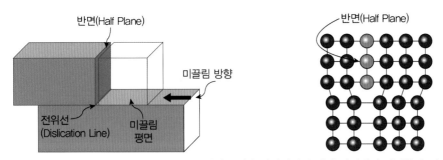

(b) 격자의 형상을 단순화하여 그려진 삽화   (c) 전위선에 수직인 단면에서 점결함에 의해 형성된 반면

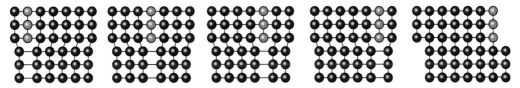

(d) 단면에서 본 전위선의 이동. 미끌림면을 따라 우측으로 이동

그림 4.14 선형결함인 전위선. Hobbs et al.(1976)에서 발췌

면구조의 결함은 격자의 결함이 면 형태로 모이는 형상이다. 결정의 경계 등이 이에 속하며 이들을 전위벽Dislocation Wall이라 칭한다[그림 4.15]. 전위벽은 광물이 변형되면서 격자의 일부가 회전하여 만들어지는데, 회전이 10° 이하의 작은 각도에서 만들어지면 편광현미경에서 보이는 파동소광의 형상이 될 것이고 회전이 10°를 넘어가면 본 광물에서 분리된 아입자Subgrain가 만들어진다. 물론 이 격자의 회전이 더 심해지면 본 광물에서 분리된 다른 광물

이 만들어지는 것이다.

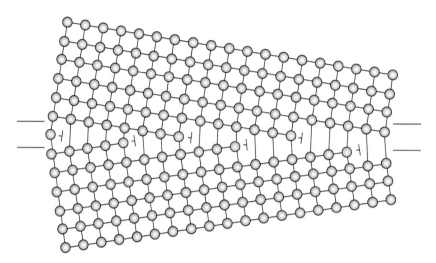

그림 4.15 전위벽. 결함이 모여 만들어내는 면구조의 단면. 격자배열의 회전으로 끊겨진 공간들이 결함이 되며 이 결함들이 모여 면구조를 형성하면 이는 결정의 새로운 경계면으로 변화된다.

이와 같이 변형에 의해 광물의 내부 구조가 바뀌고(광물 내의 변형 에너지가 높아지고) 격자의 회전으로 새로운 광물이 형성되는 등의 변화가 전단대 내부에서 흔히 관찰되며, 이러한 구조적 변화를 동력변성Dynamic Recrystallization이라 한다. 그림 4.16은 Octachloropropane을 변형시키면서 현미경으로 관찰한 광물입자의 변형 형태이다. Octachloropropane은 유기물로 용융점이 낮고 결정의 형태가 석영과 유사해 현미경으로 관찰할 수 있는 박편을 제작하고, 이를 변형시키면서 결정구조의 변화를 관찰하는 데 매우 적합한 물질이다.

그림 4.16을 관찰하면서 각 변형단계에서 관찰되는 다음의 사항을 찾아보도록 하자. 먼저 각 단계 사진의 우측 하반부에 그려진 변형 타원과 입자의 모양을 비교해보라. 좌수향 전단이 진행되면서 광물 입자의 형태가 변형 타원과 유사하게 변하였음을 알 수 있다.

- A단계 : 변형이 없는 단계로 입자들은 등립질이며 결정 내부의 변형이 보이지 않는 맑은 형태이다.
- B단계 : 좌수향 변형이 시작되면서 결정격자의 내부회전으로 인한 파동소광이 만들어졌다(예, 노란색 원내 지역).

- C단계 : 결정 사이에서 격자의 회전으로 인한 새로운 입자(아입자)가 형성된다(예, 노란색 타원 내). 광물들 내부의 파동소광이 심해지고 입자의 형상이 변형타원과 평행한 방향으로 변하고 타원 장축의 길이도 증가하고 있다.
- D단계 : 지속적인 변형으로 새로 만들어진 입자들이 커지며 변형타원의 회전방향으로 입자들도 회전하고 타원도 역시 길어졌다. 결정 내부의 파동소광은 지속적으로 증가한다.
- E단계 : 격자의 회전으로 만들어졌던 입자들이 커져서 부분적으로는 원입자들과 유사한 입자를 만든다. 전단구조인 R전단이 발달하기 시작하며, 전단경계와 평행한 Y전단이 발달한다. 이들의 전단감각은 모두 좌수향이다.

(a)　　　　　　　　(b)　　　　　　　　(c)

(d)　　　　　　　　(e)

그림 4.16 Octachloropropane을 이용한 전단시험. 좌수향 변형을 받으면서 (a)부터 (e)까지 단계적인 변형을 보인다.

　　암석의 변화과정을 직접 관찰할 수 있는 방법이 없는데, Octachloropropane을 이용한 전단시험은 전단이 일어나는 과정을 현미경으로 관찰할 수 있다는 점에서 매우 흥미롭다. 광물의 격자 회전으로 일어나는 파동소광의 증가와 새로운 입자의 발생도 그러하고, 특히 입자의 형상이 고체 상태에서 변형타원의 모양과 유사하게 회전하고 늘어남은 더욱 그렇다.

석영과 같은 광물은 미끌림 면이 될 수 있는 원자격자의 면구조가 4개 있으며 그중 결정축(c 축)에 수직인 면(흔히 기저면Basal plane이라 함)의 미끌림이 가장 좋다.

그림 4.16에서 관찰되는 광물의 모양변화는 고체 상태에서 이러한 미끌림면을 따라 원자 의 연결이 바뀌면서 일어나는 고체 상태 변형Solid State Deformation의 전형적인 모습이다. 원자 격자의 미끌림에 의해 광물의 모양이 변형타원과 유사한 방향으로 배열하는 선택적 배열이 발생될 뿐 아니라 결정광축의 회전을 초래하여 광물의 광학적 배열도 특정방향의 선택적 배열을 발생시키기도 한다.

4.5.2.2 결함구조의 확산

광물 내부 점결함(격자구조의 빈 공간)은 매우 느린 속도로 이동해 입자의 경계부에 쌓 이거나 입자의 경계를 따라 이동한다. 전자를 체적확산Volume Diffusion 혹은 나바로-헤링 포 행Nabarro-Herring Creep이라 하고 후자(입자경계를 따라 이동하는 것)를 입자경계확산Grain Boundary Diffusion 혹은 코블 포행Coble Creep이라 한다[그림 4.17(a)]. 이러한 확산은 높은 온도나 높은 변형에너지 환경에서 일어난다.

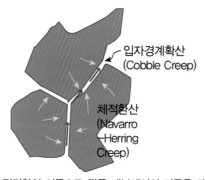

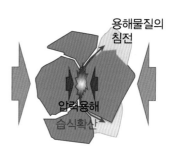

(a) 점결함의 이동으로 광물 내부에서의 이동을 체적확산(또는 나바로–헤링 포행)이라 하고 입자경계를 따라 이동하는 것을 입자경계확산이라 한다.

(b) 압력용해와 습식확산

그림 4.17 광물 결함구조의 이동

또 한 가지의 결함 이동은 용해된 화학원소가 입자경계부의 유체를 따라 이동하는 것으 로, 액체를 따라 이동한다 하여 이를 습식확산Wet Diffusion이라 한다. 광물입자의 경계부에 높 은 응력이 작용하면 이 응력에너지로 인해 결정의 이온들이 쉽게 용해된다. 이러한 현상을 압력용해Pressure Solution라 하는데, 용해된 이온들은 습식확산 과정을 통해 낮은 압력에너지의 영역으로 이동하게 된다[그림 4.17(b)]. 물론 낮은 압력에너지 영역은 압력의 수직방향에 형성 될 것이다. 그러므로 압력용해는 응력의 수직방향으로 광물이 자라게 되는 흥미로운 현상으로 응력에 수직으로 발달하는 엽리를 발생시키는 원인 중 하나로 거론된다. 높은 온도에서 결정의 모양변화를 수용할 수 있을 만큼 체적확산과 전위포행의 속도가 빠를 경우, 입자경계확산이나 습식확산보다 입자경계의 미끌림 작용Grain Boundary Sliding이 변형을 주도한다. 즉, 원자격자의 변형보다는 입자들 사이의 변형이 심해진다는 것이다. 고온에서는 입자경계의 미끌림과 이로 인한 입자의 형태변화 등에 의해 습곡이나 연성전단대와 같은 변형을 만들 수 있다는 것이다. 이 변형은 쇄설성 변형과 같이 변형으로 인해 파쇄 공간이 만들어지는 것이 아니고, 자체의 결함구조와 화학이온의 이동이 변형으로 수용되어 마치 고체의 물체가 흐르는 듯한 변형을 만들어내는 것이다. 입자의 크기가 작을수록 체적확산이 빠를 수 있으며 입자경계의 미끌림도 수월해질 것이다.

4.5.2.3 변형의 회복

광물 내부의 변형에너지가 높아지면 점결함과 선결함이 많아지고 격자의 회전으로 파동소광이 많아지며 입자 주변에서는 격자의 회전으로 작은 아입자들이 만들어진다. 그림 4.16(d)와 같이 원래의 입자 주변으로 작은 입자들이 생성된 미구조를 코아와 맨틀Core and Mantle 구조라 하며 전단암을 현미경으로 관찰하면 흔히 관찰된다.

변형이 중단되고 온도가 높은 환경이 지속되면 내부의 결함이 경계부로 이동해 없어지고 입자의 경계가 움직이면서Grain Boundary Migration 결함을 흡수하는 등의 과정을 거쳐 맑고 깨끗한 조직으로 변해간다. 이와 같이 변형 에너지가 높은 조직이 열에 의해 맑고 등방의 입자로 변하는 과정을 회복Healing이라 한다. 그림 4.18은 Octachloropropane으로 회복을 실험한 단계별 사진이다.

내부 엽리가 잘 발달한 압쇄암은 야외에서 변성암인 편암과 구분하기가 어려울 수 있다. 이러한 경우, 현미경 관찰이나 내부의 비대칭 구조를 세밀히 관찰하면 그 차이를 인지할 수 있다. 그러나 압쇄구조가 지속되는 높은 온도로 인해 회복되면 내부의 비대칭 구조나 광물의 선택적 배열 등이 완전히 없어져 엽리가 없는 편마암이나 심지어는 화강암과 유사한 조직을 갖고 있을 수도 있다.

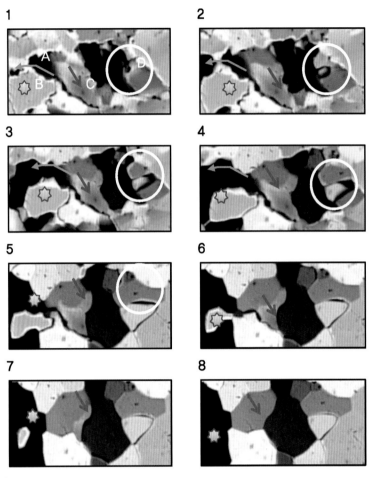

그림 4.18 Octachloropropane으로 시험한 변형된 광물의 회복과정. 회복의 단계는 1~8과정이며, 1과정에서 확연한 광물의 내부변형이 점차 없어져 8과정에서는 광물 내부의 파동소광 등의 변형구조가 전혀 관찰되지 않는다. 또한 C화살표 방향으로 신장되어 배열하였던 광물들은 점이적으로 등방으로 변하면서 8과정에서는 광물의 신장방향이 전혀 관찰되지 않는다. A~D지역의 변형을 다음의 관점에서 확인하도록 하자.

A. 좌측에 위치한 광물의 격자배열이 우측 광물과 같아지면서 광물이 통합됨
B. 광물의 경계가 줄어들어 없어짐
C. 화살표 방향에서 아입자들이 회복되면서 입자의 경계가 뚜렷해진 후 입자의 경계가 화살표 반대방향으로 움직임(grain boundary migration)
D. 광물의 경계가 움직이면서 입자가 자라남

4.6 충상단층(Thrust)

역단층의 경사가 30° 미만이면서 먼 거리를 이동한 단층을 충상단층이라 한다. 충상단층은 꽤 두꺼운 지층을 멀리는 수백~천 km의 거리를 이동시킨다. 어떻게 이리도 무거운 물질을 그리도 긴 거리를 이동시킬 수 있는 것일까? Hubbert and Rubey(1961)는 유리판에 빈 캔맥주를 올려놓고 유리판을 그림 4.19와 같이 기울이며 관찰하니 27° 각도로 기울어져야 캔이 움직임을 알았다. 그러나 빈 맥주캔을 냉장고에 식힌 후 꺼내어 유리판에 얹으니 유리를 1°만 기울여도 캔이 움직였다. 이는 캔 속의 찬 공기가 덥혀져 팽창하면서 캔을 들어 올리는 부양효과를 만들어낸 결과이다. 무거운 암반이 경사각을 갖고 오르며 수백 혹은 천여 km의 거리를 움직일 수 있는 것은 이와 같이 단층면에 공극압pore pressure이 작용하여 움직이는 블록의 부양효과가 있었기 때문이라는 추정이 가능하다. 또한 광물질 중에는 석탄이나 사문석serpentine과 같이 미끄러운 물질들이 있다. 이들은 윤활유와 같이 마찰을 줄여줘 블록의 움직임을 수월하게 해줄 수 있다. 실제로 국내의 전단대 내부에 석탄이 흔히 관찰되며, 특히 서울과 같이 화강암 분포지역에 석탄층이 관찰됨은 석탄의 심한 연성이 단층운동 당시 윤활유 역할을 하며 이들이 마치 치약을 짜듯이 짜여 암반의 공극을 채워 존재하기 때문이다.

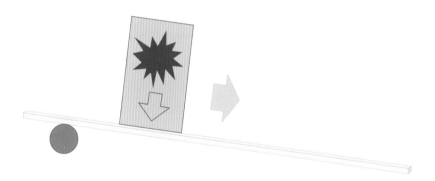

그림 4.19 빈 맥주 캔의 부양시험. 식힌 캔을 유리판에 올리면 캔 내부의 공기가 팽창하여 캔의 부양효과를 유발하고, 이로 인해 1° 정도의 작은 경사에도 캔은 흘러내린다(Hubbert and Rubey, 1961).

4.6.1 충상단층의 종류

충상단층은 단면의 형태에 따라 점완listric과 듀플렉스Duplex 형태로 분류된다. 전자는 그림 4.20(a)와 같이 진행모양이 말총 형태로 갈라지는 형상으로 끝부분에 습곡 형태의 변형을 수반한다. 후자는 잘라진 블록이 앞 블록을 올라타는 형태로 기저부에 기저단층과 상부 역시 단층면으로 구성된다. 기저부와 상부 사이에는 모든 면이 단층면으로 형성된 블록이 존재하는데, 이와 같이 모든 면의 경계가 단층으로 구성된 블록을 포로암체Horse라 한다[그림 4.20(b)].

충상단층에 국한된 것은 아니나 변형의 기저부를 형성하는 단층대를 기저단층 혹은 데꼴망Decollement이라 칭한다. 즉, 기저부의 단층을 경계로 상부 지층들이 습곡이 되고 습곡의 변형을 하부 단층이 수용하고 있다면, 이 경우도 기저부의 단층을 데꼴망이라 칭한다.

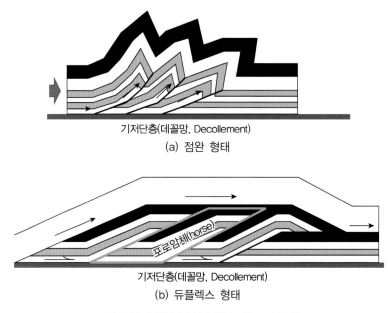

기저단층(데꼴망, Decollement)
(a) 점완 형태

기저단층(데꼴망, Decollement)
(b) 듀플렉스 형태

그림 4.20 충상단층의 종류(McClay, 1992)

4.6.2 용어

먼 거리를 이동하는 충상단층의 특성상 지각의 조구조운동을 해석할 수 있는 재미있는 증거를 숨겨놓기도 한다. 그런 관점에서 충상단층을 기재하는 다양한 용어가 존재한다. 그림 4.21에서와 같이 충상단층면을 기준으로 먼 거리를 이동한 상부 블록을 나페Nappe라 한다. 상부블록이 이동하는 과정에서 블록의 일부를 단층면 위에 남겨 놓았을 경우, 이를 클리페Klippe라 한다. 클리페는 어디엔가 남아 있을 나페에 대한 지시자의 역할을 할 것이다. 나페는 원거리를 이동하여 그 지역의 지층에 얹혀있는 이방암으로 기원이 어디인지, 어떻게 이동하였는지 등의 많은 질문을 유발시킨다. 더러는 이러한 나페에 큰 구멍이 생겨 단층면을 볼 수 있는 함몰대가 있을 수 있는데, 이를 창Window이라 한다. 이러한 창은 나페와 같은 이 방암에 대한 질문에 많은 답을 줄 수 있다.

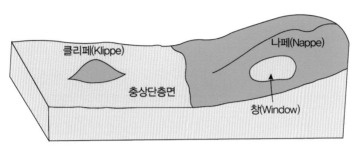

그림 4.21 충상단층에 의해 이동한 암체의 명칭들

충상단층은 하부에서 발달한 단층면이 저각의 램프를 타고 올라와 상부 지층과 평행한 면을 따라 올라가는 그림 4.22와 같은 기하학적 형상을 보인다. 이 경우 진행되는 램프로 인해 진행방향으로 습곡형태의 변형이 일어난다. 충상단층과 수반된 습곡에 대한 명칭은

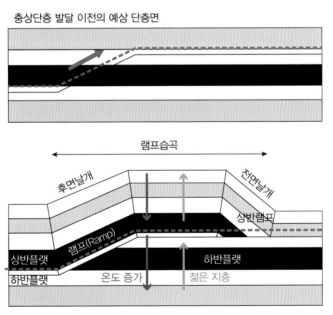

그림 4.22 충상단층으로 인해 형성되는 습곡과 그 습곡 주변 충상단층 부분의 명칭들. 충상단층으로 올라온 지층은 층서의 반복과 지열의 역전현상을 보이기도 한다.

그림 4.22와 같다. 충상단층은 지층이 쌓이면서 반복되는 기하학적 형상을 만들어내며, 나이가 많은 지층이 젊은 지층 상부에 놓이는 지층의 역전현상이 특징적이다. 또한 지하로 가면서 온도가 높아져 지하 깊은 곳일수록 변성도가 높으나 갑자가 높은 온도의 지층이 충상단층으로 올라와 상부 낮은 온도의 지층 위에 놓이면서 변성상의 역전현상이 보이기도 한다.

충상단층은 진행방향에 따라 후방진행[그림 4.23(a)]과 전방진행[그림 4.23(b)]으로 분류된다. 그림 4.23은 듀플렉스 형태의 단층양상이지만 점완 형태의 단층도 이와 같은 진행 순서의 차이가 있을 수 있다. 충상단층은 저각의 역단층이면서 먼 거리를 이동하는 동안 단층과 연관된 습곡이나 역방향 램프를 갖는 국지적 변형 등 매우 다양한 기하학적 형상을 보인다. 이와 같은 기하학적 형상들은 McClay(1991, 1992)에 자세히 정리되어 있다.

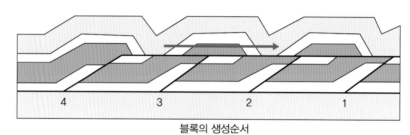

블록의 생성순서

(a) 후방 진행(break back sequence)

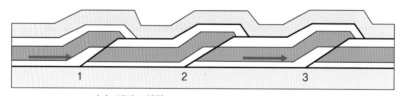

(b) 전방 진행(forward-breaking sequence)

그림 4.23 듀플렉스 단층의 진행방향에 따른 분류(McClay, 1991)

4.7 횡압축과 횡인장

단층은 본문 4.3절에서 설명된 바와 같이 평면이 아니고 굽어진 형태를 보인다. 그림 4.24는 우수향 전단감각을 보이는 주향이동 단층대로 단층면이 굽어져 파생되는 압축과 인장부위가 도식되어 있다. 지역 A는 전단방향에서 반시계 방향으로 회전한 단층면을 갖고 있으므로 단층의 위쪽과 아래쪽 블록이 우수향으로 움직이면 비스듬히 압축되는 결과가 된다. 이러한 압축을 횡압축Transpression이라 하며, 횡압축 지역에서는 흔히 치약을 짜 올리는 듯한 변형으로 중앙이 짜여져 올라간 구조가 발달한다. 구조의 형태가 단면에서 꽃과 닮았다 하여 이들을 꽃구조Flower Structure라 한다.

영역 B지역은 단층의 주향이 전단방향에서 시계 방향으로 돌아간 형태로, 위 블록이 우측으로 이동하는 우수향 단층대에서는 사교한 단층면이 벌어지는 결과가 된다[그림 4.24(b)]. 이와 같이 사교한 방향으로 인장되는 변형을 횡인장Transtension이라 하며, 중앙이 내려앉는 듯한 꽃구조를 수반하기도 한다. 규모가 큰 주향이동단층의 경우는 이와 같이 인장으로 인해 중앙이 내려앉아 넓은 분지를 만들어 이곳에 퇴적물이 쌓여 고화된 흥미로운 구조를 만들기도 한다. 이와 같이 횡으로 벌어져 만들어진 분지를 당겨열림분지Pull-Apart Basin라 한다.

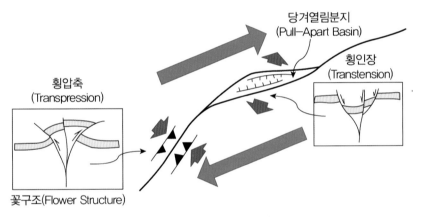

그림 4.24 횡압축과 횡인장

제5장

습 곡

제5장 습곡

지각의 일부가 굽어져 있는 습곡은 뚜렷하고 아름다우며 경이로운 지질구조임이 틀림없다. 변형의 양상이 뚜렷이 육안으로 관찰되는 관계로 암석의 변형을 명쾌히 이해할 수 있으리라 기대하게 하는 구조이기도 하다. 그러나 암석의 변형이 얼마나 복잡할 수 있는가를 알려줘 우리의 과학적 한계를 느끼게 해주는 지질구조이기도 하다. 습곡의 변형 형태에 대한 많은 모델이 존재하며, 습곡 변형을 재현하고자 하는 많은 시도가 있었다. 이들은 아마

자연에서 발생되는 습곡의 변형과정을 충분히 설명하고 있지도 모른다. 그러나 우리의 한계는 이들 이론을 적용한 습곡의 진행과정을 육안으로 관찰하거나, 이론으로 파생되는 절대적인 증거들을 완전히 증명하기 어려움에 있다.

　본 서는 이 복잡한 자연현상을 세 측면에서 요약하기로 한다. 첫째는 습곡의 기하학적 형상에 의한 분류이고, 둘째는 물성에 따라 어떻게 습곡이 발달할 수 있을까 하는 것이고, 셋째는 습곡된 지층은 어떤 변형양상들을 갖고 있는가 하는 것이다. 응용지질 분야에서는 첫 번째의 내용을 주로 활용할 것이나 두 번째와 세 번째의 내용들도 자연에서 보이는 습곡을 조금 더 이해하기 위해서 도움이 될 것이다.

5.1 습곡의 기하학적 형상

　그림 5.1(a)와 같이 습곡된 지층의 형태가 단면에서 위쪽으로 볼록하면 배사Anticline, 아래쪽으로 볼록하면 향사Syncline라 한다. 굽어진 지층이 만나는 부분을 습곡축Hinge이라 하며, 습곡된 두 날개를 등분하는 대칭면을 습곡축면이라 한다. 습곡축은 그림 5.3(b)와 같이 반드시 직선이 아닐 수도 있으며, 습곡축면 역시 반드시 평면일 필요는 없다.

　배사와 향사구조는 아래로부터 위쪽으로 지층의 연대가 젊어지는 지층이 습곡되어 각기 위로 볼록, 아래로 볼록한 구조를 의미한다. 역전된 지층이 습곡되었을 경우는 지층의 상부를

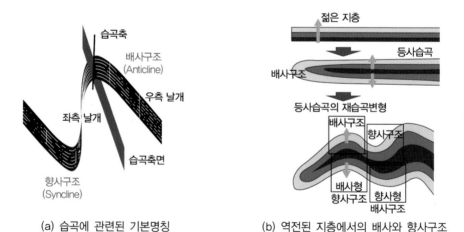

(a) 습곡에 관련된 기본명칭　　　(b) 역전된 지층에서의 배사와 향사구조

그림 5.1 습곡에 관련된 기본명칭과 역전된 지층에서의 배사와 향사구조

고려한 명칭이 주어진다. 위로 볼록한 습곡의 지층이 아래로 가면서 젊어지는 경우는 배사형 향사구조라 하고, 아래로 볼록한 습곡의 지층이 아래로 가면서 젊어지면 이를 향사형 배사구조라 한다[그림 5.1(b)]. 그림 5.1(b)는 위쪽으로 가면서 젊어지는(그림의 화살표 방향이 젊어지는 방향임) 지층이 완전히 접힌(이와 같이 두 날개가 평행하게 접힌 습곡을 등사습곡이라 한다) 후, 다시 습곡을 받은 단면을 도식한 것이다. 등사습곡으로 인해 지층이 아래 부분에서는 역전되어 있음을 확인하고, 이들이 습곡되어 각기 배사와 향사구조를 만들 경우, 아랫부분의 역전된 지층은 각기 배사형 향사구조와 향사형 배사구조를 만들고 있음을 확인하도록 하자.

습곡축을 중심으로 좌우측에 배열된 지층을 각기 좌측 날개와 우측 날개라 칭하며, 두 날개를 가르는 중심의 대칭 기준면을 습곡축면이라 한다[그림 5.1(a)]. 대부분의 습곡은 습곡축면과 평행한 엽리를 수반하는데, 이들을 습곡축면엽리Axial Planar Dleavage라 하며, 이들은 두 날개와 교차하는 방향이 서로 다르다. 그림 5.2(a)와 같은 배사구조에서 습곡축면 엽리를 기준으로 좌측 날개의 지층면은 우측(시계 방향으로 회전한 위치)에, 우측 날개의 지층면은 좌측(시계 방향의 반대방향으로 회전한 위치)에 위치한다(그림의 화살표를 참조). 습곡된 지역에서 야외조사를 시행할 때 이와 같은 기하학적 관계는 지하의 습곡구조를 추정할 수 있는 근거가 되기도 한다. 그림 5.2(b)에서와 같이 노두에서 관찰되는 엽리와 지층의 관계가 왼쪽노두에서는 지층으로부터 엽리로 향하는 방향이 오른쪽이고 오른쪽 노두에서는 왼쪽이었다(그림의 화살표 참조). 우리는 이와 같은 정보로부터 지하에 존재하는 향사구조를 유추할 수 있는 것이다.

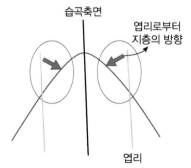
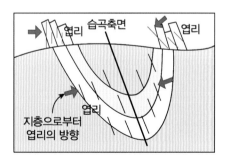

(a) 습곡축면과 평행한 엽리와 습곡의 날개들과의 관계 (b) 국부적으로 노출된 노두에서 습곡된 지층과 엽리와의 관계로 유추된 지하의 향사구조

그림 5.2 습곡축면엽리

일반적으로 습곡은 축이 직선에 가까운 원통형[그림 5.3(a)]이나 더러는 그림 5.3(b)와 같이 습곡축이 휘어져 원통의 형태가 아닌 습곡들도 있다. 전자의 경우를 원통형Cylindrical 습곡이라 하고, 후자의 경우를 비원통형Non Cylindrical 습곡으로 분류한다. 비원통형 습곡인 경우는 습곡된 지층이 다시 습곡을 받는 경우가 흔하나[그림 5.3(b)] 더러는 연성전단대에서 형성되는 습곡도 비원통형 형태를 보인다[그림 5.3(b)]. 후자는 전단변형이 심한 환경에서 지층이 말려 돔과 같이 모든 방향으로 경사하는 양상의 이상영역이 발생하고, 지속되는 전단변형으로 칼집과 같이 막혀 있는 얇고 긴 습곡이 만들어진다. 이를 칼집습곡Sheath fold이라 한다(Cobbold and Quinquis, 1980).

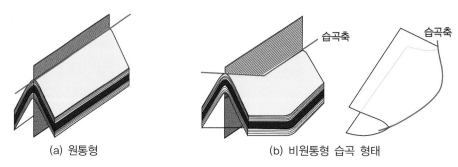

(a) 원통형   (b) 비원통형 습곡 형태

그림 5.3 (a) 원통형과 (b) 비원통형 습곡 형태(Van Der Pluijm and Marchak(2004) Figure 10.3에서 인용)

5.1.1 사잇각을 이용한 분류

전기한 용어들은 일반적인 습곡의 형상을 표현할 때 사용되는 용어들이고 습곡의 형태를 야외에서 분류할 때는 두 날개의 사이 각도를 이용하여 그림 5.4와 같이 분류한다. 이들 중 흔히 사용되는 종류들은 완사, 열린, 닫힌, 등사습곡이다. 특히 습곡의 두 날개가 완전히 접혀 평행한 상태가 된 등사습곡은 흔히 사용되는 분류로 꼭 기억하도록 하자.

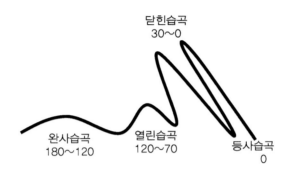

두 날개의 사잇각	습곡의 명칭
180~120°	완사습곡(Gentle)
120~70°	열린습곡(Open)
70~30°	급사습곡(Close)
30~0°	닫힌습곡(Tight)
0°	등사습곡(Isoclinal)
−Ve 각도	배심습곡(Mushroom)

그림 5.4 습곡의 두 날개 사이의 각도에 따른 기하학적 분류

5.1.2 습곡축과 축면의 경사각을 이용한 분류

또 다른 분류법으로 습곡축과 습곡축면의 경사각도에 따라 Fleuty(1964)에 의해 제안된 분류법이 있다[그림 5.5]. 관찰된 습곡이 3차원 공간에서 어떠한 배열을 보이는가를 분류하여 기재하는 데는 매우 유용한 분류법이다. 그러나 분류가 다소 복잡하여 흔하게 사용되지는 않는다. 단 이들 중 누워 있는 형태의 습곡(습곡축의 경사가 없고, 습곡축면 역시 경사가 없는)을 의미하는 횡와습곡Recumbent Fold과 서 있는 형태의 습곡(습곡축과 축면이 급하게 경사하는)을 의미하는 횡사습곡Reclined Fold은 종종 사용되는 용어이기도 하다.

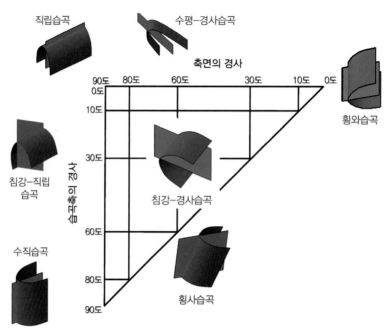

그림 5.5 습곡축과 습곡축면의 경사각도에 따른 분류

5.1.3 등경사선(dip isogons)을 이용한 분류

Ramsay(1967)에 의해 제안된 습곡형상의 기하학적 분류법으로, 현장에서 사용하기에는 너무 이론적이라 할 수 있으나 습곡의 형태를 분류하고 정의하는 데는 매우 정확한 방법이다.

등경사선dip isogon이란 습곡된 지층의 외부와 내부의 곡선에 접선을 일정간격의 경사로 그리고 그 접점을 연결한 것이다. 예를 들어 그림 5.6 좌측 상단부 습곡(Class 1A)의 습곡된 지층 외부와 내부에 40°로 경사하는 접선이 그려져 있다. 이 접선들이 면과 만나는 접점을 연결한 선분이 40° 경사에 해당하는 등경사선이 되는 것이다. 이러한 기준으로 그림 5.6에서 내부에 표시된 0~70°의 등경사선을 이해하도록 하라.

습곡된 지층의 형태는 등경사선의 배열형상에 따라 3종류의 클래스로 분류가 된다. 첫 번째(Class 1)는 경사선이 부채살처럼 내부로 모이는 형태이고, 두 번째(Class 2)는 등경사선이 습곡축면과 평행한 형태이며, 세 번째(Class 3)는 경사선이 외부방향으로 퍼지는 형태이다[그림 5.6].

첫 번째 클래스는 다시, 배사구조에서 양쪽 날개가 아래로 가면서 넓어지는지(Class 1A), 좁아지는지(Class 1C)에 따라 3종류로 나뉜다. 습곡의 날개가 넓어질수록 등경사선의 펼쳐지는 각도가 줄어든다.

이 분류법에서 기억해두어야 할 두 가지 중요한 습곡의 종류는 Class 1B와 Class 2이다. 전자는 습곡이 된 지층의 두께가 일정한 형태의 평행습곡Parallel Fold이고, 후자는 날개의 두께가 힌지 부분(습곡축 부분)의 두께보다 좁아진 유사습곡Similar Fold이다. 평행습곡은 지층의 두께가 일정하며, 유사습곡은 등경사선이 습곡축면과 평행하며 모든 각도에서 길이가 동일하다. 야외에서 사암과 같이 단단한 암층이 습곡될 때는 평행습곡의 형태를 보이는 경우가 많고, 사암과 이암이 교호된 지층이 습곡될 때, 상대적으로 약한 이암 부분이 유사습곡의 형태를 보이는 경우가 많다. 그러나 교호된 암석도 지층의 두께가 다양하고 암석의 종류 역시 매우 다양하여 암석 간의 강도 차이도 다양할 수밖에 없다. 그러므로 이 두 가지 습곡의 형태를 기준으로end member 나머지 형태로의 변형을 가미하여 분류하는 것이 현명할 수 있다.

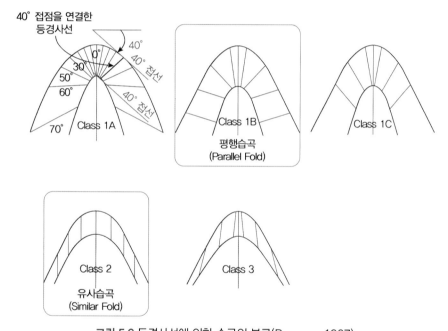

그림 5.6 등경사선에 의한 습곡의 분류(Ramsay, 1967)

5.2 습곡의 형성원리

습곡을 발달시킬 수 있는 변형의 양상은 크게 좌굴, 휨, 전단변형으로 나누어 생각해볼 수 있다.

1. 좌굴[그림 5.7(a)] : 압축에 의해 물체가 한 축으로 수축하고 다른 한 축으로 인장하는 변형의 과정에서 물체 내부에 존재하는 층이 휘어지면서 변형되는 양상
2. 휨[그림 5.7(b)] : 지층의 한 부분에 힘이 지층면에 고각으로 작용하여 지층을 휘게 만드는 양상
3. 전단 : 심한 전단변형으로 인해 파생될 수 있는 습곡들

      (a)   (b)

그림 5.7 습곡을 형성할 수 있는 변형의 형태들

5.2.1 좌굴

암석을 점성Viscous 물체로 가정하여 변형을 모델화하는 것은 다소 무리가 있다. 그러나 습곡을 이해하기 위한 점성변형모델은 습곡의 변형 특성을 간접적으로 잘 보여주는 관계로 오랫동안 관심을 받아왔다. 상대적으로 단단한 지층이(예, 사암) 무른 암석(예, 이암) 내에 포함된 상태에서 지층에 평행한 방향으로 압축을 받아 습곡이 된 경우를 상상해보자. 점성변형의 모델은 같은 상황을 점성도가 높은 지층(사암 대용)과 상대적으로 점성도가 낮은 기질(이암 대용)로 만들어 압축하여 습곡을 유발시키는 이론적, 실험적 방법이다. 이 과정에서 지층과 기질 모델의 점성도의 차이는 암석에서 단단함의 차이와 유사한 성격을 보일 것이고, 응력의 차이(예, 다른 차응력 등)와 같이 실제 지질상황에서 일어날 수 있는 특성을 실험해볼 수 있는 것이다.

Van Der Pluijm and Marshak(2004)이 보여준 시험결과는 점성물질의 습곡변형 모델을 가시적으로 잘 보여주고 있다[그림 5.8]. 투명한 상자 속에 면도크림과 같은 거품을 채우고 두께가 다른 고무줄을 넣은 후, 거품을 눌러 변형시킨 실험이다. 이암과 같이 물성이 약한 암층이 거품으로, 사암과 같이 물성이 강한 암층이 고무줄로 모델화된 것으로 이해하면 된다. 첫 번째 상자는 고무줄을 넣지 않고 거품에 마커로 선을 표시한 실험이었고[그림 5.8(a)],

나머지는 점이적으로 두꺼운 고무줄을 넣은 상태에서 압축한 결과이다[그림 5.8(b)]. 이 실험은 상대적으로 단단한 고무줄이 거품과 같이 변형하면서 어떠한 변형을 보이는가를 시험한 것으로 다음의 몇 가지 흥미로운 결과를 보여준다.

1. 특성이 같은 물질인 단순 마커로 그린 선분은 굽어지지 않고 압축되어 두께가 넓어진다[그림 5.8(a)].
2. 강도가 다른 고무줄의 경우는 두께가 작을수록 습곡의 파장이 짧아진다[그림 5.8(b)].

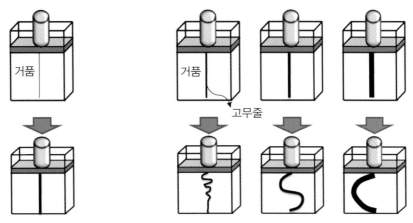

(a) 고무줄을 넣지 않고 거품에 단순 선을 그려 넣음   (b) 두께가 각기 다른 고무줄을 사용함

그림 5.8 투명상자 속에 면도크림과 같은 거품과 두께가 다른 고무줄을 넣고 압력을 가해 변형시킨 결과(Van Der Pluijm and Marshak, 2004; Figure 10.29에서 변형)

전술한 실험과 동일한 환경은 아니나 습곡의 지배적인 파장에 관한 이론도 유사한 결과를 보여준다(Biot, 1957; Ramberg, 1959). 지배적 파장이론은 점성체Viscous Material에서의 변형모델로서, 점성도Viscosity가 높은 층이 점성도가 낮은 기질에 포함되었을 때 이를 변형시키는 경우에 대한 모델이다. 이 층은 수축되면서 다양한 크기의 파장을 갖는 굴곡을 만들 수 있다. 물론 변형되기 이전에도 다양한 크기의 굴곡을 갖고 있을 수 있다. 변형이 진행되면서 다양한 크기의 파장 중 다음의 수식으로 정의된 파장이 지배적으로 발달한다는 이론이다.

$$\lambda = 2\pi t \sqrt[3]{\frac{\eta_1}{6\eta_2}}$$
식 5.1

여기서, λ = 지배적 파장

t = 지층의 두께

η_1 = 상대적으로 단단한 지층의 점성도

η_2 = 상대적으로 무른 기질의 점성도

이론적인 이 수식은 Biot et al.(1961)에 의해 실험적으로도 잘 맞는 것으로 보고되었다. Biot의 수식은 지층의 두께가 작을수록 파장이 작아지고, 점성도의 차이가 높을수록 파장이 길어짐을 의미한다. 그림 5.8(b)의 실험은 거품이라는 점성물질에 고무줄이라는 탄성물질을 혼합하여 변형한 결과로서 Biot의 점성물질 변형과 동일시하기는 어려우나 거품에 쌓인 고무줄의 수동적 변형은 어쩌면 점성도가 조금 높은 점성물질과 유사할 수 있다. 그런 의미에서 두께가 두꺼워지면 파장이 길어지는 양상이 거품실험에서도 유사하게 나타났음은 흥미로운 일이다. 또한 Biot et al.(1961) 역시 지층과 기질의 점성도 차이가 극히 적으면 습곡변형이 일어나지 않고 그림 5.8(a)와 같이 두께만 두꺼워지는 압축변형이 일어남을 관찰하였다.

점성도의 차이가 커지면 파장이 길어짐은 지질상황에서 습곡된 지층의 강도가 그 지층을 감싸고 있는 기질의 강도보다 높으면 높을수록 습곡의 파장은 길어진다는 의미이며, 강도 차이가 없는 지층들은 습곡이 되기보다는 압축변형을 보인다는 의미인데, 실제 야외에서 관찰되는 상황과 유사한 면이 있다.

습곡의 변형은 압축에 의해 상대적으로 강도가 강한 층이 휘어지는 변형이다. 이렇게 변형된 습곡에 압축변형이 중첩되면 어떻게 될까? 그림 5.9는 평행습곡에 단순 압축변형이 중첩된 결과로서 Class1B 습곡이 Class 1C 습곡으로 변형되었으며, 습곡의 파장은 급격히 짧아

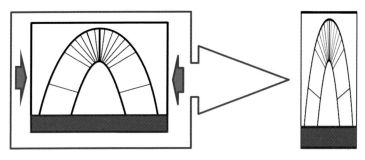

그림 5.9 압축변형의 중첩. 평행습곡(Class 1B)으로 변형된 습곡에 압축변형이 중첩된 결과로 Class 1C 형태로 변형되었다.

졌다. 습곡의 변형과정에도 이와 같이 굽어지는 습곡변형과 압축변형이 중첩될 수 있을 것이다. 이와 같이 특성이 매우 다른 굽어지는 변형과 압축되는 변형에 관한 개념을 갖고 다음에 기술될 내용을 이해하도록 하자.

물성에 따른 압축의 중첩과 휨의 정도를 이해하기위한 시도로 유한요소법Finite Element Method을 이용한 점성물질의 압축실험들이 있다. 그림 5.10은 Van Der Pluijm and Marshak(2004)의 실험결과로, 점성비율이 매우 높은 경우(습곡된 지층이 매우 딱딱한 경우)는 습곡의 파장이 길며 압축으로 인해 습곡된 지층이 두꺼워지지 않았다. 그러나 점성비율이 낮아짐에 따라서 파장도 짧아지면서 압축으로 인해 습곡된 지층의 두께도 두꺼워짐을 알 수 있다. 전기한 바와 같이 점성도가 같을 경우는 습곡이 일어나지 않고 단순 압축변형만 일어났음이 그림 5.8(a)의 실험에서 관찰되었음을 기억하자.

점성비율 (η_1/η_2) 　　변형	33%	63%	78%
42.1	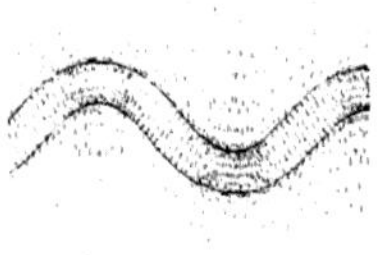		
17.5		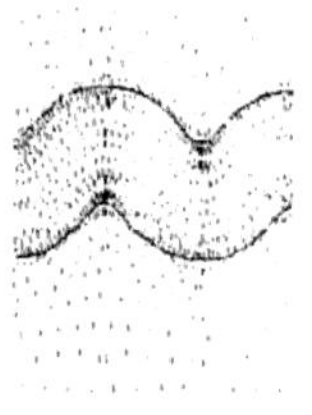	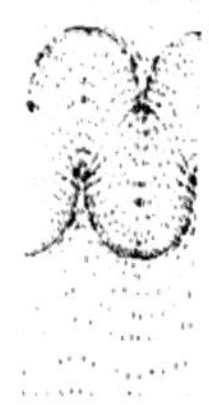
5.2		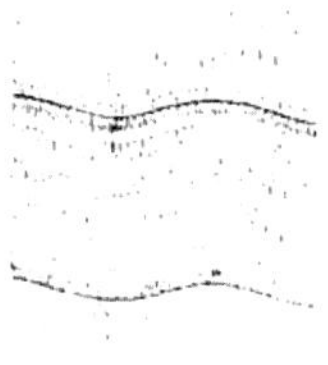	

그림 5.10 유한요소법(Finite Element Method)을 이용한 점성물질의 압축실험. 좌측에서 우측으로 가면서 변형률이 33~78%로 증가하고, 위에서 아래로 가면서 두 물성의 점성비율이 42.1에서 5.2로 줄어들었다(Van Der Pluijm and Marshak, 2004; Figure 10.31).

Biot의 수식에서와 같이 습곡의 지배적 파장은 물성(점성의 비율)에 따라 다르며 지층의 두께에 따라 다르다. 한 가지 더 고려되어야 할 상황은 변형이 커가면서 그림 5.9와 같은 압축변형이 중첩되면서 지배적 파장의 길이에 영향을 줄 수 있다는 것이다. Sherwin and Chapple (1968)은 이러한 차이를 고려하여 지배적 파장의 수식을 재정립하였으며 Hudleston(1973)은 그들의 수식을 Biot의 수식[식 5.1]과 유사한 형태로 변환하여 다음의 수식을 제시하였다.

$$\lambda = 2\pi t \sqrt[3]{\frac{\eta_1 (s-1)}{6\eta_2 \, 2s^2}}$$

식 5.2

여기서, λ = 지배적 파장

t = 지층의 두께

η_1 = 상대적으로 단단한 지층의 점성도

η_2 = 기질의 점성도

$s = \dfrac{1+\varepsilon_1}{1+\varepsilon_2}$ 여기에서 ε_1과 ε_2는 각각 최대와 최소 변형률

이 수식은 식 5.1과 동일하다. 그러나 지배적 파장은 최대와 최소 변형률의 차이에 따라 큰 변화가 있음을 알 수 있다.

실제 암석의 변형과정에서 압축의 중첩은 국부적 혹은 전체적인 물성의 변화에 크게 영향을 받을 수 있다. 예를 들면 지층이 휘어지면서 특정부위에는 응력변형경화Strain Hardening 가 일어날 수 있으며, 혹은 광물의 재배열로 엽리가 만들어질 수도 있다(Hobbs et al., 1976). 자연에서는 이러한 변수로 인해 순수한 점성모델로 만들어지는 습곡형태의 변형보다는 다소 복잡한 변형이 일어날 것이다. 그러나 점성모델에서 보여준 기본적인 내용들(예를 들어 물성의 차이가 크면 파장이 길어지며, 습곡된 층이 두꺼우면 파장이 길어지며 굴곡되는 습곡변형과 이에 중첩되는 압축변형의 실체 등)은 습곡의 변형을 간접적으로 이해하는 데 크게 도움이 된다.

전기한 점성의 유동모델은 단일층의 변형양상만을 언급하였다. 다중의 층이 존재하는 경우의 유동모델은 어떠한가? 기존 연구들은 공히 다음의 사항을 언급하고 있다. 두 층 간의

이격거리가 멀 경우는 단일층의 경우와 유사하게 층의 두께에 따라 파장이 결정되며(얇은 층은 짧은 파장을 갖는다) 이격거리가 가까우면 두꺼운 층의 변형이 지배적이어서 근접한 얇은 층들은 두꺼운 층의 변형과 동일하게(유사한 파장으로) 변한다. 이러한 양상은 Van Der Pluijm and Marshak(2004)의 비누거품과 고무줄을 이용한 실험에서[그림 5.11(a)] 잘 보여진다. 영향을 줄 수 있는 두 층 간의 이격거리를 변형이격거리Contact Strain Zone라 하였으며 이 거리는 이론적으로 $2/\pi L$이라 알려져 있다. 여기에서 L은 습곡의 호의 길이이며 $2/\pi =$ 2/3.14이므로 변형이격거리는 습곡의 호의 길이[그림 5.11(c)]보다 조금 적다는 의미이다. Haakon Fossen(2016) 역시 유사한 내용을 그림 5.11(b)와 같이 정리하였다.

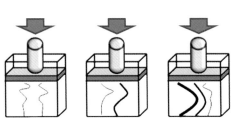
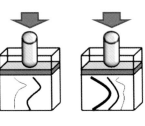
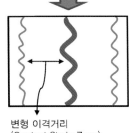

변형 이격거리
(Contact Strain Zone)

(a) 그림 5.8의 Van Der Pluijm and Marshak(2004)에 의한 실험결과(Figure 10.29). 투명상자에 거품을 채우고 두께가 다른 고무줄을 하나 이상 장치한 후 압축실험을 한 결과. 고무줄 사이의 이격거리가 가까운 경우는 두꺼운 고무줄의 변형양상을 얇은 고무줄이 따르는 경향이 있다.

(b) Currie et al.(1962)의 이론적 내용을 정리한 Haakon Fossen(2016)의 다층변형 모델. 변형 이격거리가 멀면 층의 두께에 따른 파장으로 변형이 되나 이격거리가 가까운 경우는 두꺼운 층의 습곡파장을 얇은 층들이 따른다.

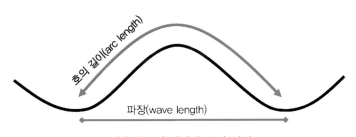

(c) 습곡의 파장과 호의 길이

그림 5.11 다층변형의 모델들

5.2.2 휨

지층에 고각으로 압력이 가해지면서 발생되는 습곡으로 마그마의 융기나 상대적으로 비중이 작은 암체가 비중이 큰 암체를 뚫고 상승하는 암염돔Salt Dome과 같은 관입환경 혹은 충상단층이나 지하의 노출되지 않은 피복단층 등에 의해 발생할 수 있다[그림 5.12].

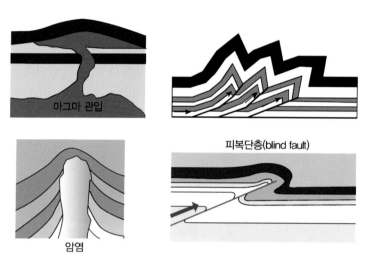

그림 5.12 지층에 고각으로 응력이 가해져 발생되는 습곡의 유형들

5.2.3 전단변형

심한 전단변형으로 만들어질 수 있는 습곡으로 다양한 형성원리를 고려해볼 수 있다. 첫 번째는 순수한 단순전단Simple Shear[그림 1.6(a)] 변형에 의해 형성될 수 있는 습곡이다. 그림 5.13(a)와 같이 전단변형이 일어나기 전에 휘어진 불규칙한 면이 있을 경우, 두꺼운 책의 단면을 전단변형 시키듯이 전단면을 따라 평행이동하여(그림의 경우 '전단을 위한 이동선'으로 표기된 방향) 변형되는 경우이다. 이 경우는 습곡될 지층이 기질보다 단단한 물성일 필요는 없다. 실제로 발생되기에는 너무 이론적이라 생각될 수 있다. 그러나 전단대 내부에서 전단면을 따른 물질의 이동 변형은 흔히 관찰되며, 결정가소성변형과 같이 고체상태에서 원자격자로 만들어진 면구조를 따라 격자구조가 이동하여 광물이 변형되는 지질구조의 특성을 고려하면 단순전단에 의한 변형도 너무 이론적이라 할 수는 없다. 매우 심한 전단변형에서는 물질이 흐르듯 변형된 구조들도 관찰된다. 그림 5.13(b)에 도식된 습곡은 연성전단대

에서 간혹 보고가 되는 특이한 습곡으로 그 형태가 칼집과 같다 하여 칼집습곡Sheath Fold이라 부른다. 이 습곡의 경우, 완전히 단순전단에 의해 만들어졌다고 할 수는 없으나, 단순전단과 유사한 변형에 의해 형성되었을 수 있다.

물성의 차이를 갖고 있는 층이 존재할 경우는 그림 5.13(c)처럼 초기의 층의 배열이 어느 방향인가에 따라서 압축되어 습곡되거나 신장되어 부딘 구조를 형성할 수 있다.

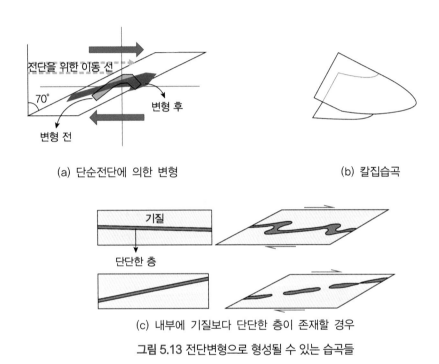

(a) 단순전단에 의한 변형   (b) 칼집습곡

(c) 내부에 기질보다 단단한 층이 존재할 경우

그림 5.13 전단변형으로 형성될 수 있는 습곡들

5.3 습곡의 변형양상

Ramsay(1967)에 의한 등경사선 분류[그림 5.6]는 습곡의 단면 형태를 기하학적으로 가장 잘 정의한 분류라 할 수 있다. 이들 분류 중 평행습곡Parallel Fold과 유사습곡Similar Fold은 습곡 형태의 두 극한요소end member라 할 수 있으므로 이들을 기억하며 다음의 내용을 이해하도록 하자.

평평한 지층을 평행습곡(Class 1B)이나 유사습곡(Class 2)의 형태로 변형시키면 층 내부의 변형양상은 항상 동일할까? 그렇지 않다. 다른 종류의 변형모델에서 습곡되는 지층 내부의 전단변형량은 다를 수 있다. 이와 같은 변형양상의 모델은 크게 요굴습곡Flexural Fold, 중립면습곡Neutral Surface Fold, 전단습곡Shear Fold 모델로 구분된다.

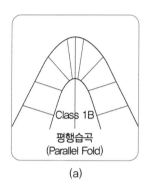

(a)

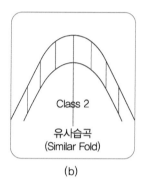

(b)

5.3.1 요굴습곡(Flexural Fold)

요굴습곡은 그림 5.14(a)와 같이 원이 그려진 책을 습곡형상으로 변형시키는 모델을 연상하면 쉽게 이해가 된다[그림 5.14(b)]. 책장의 쪽들 사이의 평행이동에 의해 습곡 날개 부분의 변형이 수용되는 모델로서 평행습곡의 형태가 만들어지며, 변형된 습곡의 단면에서는 원이 타원으로 변하는 변형이 관찰되나 층의 표면은 이동변형만 일어나므로 원이 타원으로 변하지 않는다.

요굴변형은 그림 5.14(c)와 같이 습곡과정에서 지층 사이의 미끌림이 있는 요굴미끌림Flexural Slip과 그림 5.14(d)와 같이 미끌림 면이 보이지 않고 전단의 변형이 내부 광물의 변형 등으로 흡수된 요굴유동Flexural Flow 변형으로 구분된다. 후자의 경우는 책장의 두께가 극히 작아서 변형의 양상이 흐름과 같은 형태로 나타나는 경우로 이해하면 된다.

그림 5.14(b)와 같이 책장의 변형으로 변형타원이 만들어졌다. 그러나 습곡되는 단면의 각 부분에서는 조금씩 변형량의 차이를 보인다. 특히 습곡된 호의 안쪽과 바깥쪽에서 이러한 차이를 뚜렷이 관찰할 수 있다[그림 5.14(d)].

(a) 변형 전 원이 그려진 책의 단면

(b) 습곡 형상으로 변형된 책의 단면

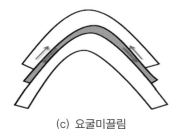

(c) 요굴미끌림

(d) 단면에서 관찰되는 자세한 변형양상

그림 5.14 요굴습곡(Van Der Pluijm and Marshak(2004)의 Figure 10.33)

5.3.2 중립면 습곡(Neutral Surface Fold)

　중립면을 기준으로 바깥쪽 호는 인장, 안쪽 호는 압축변형을 보이는 변형모델로서 중립면은 변형이 없다[그림 5.15]. 이 모델 역시 평행습곡 형태의 단면을 만들 수 있다. 그러므로 요굴습곡과 중립면 습곡의 차이는 습곡된 층 내부에 작용되는 변형의 차이에 있을 뿐이지 모양 그 자체로는 구분이 되지 않는다.

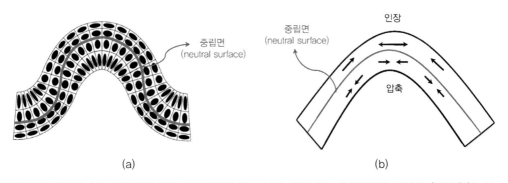

그림 5.15 중립면 습곡. 중립면을 기준으로 바깥쪽 호는 인장, 안쪽 호는 압축변형을 보인다. (그림 (a)는 Van Der Pluijm and Marshak(2004)의 Figure 10.33)

5.3.3 전단습곡(Shear Fold)

그림 5.16(a)와 같이 습곡되는 층에 고각으로 전단면이 발달하여 이 면을 따라 물질선이 평행이동하여 형성되는 기하학적 형상이다. 유사습곡(Class 2)이 만들어질 수 있는 전형적인 변형모델이다. 그러나 평행습곡에 압축변형이 중첩되면 그림 5.16(b)와 같이 유사습곡의 형태로 변할 수도 있다. 그러므로 외형과 내부의 변형은 크게 다를 수 있음을 이 모델들을 통하여 이해하면 된다.

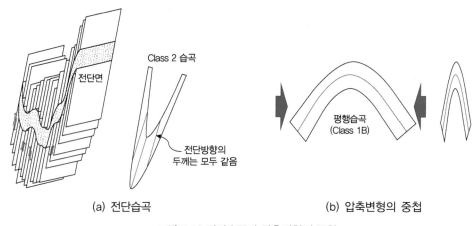

(a) 전단습곡   (b) 압축변형의 중첩

그림 5.16 전단습곡과 압축변형의 중첩

5.4 습곡의 비대칭성

습곡은 습곡축을 감싸는 포위면에 습곡축면이 수직에 가까우면(±10°) 대칭습곡Symmetric Fold이라 하고 그렇지 않으면 비대칭습곡Asymmetric Fold이라 한다[그림 5.17].

자연에서 흔히 관찰되는 비대칭습곡으로 기생습곡Parasitic Fold과 킹크띠Kink Band가 있다.

(a) 대칭습곡   (b) 비대칭습곡

그림 5.17 대칭습곡과 비대칭습곡

5.4.1 기생습곡(Parasitic Fold)

주된 습곡의 주변에 발달하는 비대칭습곡을 기생습곡이라 한다[그림 5.18(a)]. 배사구조에서 기생습곡은 좌측 날개에는 S형태, 우측 날개에는 Z형태의 비대칭성을 보이고 발달한다. 이 형태는 습곡이 되면서 파생되는 일반적인 전단감각(요굴이나 중립면습곡의 전단감각)과 동일하다. 즉, 배사구조에서 좌측 날개엔 우수향, 우측 날개에는 좌수향 전단변형이 일어난다. 실제 자연에서는 그림 5.18(b) 습곡에서와 같이 이러한 기생습곡들이 적지 않게 관찰된다.

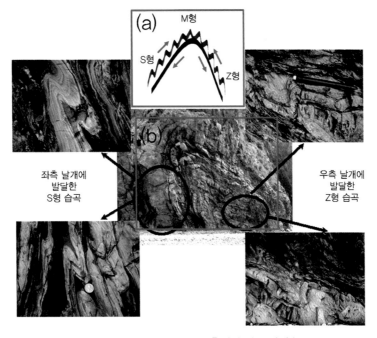

그림 5.18 백령도 해안가에 노출되어 있는 기생습곡

Fossen(2016)은 기생습곡의 성인을 그림 5.19와 같이 두께가 다른 두 지층의 단계적 습곡 현상으로 설명하고 있다. 5.2.1절의 그림 5.11에서 설명되었던 바와 같이 점성물질의 유동성 변형에서 층의 두께가 다르고 두 층이 서로 떨어져 있을 때는 두 층의 변형양상이 다를 수 있다. 이러한 단계적 변형과정을 Fossen은 그림 5.19와 같이 설명하고 있다.

1. 하나는 두껍고 다른 하나는 상대적으로 얇은 지층이 존재한다[그림 5.19(a)]. 물론 이들은 기질보다는 물성이 강한 지층일 것이다.

2. 1차 습곡에서는 얇은 지층은 습곡되었고, 두꺼운 지층은 압축변형을 받아 두께가 두꺼워졌을 뿐이다[그림 5.19(b)].

3. 지속되는 변형으로 두꺼운 지층이 습곡되면서 먼저 습곡된 얇은 지층이 같이 습곡된다. 이 과정에서 초기에 만들어졌던 대칭습곡이 비대칭습곡으로 변형된다[그림 5.19(c)].

물론 이 모델은 점성물질의 변형모델로서 그림 5.13(c)에 설명되었던 상대적으로 단단한 지층이 전단변형을 받을 때, 비대칭성 압축에 의해 형성되는 비대칭성 습곡 변형과는 조금 다른 설명이다.

자연에서 발생하는 습곡의 과정을 관찰하기는 불가능하며, 어떠한 설명이 절대적이라 하기는 어렵다. 두 가지 변형이 같이 일어났을 수 있으며 그중 어느 하나가 더 절대적일 수 있다. 현 시점에서는 두 날개의 전단감각을 기생습곡이 잘 반영하고 있다는 실체가 가장 중요할 것 같다.

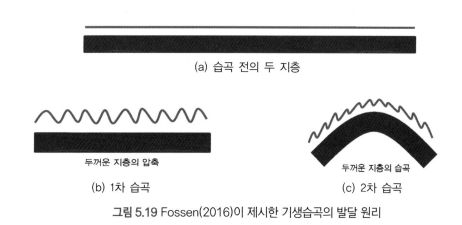

(a) 습곡 전의 두 지층

두꺼운 지층의 압축

(b) 1차 습곡

두꺼운 지층의 습곡

(c) 2차 습곡

그림 5.19 Fossen(2016)이 제시한 기생습곡의 발달 원리

5.4.2 킹크띠(Kink Band)

운모류의 선택적 배열로 만들어진 편암류의 엽리와 같이 얇고 특성이 다른 면구조가 교호하는(이 경우 운모 층과 다른 기질층의 교호) 암석에서 관찰되는 구조로서 두 날개가 각지게 꺾여 있으며 꺾인 한 날개가 띠상으로 분포한다[그림 5.20(a)]. 대부분 1~10cm 폭의 좁은 띠구조를 갖는 소형습곡으로 비대칭 구조를 보인다. 흔히 그림 5.20(b)와 같이 띠들이

(a) 킹크띠 구조의 현장사진들

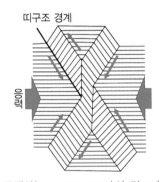

띠구조 경계

압축

(b) 공액상(conjugate type)의 킹크띠 구조

(c) 실험에서 관찰된 변형률이 50%를 넘어선 상태에서의 킹크 구조

그림 5.20 킹크띠 구조

공액상으로 보이기도 하는데, Patterson and Weiss(1966)와 Weiss(1966)는 실험으로 관찰된 이들 구조에 대하여 다음과 같이 정리하고 있다.

1. 킹크띠는 엽리의 방향과 30° 이내의 방향으로 압축이 주어질 때 발생한다. 압축의 방향이 30°를 넘어가면 변형은 엽리 사이의 미끌림으로 진행되어 공액상태의 킹크[그림 5.20(b)]보다는 단일 형태의 킹크가 발달하거나 한 날개의 길이가 다른 날개의 길이보다 긴 습곡형태의 변형이 일어난다.

2. 엽리와 같은 방향에서의 압축일 경우, 압축변형이 50% 이전에는 공액상태의 교차하는

킹크띠들이 점차 증가하며, 변형이 50%를 넘어서면 그림 5.20(c)와 같이 더 이상의 비대칭습곡으로 이뤄진 띠상의 구조는 존재하지 않는다.

3. 공액상의 띠구조는 띠구조의 경계가 최대압축축과 55~65° 각도로 발생한다.

킹크와 세브론 습곡

킹크띠 구조는 엽리와 같이 박층(얇은층)의 물질이 교호되는 암상에 발달하는 매우 소규모의 비대칭 구조이다. 습곡의 두 날개가 각지게 꺾인 것이 특징이며 비대칭성 습곡인 특성이 있다. 유사한 형상의 습곡으로 세브론 습곡이 있다. 세브론 습곡은 각지게 꺾인 습곡축의 모습은 킹크와 유사하다. 그러나 형상이 그림 5.20(c)와 같이 대칭습곡의 모습이고, 크기도 킹크와 같이 작은 규모가 아니다. 또한 습곡된 암석도 물성이 다른 얇은 층들이 교호하는 것이 아니고 사암과 이암층과 같이 어느 정도 두께가 있는 층들이 교호하는 암석에서 관찰된다.

제6장

투영망

제6장 투영망

6.1 개요

절리, 단층, 엽리, 층리 등의 면구조와 면들의 교차선, 단층의 이동선 등의 선구조는 3차원 공간배열을 갖는다. 투영망은 이들의 공간적 배열을 평면에 투영하고 분석할 수 있는 중요한 분석도구이다. 암반내부에 분포하는 면구조는 비탈면이나 터널과 같은 구조물뿐 아니라 지하수의 유동이나 환경문제 등 다양한 지질공학적 분야에 중요한 요인들이며, 투영망은 이러한 문제의 해결에 없어서 안 될 중요한 분석기법이다.

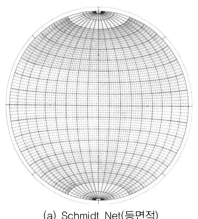

(a) Schmidt Net(등면적)

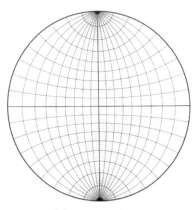

(b) Wulff Net(등각)

면구조 분석에 활용되는 기법들은 현장 상황에 따라 조금씩 다른 접근방법을 필요로 한다. 이러한 관점에서 구조지질학적 정보처리 기법에 관한 이해가 있으면 큰 도움이 될 수 있다. 이러한 이유로 본 서는 데이터베이스와 기초적인 s/w 프로그래밍 기법 및 코드예제를 함께 다루고자 한다. 지질정보를 함께 이해하고자 하는 독자는 본 서 부록 3의 기초 코딩연습을 먼저 이해하기를 권한다.

6.2 면의 배열(주향과 경사)

주향과 경사의 개념을 사용하면 3차원 면의 배열을 쉽게 가시화할 수 있다. 이들과 투영망을 함께 이해하기 위해서 그림 6.1(a)와 같이 반구가 물에 잠겨 있는 모습을 상상해보자. 3차원 면구조를 구의 중심을 지나게 배열하면 다음을 관찰할 수 있다.

1. 물은 수평을 유지하기 때문에 면구조와 물이 만나는 교선은 면구조의 수평선분이다. 이 수평선분 방향을 주향이라 한다[그림 6.1(a)].
2. 면의 표면에서 경사가 가장 높은 선을 상상해보라. 면 위에 물방울을 떨어뜨리면 흘러내리는 방향이 경사가 가장 높은 방향일 것이다. 이를 경사벡터라 칭하면[그림 6.1(a)], 이 벡터는 주향 방향과 90°의 관계를 갖는다. 좀 더 정확히 표현하면, 경사벡터의 수평선분은 주향방향과 90°의 관계를 갖는다. 편의상 이 수평선분을 경사방향이라 부르겠다[그림6.1(b)]. 경사각은 경사방향과 경사벡터의 사잇각이다[그림 6.1(b)].

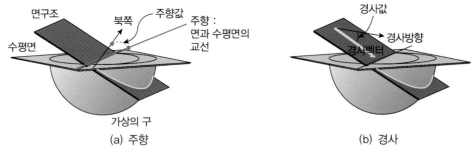

그림 6.1 주향과 경사

그림 6.1은 주향과 경사에 대하여 정리한 모식도로 여기에 도식된 주향, 경사방향, 경사 값의 의미를 정확히 기억하도록 하자. 한 가지 중요한 내용으로 주향과 경사를 정의하면서 면구조와 선구조가 구의 중심을 지나도록 배치한 것이다. 실제로 공간에서의 면구조는 배열 과 위치가 있다. 즉, 동일한 배열(주향과 경사)을 갖는 면구조가 평행하게 위치하면, 평행한 두 면은 동일한 배열을 갖지만 위치가 다른 것이다. 투영망에서는 배열만을 다루지 위치를 고려하지 않는다. 그러한 관계로 면구조와 선구조가 구의 중심을 지나도록 배치된 것이며, 투영망 분석은 위치와 관계없는 면이나 선구조의 3차원 배열orientation만을 다룬다.

6.2.1 주향과 경사의 기재 방법

면구조의 배열을 마음속으로 그려내는 데 크게 도움이 되는 연습을 하나 하여보자. 그림 6.2(a)와 같이 십자선을 그리고 선분이 가리키는 동, 서, 남, 북 방향과 시계 방향으로 회전하 는 해당 각도 0°, 90°, 180°, 270°, 360°를 마음속으로 그려보도록 한다. 물론 이와 해당되는 4상한, 북동, 남동, 남서, 북서 역시 기억하도록 한다. 이를 모르는 사람은 없을 것이다. 그러 나 적절히 이용하는 사람도 많지 않다.

주향과 경사를 표현하는 많은 방법이 존재하지만, 여기에서는 가장 흔히 사용되는 주향/ 경사 방법과 경사값/경사방향 방법만을 기재하기로 한다.

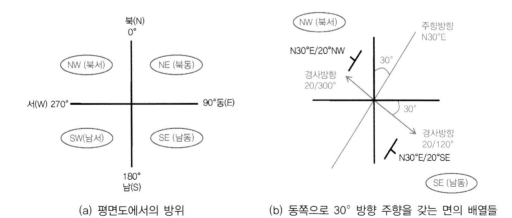

(a) 평면도에서의 방위   (b) 동쪽으로 30° 방향 주향을 갖는 면의 배열들

그림 6.2 주향과 경사의 기재방법

6.2.1.1 주향/경사 방법

그림 6.2(b)는 북쪽을 기준으로 동쪽으로 30° 방향의 주향을 갖는 면구조를 평면도에 도식한 것이다. 면구조의 주향은 북쪽으로부터의 각도와 회전방향을 조합하여 N30°E라 기재하면 된다. 만약 이 면이 20° 각도로 경사하고 있다면, 그림 6.2(b)에서와 같이 경사방향이 남동방향일 수도 있고 북서방향일 수도 있다. 그러므로 두 경우를 각기 N30°E/20°SE, N30°E/20°NW로 표기해줘야 한다.

6.2.1.2 경사값/경사방향 방법

앞에서 설명된 주향과 경사 표기법은 초기에 방법을 익히기는 매우 수월하다. 그러나 경사방향을 4상한에서 읽어줘야 하는 번거로움이 있으며(현장에서 이 과정은 매우 큰 불편을 초래한다), 방위를 의미하는 N, S, E, W 등의 문자와 각도를 의미하는 숫자들이 혼용되어 컴퓨터로 작업하는 데 많은 불편을 준다. 이러한 단점을 경사값/경사방향의 표기법을 사용함으로 줄일 수 있다.

면구조의 경사방향은 한 방향이다. 주향은 경사방향과 90° 관계를 갖고 있으므로 경사방향만 알면 주향의 방향은 정해진다. 그러므로 면구조의 배열은 경사의 방향과 경사값만으로 정의할 수가 있다. 이들은 어떻게 읽어줘야 하는가? 경사방향의 경우는 북쪽을 0° 기준으로 하여 시계 방향으로 360° 축척으로 읽어주면 되고 경사값은 그 방향에서 수평으로부터의 경사 각도를 읽어주면 된다. 다음 절에 소개될 컴퍼스의 이용방법을 적절히 숙지하면 쉽게 읽을 수 있다. 그러나 주향/경사방향을 경사값/경사방향으로 바꾼다던지, 그 반대의 경우를 수행하려면 조금 복잡한 기하학적 관계를 이해해야 한다. 다음의 내용은 이러한 경우를 위한 것으로 필요한 경우만 숙지하도록 하라.

먼저 주향과 경사값으로 배열을 정의하는 방법을 다시 한번 설명해보도록 하겠다. 그림 6.3(a)의 평면도는 북쪽을 기준으로 48° 서쪽 방향의 주향을 가지며 북동방향으로 20° 경사하는 면구조이다. 이 면구조는 N48°W/20°NE로 표기하면 된다. 이와 같은 면구조의 배열은 평면도상에서 ↙²⁰ 와 같은 심벌로 표시하는데, 긴 선분은 주향방향, 짧은 선분은 경사방향을 나타내며, 경사값이 경사방향의 끝부분에 표기된다. 이와 같이 면의 배열을 측정하거나 표기할 때는 방위축(북쪽)을 기준으로 배열을 읽는다.

방위를 읽어줄 때는 동, 서, 남, 북의 4 기준축으로부터 예각 방위를 연산하는 것이 편리하다. 기준축과 예각을 고집하는 데는 이유가 있다. 예를 들면 그림 6.3(a)와 같이 N48°W 방향은 서쪽으로부터의 각도가 예각이나, 북쪽과 서쪽 방향 모두가 비슷한 각도이다. 이런 경우 서쪽에서 42° 예각을 생각하면서 머릿속으로는 그림 6.3(b)와 같이 서쪽에 매우 가까운 주향을 그리도록 해보라. 이는 경사방향을 계산하는 데 큰 도움이 된다. 과장되어 서쪽으로 기운 주향을 연상하였으므로 경사방향이 북쪽에 가깝다는 것을 연상할 수 있다. 그러므로 기준축은 북쪽의 0°이고, 경사방향은 그로부터 42° 예각인 0°+42°=042° 방향이 되는 것이다.

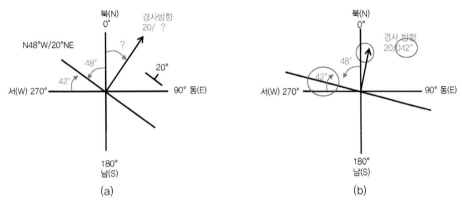

그림 6.3 주향/경사 표기법과 경사값/경사방향 표기법

유사한 예제를 한 번 더 경험해보자. 그림 6.4(a)와 같이 주향이 북으로부터 동쪽으로 50° 방향이고 경사가 남동방향일 경우, 주향의 예각(40°)은 동쪽으로부터의 각도이다. 그러므로 그림 6.4(b)와 같이 과장된 그림으로부터 경사방향은 남쪽으로부터 예각 40°를 갖고 있음을 알 수 있다. 그러므로 경사방향은 180°−40°=140°가 되는 것이다.

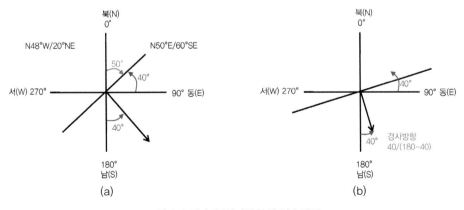

그림 6.4 경사값/경사방향의 연습예제

각자가 10여 개의 유사한 예제를 만들어 4축을 기준으로 방위를 읽는 방법을 연습해보도록 하라.

6.2.2 주향과 경사의 측정방법

최근 전자 컴퍼스나 심지어는 휴대폰을 이용하여 면구조를 측정할 수 있는 다양한 방법이 개발되어 있으나 아직은 현장에서 흔히 지질 컴퍼스를 이용하여 면구조의 측정이 이뤄진다. 본 서에서는 현장 작업을 위하여 가장 흔히 사용되는 한 가지의 측정방법만을 간략히 소개하고자 한다.

다양한 지질조사용 컴퍼스가 존재하는데, 이들 중 가장 널리 사용되는 컴퍼스는 클리노 컴퍼스와 브란톤 컴퍼스이며[그림 6.5], 근래에 가장 흔히 사용되는 면구조의 측정방법은 경사값/경사방향이다. 컴퍼스를 이용하여 면구조의 경사방향을 측정하는 것은 그림 6.6과 같이 컴퍼스를 경사방향으로 위치시키고 방위를 읽어야 하는데, 문제는 움직이는 자침의 남북 방향이 기준이 되고, 컴퍼스에 그려진 눈금이 읽혀져야 한다는 것이다.

지질 컴퍼스는 컴퍼스를 측정하고자 하는 면과 평행하게 배열하고 자침방향으로부터 방향을 측정하게끔 제작되어 있다. 예를 들면, 그림 6.5와 같이 컴퍼스의 눈금에는 동쪽과 서쪽 방향이 바뀌어 있다. 또 방위의 표기도 브란톤 컴퍼스와 같이 시계 반대 방향으로 360°로 표기된 것[그림 6.5(b)]과 클리노 컴퍼스와 같이 90° 단위로 남쪽과 북쪽을 기준으로 동쪽과 서쪽 방향으로 증가하는 눈금으로 표기된 것[그림 6.5(a)] 등 다양한 종류가 존재한다. 이러한 컴퍼스들의 설정을 염두에 두고 클리노와 브란톤 컴퍼스의 이용법을 익히도록 하자.

그림 6.5 클리노 컴퍼스의 주향지시 눈금과 브란톤 컴퍼스의 주향지시 눈금

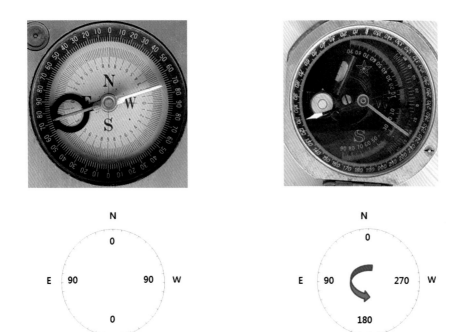

(a) 클리노 컴퍼스의 주향지시 눈금   (b) 브란톤 컴퍼스의 주향지시 눈금

그림 6.5 클리노 컴퍼스의 주향지시 눈금과 브란톤 컴퍼스의 주향지시 눈금(계속)

6.2.2.1 클리노 컴퍼스

그림 6.6(a)(클리노)와 같이 컴퍼스의 북쪽 눈금을 면의 경사방향으로 향하게 하고 컴퍼스를 수평으로 배열시킨다. 컴퍼스에는 물방울 수평계가 장착되어 있어 컴퍼스를 수평으로 배열시킬 수 있으며, 수평인 컴퍼스와 측정면이 만나는 방향이 주향방향이 되고, 그 수직방향인 컴퍼스의 북쪽 눈금이 가리키는 방향 혹은 직사각형 컴퍼스의 긴 변(장축방향)이 가리키는 방향이 경사방향이다.

컴퍼스의 북쪽 눈금방향이 경사방향이고 눈금은 북과 남을 0°로 하여 좌우로 90° 증가하게 제작되어 있다. 그러므로 컴퍼스의 북쪽 눈금으로부터 북쪽 자침까지의 각도를 읽어 컴퍼스 북쪽 자침으로부터 컴퍼스의 북쪽 눈금이 우측에 있을 경우는 읽힌 각도를 그냥 주향으로 읽고[그림 6.6(b)], 좌측에 있을 경우는 360°에서 읽혀진 각도를 빼준 각도가 경사방향이 된다[그림 6.6(c)].

(a) 경사방향 측정을 위한 컴퍼스의 배열

(b) 기준축을 이용한 경사방향 읽기. 경사방향이 자침의 오른쪽 방향

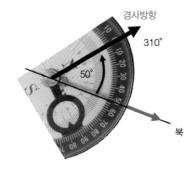

(c) 기준축을 이용한 경사방향 읽기. 경사방향이 자침의 왼쪽 방향

(d) 자침의 방향이 경사방향으로부터 90°를 넘기는 경우

그림 6.6 클리노 컴퍼스에서 4상한 기준축을 활용한 경사방향의 측정법

자침의 북쪽 방향이 경사방향으로부터 90°가 넘어서 각도를 남쪽으로부터 읽어야 할 경우[그림 6.6(d)]에는 컴퍼스의 북쪽 방향(경사방향)으로부터 남쪽 방향 자침이 우측에 있을 경우는 읽혀진 각도에 180°를 더해야 하고, 좌측에 있을 경우는 읽혀진 각도를 180°에서 빼주어야 한다.

그림 6.6의 예제에서, (b)의 경우는 경사방향이 북쪽 자침으로부터 시계 방향으로 70°이므로 경사방향은 70°가 된다. (c)의 경우는 경사방향이 북쪽 자침으로부터 반시계 방향으로 50° 각도를 갖고 있으므로 경사방향은 310°이다. 한편 (d)의 경우는 경사방향이 남쪽 자침으로부터 반시계 방향으로 40°이므로 경사방향은 180° − 40° = 140°이다.

컴퍼스로부터 경사방향을 360° 축척으로 읽어내는 것은 경우의 수(북과 남쪽 자침방향과 시계 방향과 반시계 방향)를 고려해야 하므로 다소 복잡하다. 이에 본 서는 컴퍼스의 자침을 기준으로 4상한 기준축을 마음속에 그리고, 그 기준축에서 방위를 어림잡고, 컴퍼스에서 읽힌 각도를 적용하는 다음의 방법을 권장한다.

그림 6.6(b)와 같이 컴퍼스의 경사방향은 동쪽과 남쪽 사이의 1상한이며, 동쪽으로부터 20° 각도이다. 그러므로 경사방향은 동쪽에서 20°를 더한 110°가 된다. 그림 6.6(d)의 경우는 경사방향이 2상한에 속하므로 경사방향은 90°와 180° 사이인 것이다. 2상한을 염두에 두고 남쪽 자침으로부터 40° 간격임을 확인하면 경사방향은 180°−40°＝140°이며, 140°는 90∼180° 사이에 속하는 각도임이 분명하다.

현장에서 동−서−남−북의 기준축을 상상하고 이를 컴퍼스 측정에 활용하는 것은 컴퍼스의 종류와 상관없이 방위를 쉽게 읽게 해줄 뿐 아니라 읽혀진 방향의 정확성을 확인할 수 있는 매우 중요한 습관이다. 그뿐 아니라 상상 속의 기준 방향은 현장조사의 모든 과정에 매우 중요하게 활용된다.

6.2.2.2 브란톤 컴퍼스

브란톤 컴퍼스의 경우도 컴퍼스의 북쪽 눈금을 면의 경사방향으로 향하게 하고 컴퍼스를 수평으로 배열시킨다[그림 6.7(b)]. 그림에서와 같이 거울 반대방향이 경사방향이고 컴퍼스와 면의 교선이 주향방향이다.

브란톤 컴퍼스와 같이 컴퍼스에 새겨진 방향이 북쪽으로부터 시계의 반대 방향으로 360°인 경우는 북쪽 자침이 가리키는 방향을 그냥 읽어주면 된다[그림 6.7(b)]. 브란톤 컴퍼스는 각도눈금이 반시계 방향으로 증가하게끔 제작되어 있다. 컴퍼스 눈금의 0° 방향을 경사방향으로 위치시키면 자침의 북쪽 방향은 컴퍼스의 0° 방향으로부터 반시계 방향으로의 각도가 되므로 컴퍼스에 인쇄된 눈금이 경사방향이 되는 것이다.

방위를 읽어주는 것을 기능적으로 컴퍼스의 숫자를 읽는 과정으로만 이해하면 낭패를 볼 때가 있다. 숫자는 읽더라도 항상 4상한의 기준을 상상하여 읽어준 자료가 맞는지를 확인하는 것이 중요하다. 그림 6.7은 그림 6.6과 동일한 경사방향을 브란톤 컴퍼스를 이용해 측정하는 것으로 앞에서 설명한 바와 같이 4상한 기준축을 자침과 일치시키고, 경사방향이 2상한(동쪽과 남쪽 사이)에 위치하며 동쪽에 가깝다는 것을 인지한다[그림 6.7(b)]. 컴퍼스의 북쪽 자침이 110°를 가리키므로 방위는 110°인데 그 방위는 2상한 이내이며 동쪽에 가까운 방위임이 확실하다. 이와 같이 항상 측정값의 예측치를 갖고 측정에 임하는 것이 실수를 줄이는 중요한 방법이다.

(a) 경사방향 측정을 위한 컴퍼스의 배열   (b) 자침의 북쪽 방향을 이용한 경사방향 읽기

그림 6.7 브란톤 컴퍼스를 이용한 경사방향의 측정법

6.2.2.3 경사값 읽기

클리노 컴퍼스

클리노 컴퍼스는 그림 6.8과 같이 컴퍼스의 힌지 부분에 각도를 읽을 수 있도록 눈금이 제공된다. 그러므로 컴퍼스를 그림과 같이 경사방향으로 향하게 하고 자침 부분을 수평으로 배열하면 힌지에서 경사값을 읽을 수 있다. 좀 더 정확한 경사값을 읽기 원하면 그림 6.8의 오른쪽 그림과 같이 컴퍼스를 경사방향으로 세우면 컴퍼스 내의 추가 연직방향으로 배열되는데, 이때 내부의 눈금을 읽어주면 된다.

그림 6.8 클리노 컴퍼스를 이용한 경사값 측정법

브란톤 컴파스

경사방향으로 컴퍼스를 위치시킨 후, 컴퍼스 뒷부분에 위치한 물방울 회전손잡이를 돌려서 물방울의 움직임으로 수평을 만든 후 컴퍼스에서 경사값을 읽어주면 된다[그림 6.9].

물방울 회전 손잡이

그림 6.9 브란톤 컴퍼스를 이용한 경사값 측정법

이 모든 과정에서 항상 현장에서 측정될 각도의 예각과 보각은 매우 중요한 것이다. 항상 4상한 기준축과 측정방향을 염두에 두고 예각 각도를 더해야 하나 빼주어야 하는가를 머릿속으로 그리면서 측정에 임하면 혼돈과 측정의 실수를 최소화할 수 있을 것이다.

야외에서 습곡의 축이나 단층조선 등의 선구조 배열을 측정해야 하는 경우가 있다. 여기에서 설명된 면구조의 측정 방법은 면의 경사벡터의 배열을 측정한 것이며, 경사벡터는 선구조이므로, 선구조의 측정도 동일한 방법으로 수행하면 된다. 일반적으로 측정의 결과를 면구조의 경우에는 경사값/경사방향으로 표기하나 선구조의 경우는 경사방향/경사값으로 표기한다. 만약 측정결과가 320° 경사방향이고 50° 경사값을 갖는다면 면구조는 50/320으로 표기하고 선구조의 경우는 320/50으로 표기한다는 의미이다.

6.3 투영망(Stereo Net)

6.3.1 원리

투영망은 3차원의 면이나 선의 배열을 2차원 평면에 투영하여 도학적으로 분석하는 기법이다. 그림 6.10(a)와 같은 하나의 면과 그 면에 수직인 벡터를 가상하자. 이 면이 구의 중심을 통과하게 배열하여 발생되는 면과 구의 교선을 관찰해보자[그림 6.10(b)]. 교선은 구 위의 선분이므로 반원이 된다. 이 반원에 10° 간격으로 중심으로부터 선분을 그리면 그림 6.10(c)와 같이 된다. 만약에 1° 간격의 선분을 그리면 어떻게 될까? 거의 반원의 형상에 가깝게 될 것이다. 이 기하학적 형상에서 면은 선분의 모임이며 그 선분이 이 예와 같이 중심점을 기준으로 등간격으로 회전하는 선분들임을 이해하도록 하자. 한 단계 더 나아가, 구와 면의 교선은 면 위에 존재하는 방사형 선분들[그림 6.10(c)]이 구의 표면과 만나는 점들의 집합인 것이다.

그림 6.10(c)와 같이 10° 간격의 선분이 반원의 경계와 만나는 점들(편의상 등분교점이라 칭하겠다)을 구의 상부 꼭짓점에 연결하면 그림 6.10(d)와 같이 된다. 이 그림은 구의 꼭짓점을 투영원점으로 하여 등분교점을 투영하는 투영선분으로, 수평면을 투영면으로 설정하면 투영선들이 수평면과 만나는 점이 투영점이 되는 것이다. 10° 간격의 일부 등분교점이 아니라 매우 조밀한 간격의 교점을 투영하여 평면과 만나는 점들을 연결하면 일종의 호가 되는데, 이를 평면에 투영된 대원Great Circle이라 한다.

한편 면에 수직인 선분을 투영하면 대원의 반대편에 하나의 점으로 투영되는데, 이를 극점Pole이라 한다[그림 6.10(d)]. 앞에서 우리는 3차원의 면구조와 하반구의 교선이 수평면에 2차원 대원으로 투영됨을 보았다. 투영에 의해 3차원에서 2차원으로 기하학적 복잡함을 줄여줌으로 분석의 효율을 크게 향상시킨 결과이다.

극점과 대원의 3차원 투영을 좀 더 쉽게 이해하고자 하면 본 교재와 함께 제공되는 교육용 투영망 s/w, "NET"으로 3차원 면구조 투영을 실습해보기를 권한다[그림 6.10(d)].

극점은 면에 수직인 선분을 투영하였다는 점에서는 선분이 점으로 투영된 것이다. 면의 수직선분은 하나인 관계로 면의 배열이 이 선분의 배열로 정의될 수 있음을 생각해보자. 극점은 이러한 이유에서 3차원 면의 배열을 1차원 점의 배열로 줄여준다. 그러므로 다소 복잡할 수 있는 3차원 면들의 배열에 대한 분석을 지극히 간단하게 해줄 수 있다.

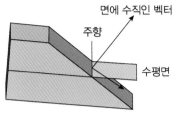

(a) 하나의 면과 그 면에 수직인 벡터

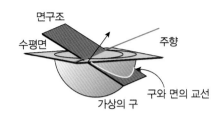

(b) 구의 중심을 지나는 평면과 그 평면이 구의 하반부와 만나는 교선

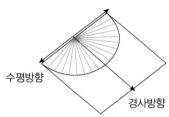

(c) 투영될 면. 면 위에 10° 간격의 방사선 선분이 그려져 있다. 면은 이와 같은 무수한 방사선 선분들의 집합체이다. 즉, 면은 선의 집합체이고 선은 점들의 집합체인 것이다.

(d) 구의 상반부 꼭짓점을 기준으로 면의 교선을 투영한 결과. 제공된 s/w 중 "NET"으로 실습해보라.

그림 6.10 투영망의 원리

그림 6.10(d)에 투영된 면의 경사값을 다양하게 생각해보도록 하자. 그림 6.11(a)는 다양하게 경사하는 면들이 하반구와 만나는 교선을 보여준다. 이러한 교선을 수평면에 투영한 결과는 그림 6.10(d)와 같다.

지금까지는 이해를 돕기 위하여 주향선을 남북방향으로 맞추고 경사값을 변경시키며 투영의 결과를 설명하였다[그림 6.11(a), (b)]. 다른 주향에서는 어떠한가? 다른 주향에서는 그림 6.11(b)와 같은 남북방향의 대원들을 그림 6.11(c)와 같이 주향방향으로 회전해주면 된다. 그림 6.11(c)의 경우는 N20°E 주향(경사방향은 110°가 됨)에서 남동쪽으로 20°, 40°, 60° 경사하는 대원을 그린 결과이다.

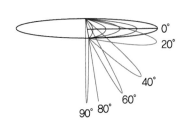

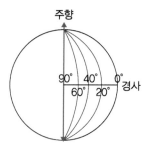

(a) 남북방향의 주향에서 다양한 각도로 경사하는 면과 하반구가 만나는 선분들

(b) 남북방향의 주향에서 다양한 경사각을 수평면에 투영한 대원들

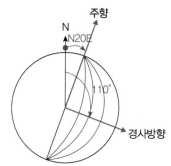

(c) 동쪽으로 20° 각도의 주향과 그 주향으로 회전된 면들의 투영 대원들

그림 6.11 다양한 경사각을 갖는 면의 투영

투영망에서 대원은 주향이 투영원과 만나는 두 끝점과 경사방향에서의 경사값에 해당되는 점을 지나는(세 점을 지나는) 원의 일부이다. 경사방향에서 경사값의 위치는 투영망에서 어떻게 정해질까?

투영구를 투영면에 수직인 단면으로 잘라보자[그림 6.12]. 단면의 수평축(x축)은 면의 경사방향과 같고 경사벡터가 하반구와 만나는 점을 투영면에 투영하였다[그림 6.12(a)]. 단면에서, 선분 O-P의 경사값 ϕ는 면의 경사값과 같다[그림 6.12(b)]. 원의 성질에 의해 투영선분 T-P와 수직축의 사이 각도는 $\frac{\pi}{4} - \frac{\phi}{2}$가 된다. 그러므로 원의 반경이 R일 경우, 삼각형 T-O-tP에서 선분 O-tP의 길이는 $R\tan\left(\frac{\pi}{4} - \frac{\phi}{2}\right)$가 되는 것이다. 이 길이는 경사가 다른 대원들의 중심을 결정하는 투영망의 수평축(x축)에서 각 대원들과의 교점이 된다.

경사값은 0°와 90° 사이이므로, 투영망 원의 반경의 길이를 90이라 가정하고 10° 간격 대원의 위치(거리)를 계산한 결과는 그림 6.13(a)와 같으며 계산값에 의해 그려진 대원들은

그림 6.13(b)와 같다. 그림 6.13(c)는 경사값을 등간격으로 분할하여 그려진 대원들로써 실투영결과와는 조금 다름을 주목할 필요가 있다.

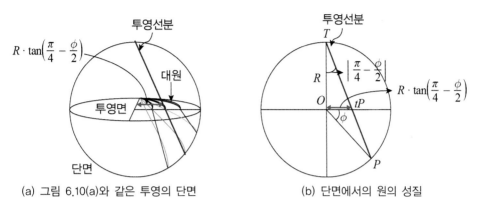

(a) 그림 6.10(a)와 같은 투영의 단면   (b) 단면에서의 원의 성질

그림 6.12 원의 성질에 의한 대원의 경사값 표기

각도	길이	각도	길이
0°	90.0	50°	32.8
10°	75.5	60°	24.1
20°	63.0	70°	15.9
30°	52.0	80°	7.9
40°	42.0	90°	0.0

(a) 투영원의 중심으로부터 대원의 중심까지 길이를 경사값 10° 간격으로 계산한 결과. 투영원의 반경을 90으로 가정하고 계산하였다. 거리가 같지 않음을 주목하라.

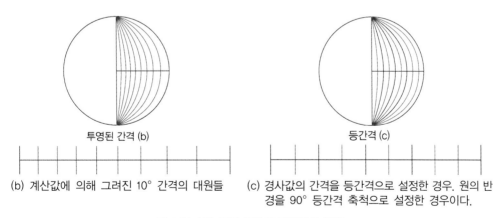

(b) 계산값에 의해 그려진 10° 간격의 대원들   (c) 경사값의 간격을 등간격으로 설정한 경우. 원의 반경을 90° 등간격 축척으로 설정한 경우이다.

그림 6.13 10° 간격 경사값 대원들의 위치

6.3.2 실습

최근 투영망을 그려주는 다양한 s/w가 존재하므로(본 서도 그림 6.12의 내용을 반영한 s/w "NET"을 제공하고 있다) 실제 투영망을 이용하여 대원과 극점을 그리는 과정을 익힐 필요는 없을 것 같다. 그러나 현장에서 조사용 노트를 이용하거나 혹은 머릿속으로 면의 배열을 그려보는 실습은 매우 큰 도움이 된다.

지질도나 비탈면의 평면도와 같은 도면에 층리, 절리, 엽리, 단층 등의 면구조 분포를 그림 6.14(a)와 같은 심벌을 사용하여 면구조가 존재하는 위치에 표기해주면[그림 6.14(b)] 분석에 큰 도움이 된다. 심벌들은 주향과 경사의 방향을 맞춰서 그려주고, 경사방향에 경사값을 표기해준다. 평면도에 그려질 이 심벌의 형상을 투영망에 그대로 옮겨 경사방향에서 경사값을 고려한 대원을 그려보자[그림 6.15(c)]. 여기에서의 투영망은 실제 축척을 갖는 정교한 망이 아니고, 손으로 그려진 원을 의미한다. 경사값은 원의 가장자리가 0°가 되며 중심이 90°가

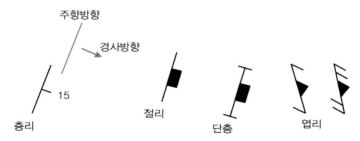

(a) 층리, 절리, 단층 및 엽리의 표식들이며 엽리의 경우는 한 번 이상의 지질변형으로 한 조 이상의 엽리가 발생될 수 있으므로 발생 순위를 심벌의 날개 개수로 표기한다.

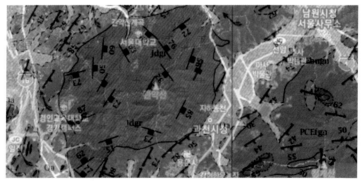

(b) 한국 지질자원연구원 발간 둔전도폭(1:50,000 축척)의 일부

그림 6.14 평면도에 표기되는 지질구조의 심벌 형식

됨을 잊지 말자. 물론 각도의 위치는 그림 6.13(b)와 같이 등간격이 아니다. 그러나 작은 투영망의 스케치과정에서는 등간격을 가정하여도 무방할 것이다. 현장의 지질 면구조들은 절대 평면이 아니다. 국부적인 굴곡이 심한 면구조를 컴퍼스로 측정한 결과는 당연히 ±10°의 오차를 갖고 있으며 이들을 스케치로 구현할 때의 오차범위는 아마 자연오차를 조금 넘어서는 수준일 것이다.

그림 6.15의 예제를 이용하여 평면도와 투영망에 면의 배열을 대원과 극점으로 표기하는 방법을 익히도록 하겠다. 6.2절 면의 배열(주향과 경사) 부분에 경사값/경사방향을 쉽게 찾을 수 있는 방법이 기재되어 있다. 특히 4상한 기준축을 이용하여 방위를 계산하는 방법은 실무에 유익하게 사용되니 아직 숙지되지 않았으면 6.2절로 돌아가 반드시 숙지하도록 하자. 그 방법을 따라서 평면도에 지질구조 심벌을 그리는 것은 별로 어렵지 않다. 층리 32°/054° 배열은 그림 6.15(a)와 같이 경사방향이 0°인 심벌을 54° 회전한 것과 같다. 다른 한 가지 방법은 다음의 단계를 따르는 것이다.

1. 경사방향을 그려준 후 그 방향의 상한과 경사방향이 속한 상한의 어느 축에 가까운지를 파악한다. 이 예제의 경우, 54°의 경사방향은 1상한에 속하며 동쪽 축에 가깝고 동쪽 축으로부터의 각도는 54°의 예각인 36°가 된다. 즉, 동쪽으로부터 반시계 방향으로 36°의 위치이다.
2. 주향방향을 그려주자. 동쪽으로 경사하는 면의 주향은 동쪽과 90° 각도인 남북방향이며, 동쪽에서 시계 반대 방향으로 36° 회전한 위치가 경사방향이므로, 남북방향 선분을 시계 반대 방향으로 36° 회전한 것이 주향방향이 된다.

평면도에 주향과 경사가 그려졌으면[그림 6.15(b)], 이를 투영망에 옮기고[그림 6.15(c)] 경사방향에서 투영원의 가장자리로부터 경사값에 해당되는 각도(32°)만큼 원의 중심으로 이동한 위치를 지나는 대원을 그려준다[그림 6.15(d)]. 즉, 투영망 가장자리와 주향 선분이 만나는 두 점과 경사값에 해당되는 점들을 연결하는 대원을 그려주는 것이다. 극점은 경사방향으로 90° 더 지나친 위치에 존재한다. 즉, 경사각도 위치에서 투영원점을 지나 경사각도만큼 더 간 위치이다. 극점의 경사값은 면의 경사값의 보각(90° = 면의 경사값)이 됨을 이해해보도록 하라.

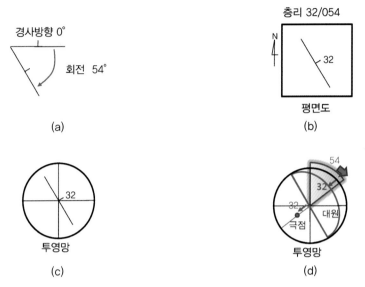

그림 6.15 경사/경사방향으로 표시된 층리 32/054의 평면도와 투영망 표기

앞에서 설명된 방법으로 표 6.1에 주어진 경사와 경사방향을 주어진 박스와 원에 표기하는 실습을 반드시 수행해보도록 한다.

표 6.1 실습을 위한 경사/경사방향의 예

45/86	12/120	45/110	54/112
13/154	14/45	32/54	43/67
63/245	33/95	29/210	15/210
55/27	56/200	38/105	28/119
64/312	36/24	68/275	46/270
28/120	23/27	47/310	76/110
15/63	41/235	24/187	30/75
55/225	52/153	25/210	34/100
63/253	30/100	38/235	53/60
72/345	60/333	32/100	46/73

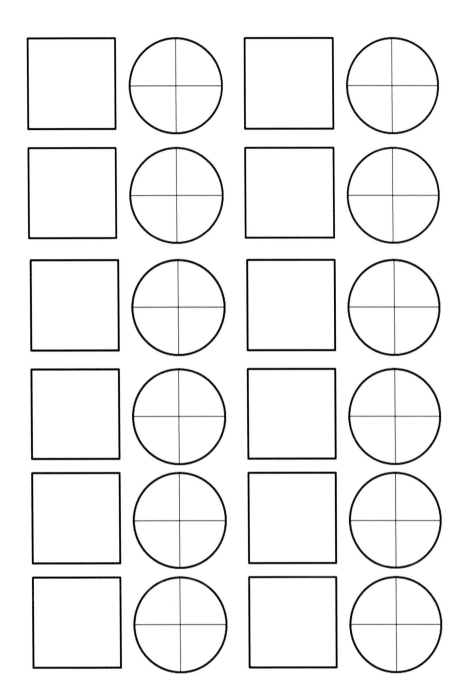

6.3.3 투영망의 분석기능

6.3.3.1 두 면의 교선

투영망에서는 면은 무수한 선들의 집합이며 선은 점들의 집합이라는 평범한 법칙이 매우 중요하다. 면은 무수한 선들로 구성되며 교차하는 두 면은 반드시 두 면에 포함되는 하나의 공통적 선분을 갖고 있어야 한다[그림 6.16(a)]. 투영망의 대원은 면을 구성하는 무수한 선분의 집합이므로 대원의 한 점은 면 위의 한 선분인 셈이다. 그러므로 두 면의 교선은 두 면을 대표하는 대원이 교차되는 점, 즉 두 면에 공히 포함되는 선분으로 정의될 수 있다[그림 6.16(b)].

지금까지 주향과 경사가 주어지면 이를 투영망에 점기하는 방법을 익혔다. 투영망의 한 점 혹은 대원으로부터 주향과 경사를 읽는 것을 그림 6.16(b)의 예제를 통해 익혀보도록 하자. 교선의 주향은 투영망의 중심으로부터 교선방향으로 선을 그려 그 선이 투영원의 경계와 만나는 위치(점)의 방위를 북쪽(투영망의 위쪽)으로부터 시계 방향으로 읽어주면 된다. 이 경우는 170°가량이 된다. 경사값은 동일 방향에서 원의 경계로부터 중심까지를 90°로 등분한 축척으로 읽어주면 된다. 이 경우는 약 10°가량 된다. 그러므로 두 면의 교선은 170°/10°으로 읽히게 된다.

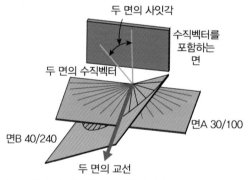

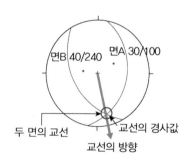

(a) 면은 무수한 선들의 집합체이다. 두 면이 교차할 경우, 이 선분들 중 하나의 선분은 두 면 위에 모두 포함된다.

(b) 좌측 그림 (a)를 투영망에 표기한 결과

그림 6.16 두 면의 교선

6.3.3.2 두 면의 사잇각

앞의 예제를 통해 몇 가지 중요한 사안을 짚어본다. 투영망에 면구조를 대원과 극점으로 표기하였다. 극점은 면에 수직인 선분의 궤적이다. 면의 사잇각은 두 면의 수직선분의 사잇각과 같으므로 두 극점의 사잇각이 곧 두 면의 사잇각이 되는 것이다. 두 선분(극점)의 사이 각은 어떻게 구할 것인가? 면은 선들의 집합체이고 투영망의 대원은 면 위에 부챗살처럼 펼쳐진 선분들을 수평면에 투영한 것이다. 이 부챗살의 형태는 180° 반원의 형상을 하고 있음을 주목하라[그림 6.16(a), 6.9(d)]. 3차원 공간에서 두 선분의 사잇각은 두 선분을 포함하는 하나의 면에서 측정하면 되겠고 그 면의 궤적은 투영망의 대원이며 대원은 끝점에서 다음 끝점까지가 180° 축척으로 나뉜 점들(3차원의 선분들)의 집합체인 것이다. 그러므로 두 점이 포함되는 대원을 찾는 것이 중요하다. 투영망의 대원은 3차원 면을 투영한 것으로 두 점을 지나는 대원은 반드시 한 개이어야 한다. 이는 3차원 공간에서 두 선분을 포함하는 면이 하나임과 동일하다.

두 점 사이의 사잇각은 두 점을 포함하는 대원에서 두 점 간의 사이 각도로 측정하면 된다[그림 6.17(a)]. 물론 대원을 180등분한 축척이 각도를 읽는 기준이 되는 것이며 180° 축척에서 두 선분의 각도는 예각과 보각을 갖는다는 것을 주목하자[그림 6.17(b)].

두 면의 수직인 선분(극점)을 포함하는 면과 두 면의 교선과는 어떠한 관계를 갖는가? 두 면의 관계를 가장 명확하게 볼 수 있는 단면은 두 면의 교선에 수직인 면이다[그림 6.17(a)]. 두 극점을 포함하는 면의 수직선분이 두 면의 교선이기 때문이다. 이와 같이 투영망은 3차원 면과 선들의 배열관계를 정확한 각도관계로 2차원 평면에 완벽하게 구현해준다. 본 서에서 제공한 "NET"을 이용하며 면의 사잇각을 대원에서 측정하는 과정을 실습해보도록 하라.

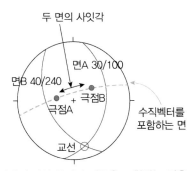
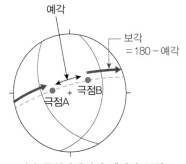

(a) 면에 수직인 극점과 이들을 포함하는 면은 교선에
　　수직인 면이 된다.

(b) 투영망에서의 예각과 보각

그림 6.17 두 점을 포함하는 면

6.3.3.3 피치(pitch)

면 위에 놓인 선구조(예, 단층조선 등)의 배열을 면 위에서 수평선분으로부터 각도기로 측정한 값을 피치Pitch라 한다[그림 6.18(a)]. 선들의 모임이 면이므로 선분인 대원은 점들의 모임이며 그 점들은 면 위의 선분들이라는 점을 인식하면 피치를 이용하여 선분의 주향과 경사를 구하는 법을 쉽게 이해할 수 있다. 수평선분으로부터 대원을 따라 피치각도만큼 이동하면 해당 선분이 되며, 그 선분의 주향과 경사는 대원 위의 해당 점의 방위를 읽어주면 된다[그림 6.18(b)].

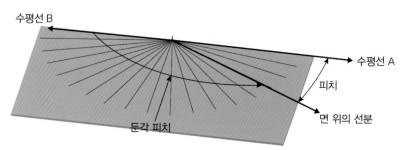

(a) 면 위의 선분에 대한 수평선분으로부터의 각도. 예각과 둔각이 있을 수 있다.

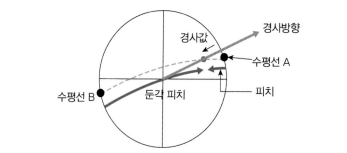

(b) 투영망에서의 피치와 피치를 이용하여 선분의 3차원 배열을 측정하는 법

그림 6.18 피치(Pitch)

6.3.3.4 면구조의 통계분석

투영망에 극점으로 표기된 면들의 분포를 분석할 때 흔히 사용되는 기법이 그림 6.19(b)와 같은 등수치선Contouring 기법이다. 그림 6.18을 통하여 그 방법을 소개하겠다. 그림 6.19(a)는 40개의 극점이 표기된 망이며, 그림 6.19(b)는 이들의 분포를 등수치선으로 그린 결과이다. 분포는 6.19(c)와 같은 Kalsbeek망을 이용하거나 망의 1% 크기인 원의 영역을 이용하여

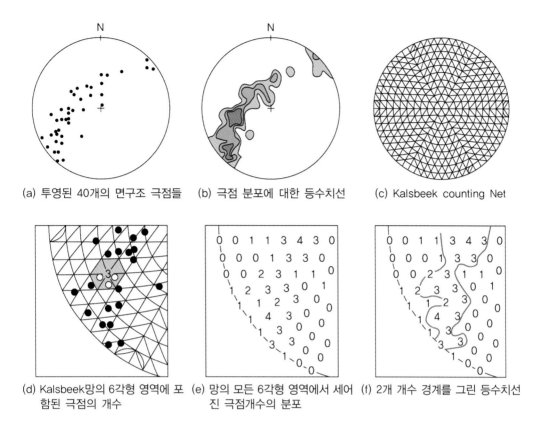

(a) 투영된 40개의 면구조 극점들　(b) 극점 분포에 대한 등수치선　(c) Kalsbeek counting Net

(d) Kalsbeek망의 6각형 영역에 포　　(e) 망의 모든 6각형 영역에서 세어　(f) 2개 개수 경계를 그린 등수치선
　　함된 극점의 개수　　　　　　　　　진 극점개수의 분포

그림 6.19 투영망의 통계처리. 극점을 투영한 자료의 분포를 등수치선으로 표기하는 법

그 영역에 포함된 극점의 개수를 세어 그 결과를 등수치선으로 표현하는 것이다. Kalsbeek
망은 3차원의 등면적이 2차원에 투영되도록 그려진 망으로서 망 내부 선들의 교점을 중심
으로 하는 육각형 영역이 투영된 등면적 영역(1%의 영역)이 된다. 그러므로 그림 6.19(d)의
예에서는 육각형 영역에 포함된 극점이 3개가 된다. 이와 같이 모든 교점에서 해당 육각형
내부의 분포개수를 그림 6.19(e)와 같이 표시한 후 그림 6.19(f)와 같은 등수치선을 그리게
된다. 이때의 등수치선은 다음과 같이 표기하면 된다.

이 예제의 경우는 전체 극점의 개수가 40개이므로 세어진 극점이,

- 1개인 경우 : 40개 중 1개는 2.5%
- 2개인 경우 : 40개 중 2개는 5%
- 3개인 경우 : 40개 중 3개는 7.5%이므로,

그림 B의 등수치선이 각기 1개, 2개, 3개의 경계에 그려졌다면 다음과 같이 표현하면 된다. 1% 영역에서 2.5%, 5%, 7.5%에 해당되는 등수치선Contours(2.5%, 5% and 7.5% per 1% area).

그룹으로 존재하는 절리나 단층과 같은 면구조는 동일 그룹이라 하여도 각 면들의 배열이 조금씩 차이가 있으므로 분포가 가장 높은 대표 배열을 판별하는 데 이와 같은 등수치선 분석이 많이 활용된다. 최근에는 컴퓨터 s/w가 잘 발달하여 망을 이용하여 자료의 개수를 세거나 등수치선을 직접 그릴 필요는 없다. 그러나 s/w가 그려주는 등수치선의 개념을 이해하고 활용할 필요는 있을 것이다.

제7장

비탈면공학과 구조지질

제7장   비탈면공학과 구조지질

    사면 혹은 비탈면이라 불리는 구조는(이하 비탈면으로 통일함) 산비탈면과 같이 자연적인 경우와 도로변 비탈면과 같이 인공적으로 형성된 경우로 나눌 수 있다. 비탈면공학은 이들의 안정성을 평가하고 불안정한 경우 보강을 통하여 안정성을 확보하기 위한 공학적 노력이다. 지질구조는 모든 종류 비탈면의 안정성을 평가하는 데 매우 중요한 요인이 된다. 그러나 절취면의 노출이 없어 구체적인 요인들(예, 지하수, 토사의 특성, 풍화도, 불연속면의 속성, 지질구조의 분포 등)의 정보가 없는 자연비탈면의 경우는 베이시안 기법이나 인공지능기법 등을 이용한 통계적 안정성 평가가 효율적일 수 있고, 절취면을 관찰할 수 있으며 분석대상이 확실한 인공비탈면의 경우는 조금 더 능동적인 지질조사의 성과를 활용할 수 있다. 본 서는 인공비탈면의 안정성 분석 및 조사에 관한 내용을 중점적으로 다루기로 하겠다.

7.1 비탈면의 붕괴 유형

비탈면의 붕괴 유형은 평면, 쐐기, 전도, 원호파괴로 분류된다[그림 7.1]. 암반이나 풍화토의 경우는 이미 암석 내부에 발달한 절리나 단층 및 엽리 등의 지질구조가 평면, 쐐기, 전도파괴의 기하학적 형상을 만들고 있을 때 이 면들을 따라 붕괴가 일어나기도 한다. 그러나 원호파괴는 암반이 심하게 파쇄된 상태나 토사와 같이 입자끼리의 결합이 강하지 않은 상태에서 무너지듯 파괴되어 발생된다.

원호파괴를 제외한 평면, 쐐기, 전도파괴의 유형은 기존에 존재하는 암반의 구조면을 따라서 파괴가 일어나므로 노출된 절취비탈면의 특정 면구조를 대상으로 안정성을 평가하게 된다. 이때 가장 널리 사용되는 평가방법은 다음에 요약될 투영망과 한계평형 해석법이다.

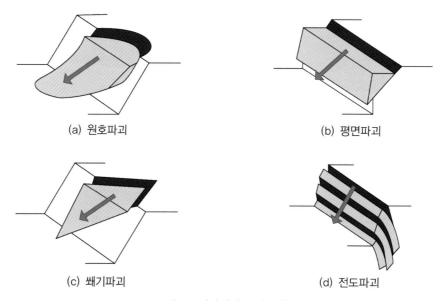

(a) 원호파괴   (b) 평면파괴

(c) 쐐기파괴   (d) 전도파괴

그림 7.1 비탈면의 붕괴 유형

7.2 투영망을 이용한 안정성 평가

7.2.1 평면파괴

평면파괴는 그림 7.1(b)와 같이 평면 위에 놓인 블록이 미끄러지면서 파괴가 발생하는

경우로 다음과 같은 환경이 되어야 파괴가 발생할 수 있다.

1. 파괴면의 주향이 비탈면의 주향과 20° 내로 거의 평행한 방향성을 가져야 한다[그림 7.2].
2. 파괴면의 경사각이 비탈면의 경사각보다 작아야 한다[그림 7.3(a)].
3. 파괴면의 경사각은 그 파괴면의 마찰각보다 더 커야 한다[그림 7.3(b)].
4. 미끄러지는 블록의 측면 경계부에 저항력을 거의 갖지 못하는 이완면이 존재해야 한다.

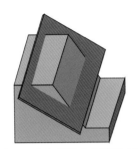 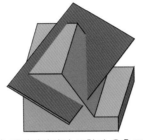 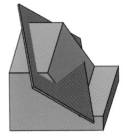

(a) 두 면의 주향이 동일한 경우   (b) 파괴예상면의 주향이 우측으로   (c) 파괴예상면의 주향이 좌측으로
                                           회전한 경우   회전한 경우

그림 7.2 파괴면의 주향과 비탈면 주향의 관계

(a) 파괴면의 경사값   (b) 내부마찰각

그림 7.3 평면파괴에 영향을 미치는 블록의 특성들

이 조건들 중 내부마찰각은 1장 1.4절에 설명된 파괴포락선의 내부마찰각과 동일한 의미를 갖는다. 암반의 경우는 암반 자체의 물성이 아니고, 이미 파괴가 이뤄졌거나 이미 갈라져 있는 면구조에 충진된 물질의 내부마찰각을 의미한다. 그러므로 절리나 단층과 같은 불연속면에 점토나 풍화토가 두껍게 충진되어 있는 경우에는 이들의 점착력과 내부마찰각이 중요

한 변수가 된다. 어느 정도로 두꺼워야 할까? 불연속면은 완전한 평면의 형상을 갖고 있지 않으며, 면의 굴곡에 의한 억물림이 상부 블록의 움직임을 제어할 수 있다. 그러므로 굴곡면의 파고가 충진물의 두께보다 작을 경우는 충진물의 특성이 중요할 것이고 클 경우에는 억물림이 더 중요할 것이다. 투영망 분석에서는 정밀한 내부마찰각의 값이 중요하지 않을 수 있다. 일반적으로 사용되는 25~35° 사이의 각도에서는 분석의 결과가 매우 크게 다르지 않을 수 있다. 혹자는 현장에서 파괴면의 시편 위에 상부 시편을 얹고, 시편을 기울이는 과정에서 상편이 움직이기 시작하는 각도를 사용하기도 하고[그림 7.3(b)], 흔히 30° 내외의 일반적인 각도를 쓰기도 한다.

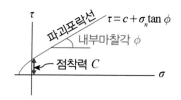

투영망 분석은 파괴면의 경사각이 비탈면의 경사각보다 작아야 한다는 조건과 파괴면의 경사각이 내부마찰각보다 커야 한다는 두 가지 조건을 기반으로 만들어진다. 우선 그림 7.4(a)와 같은 비탈면을 대상으로 첫 번째 조건을 이해하도록 해보자. 면은 선분들의 집합체이다(제6장 6.3절). 각 선분은 면 위에 존재하나 경사의 방향과 경사값이 다르다. 이러한 선분들의 경사방향에서 수직인 벡터를 그려본다면 그림 7.4(a)와 같은 콘 형태의 모양이 될 것이다. 그림 7.4(a)의 면구조가 비탈면의 표면이라 가정하면, 붕괴면의 경사벡터는 비탈면 표면의 배열보다 경사가 작아야 한다. 경사벡터는 비탈면을 이루는 모든 선분의 벡터방향 중 하나와 동일할 수 있다. 그렇다면 붕괴면의 수직벡터는 어떠한가? 비탈면을 이루는 선분의 수직벡터들은 콘 형태의 배열을 보인다[그림 7.4(a)]. 그러므로 붕괴면의 경사가 비탈면보다 작으면 수직벡터는 콘의 내부에 위치할 것이며[그림 7.4(b)], 크면 외부에 위치할 것이다[그림 7.4(c)].

각 선분방향에서의
수직벡터

면을 이루는 선들의
배열

(a) 면은 선들의 집합체이다. 각 선분의 방향에서 수직인 벡터를 모으면 콘 형태가 된다.

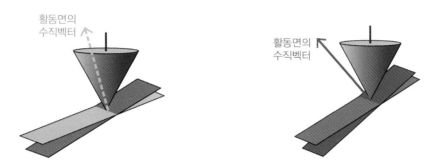

활동면의
수직벡터

활동면의
수직벡터

(b) 비탈면보다 경사가 작은 면(붕괴가 가능한 면)의   (c) 비탈면보다 경사가 큰 면(붕괴가 가능치 않은 면)
    수직벡터는 콘 내부에 위치한다.   의 수직벡터는 콘 외부에 위치한다.

그림 7.4 파괴면의 경사가 비탈면의 경사보다 작아야 하는 조건

이러한 형상을 투영망에 투영하면 그림 7.5(b)와 같이 된다. 면은 선분들의 집합체이며,
투영망에서 이 선분은 점으로 표기되며 그 점들을 연결하면 대원이 된다. 즉, 비탈면의 대원
이 된다. 한편 수직벡터들 역시 선분이므로 각 수직벡터 역시 투영망에서는 점으로 표기되
며 그 점들을 연결하면 하나의 소원이 된다. 3차원 공간에서 콘의 형태로 보이는 수직벡터
의 집합체가 투영망에서는 소원으로 표시된다는 의미이다. 그림 7.5(a)는 한 면 위에 위치하
는 선분들의 경사방향을 10° 간격으로 표기한 것으로 그림 7.5(b)는 투영망에 이 선분들과
각 선분의 수직벡터를 점기한 결과이다. 그림 7.5(c)와 같이 콘의 내부와 외부에 위치하는
파괴면의 수직벡터는 투영망에서 파괴 예상면의 극점이 수직벡터들로 그려진 소원의 내부
와 외부에 위치하게 된다.

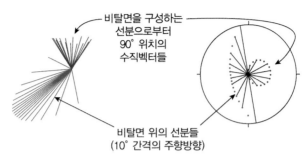

(a) 면을 구성하는 선분들(10° 간격)과 그 선분들의 주
향방향에서 수직인 벡터들의 3D 그림

(b) 이들을 투영망에 투영한 결과

(c) 비탈면 위의 선분 경사방향에 수직인 선분의 투영점들을 연결한 소원

그림 7.5 투영망 표기

내부마찰각의 경우도 이와 유사하게 이해하면 된다. 그림 7.6(a)와 같이 30° 경사가 파괴
의 예상 내부마찰각이라 가정하면, 예상파괴면의 경사가 30° 미만일 경우는 안정하나 그 이
상이면 붕괴 가능성이 있다. 투영망에서 경사가 30°인 모든 면구조의 극점을 연결하면 중심
에서 30°에 위치한 소원이 될 것이다[그림 7.6(b)]. 분석하고자 하는 면의 극점이 이 소원의
내부에 위치하면 붕괴에 안정한 면이고, 외부에 위치하면 불안정한 면이다.

평면파괴의 투영망 분석은 면 위의 선분들의 수직을 연결한 소원의 붕괴영역[그림 7.5(c)]
과 내부마찰각의 붕괴영역[그림 7.6(b)]의 공통영역인 초승달 형태의 붕괴영역daylight envelope
이며[그림 7.6(c)], 분석하고자 하는 면구조의 극점이 이 영역 내부에 점기되면 그 면은 평면
파괴의 가능성이 있다고 분석된다. 정리하면, 평면파괴의 붕괴영역은 두 소원의 공통영역인
데 하나의 소원은 비탈면을 형성하는 선들의 수직선분의 궤적을 연결한 것이고, 다른 하나
의 소원은 내부마찰각의 각도로 만들어진 것이다.

앞에서 설정된 붕괴영역은 붕괴면의 경사방향이 비탈면 위의 모든 선분의 방향에서 일어

날 수 있음을 가정하여 설정되었다. 그러나 평면파괴의 첫 번째 조건은 파괴면의 주향이 비탈면의 주향과 20° 이내로 거의 동일해야 한다고 하였다. 이 조건을 만족시키기 위해서는 투영망의 붕괴영역을 조정할 필요가 있다. 그림 7.6(d)에는 비탈면의 경사방향으로부터 좌우측으로 20°의 각도를 갖는 두 소원이 그려져 있다. 주향의 각도 차이는 경사방향의 각도 차이와 동일한 개념이므로 붕괴면의 경사방향에 수직인 극점의 방위를 기준으로 하는 투영망의 붕괴영역은 두 소원의 내부 영역으로 좁힘으로 전기한 첫 번째 조건을 만족시킬 수 있다.

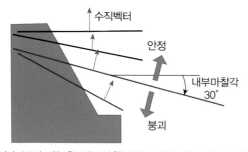

(a) 붕괴 가능한 내부마찰각이 30°일 경우 이보다 안정한 붕괴 예상면은 경사가 30° 이하이며 경사가 더 큰 면들은 붕괴의 가능성이 있는 면들이다.

(b) 30°로 경사하는 선분의 궤적을 투영망에 그리면 이와 같은 소원이 되며 붕괴 예상면의 극점(수직벡터)은 이 소원의 외부영역에 위치한다.

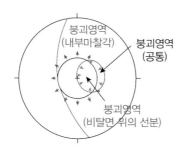

(c) 비탈면 위 선분들에 수직인 선분들로 만들어진 소원에 붕괴영역과 내부마찰각 소원의 붕괴영역이 공통적으로 겹쳐지는 영역이 평면파괴의 가능성이 있는 영역이다.

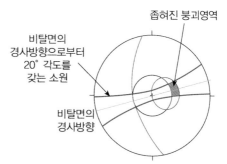

(d) 붕괴면의 주향이 비탈면의 주향과 20° 이내인 조건을 반영한 결과. 경사방향을 중심으로 양쪽에 20° 각도의 소원을 그려 그 내부의 붕괴영역을 취한다.

그림 7.6 내부마찰각의 안정성 평가

7.2.2 쐐기파괴

쐐기파괴는 그림 7.7과 같이 두 개의 파괴면이 붕괴되는 블록을 만들어 그 블록이 미끄러지면서 파괴가 발생하는 경우로, 두 면의 교선을 따라서 블록의 이동이 일어난다. 그러므로 파괴의 가능성을 결정짓는 기하학적 원인을 교선과 내부마찰각과의 관계와 교선의 경사와 비탈면의 경사관계에서 찾는다.

그림 7.7 쐐기파괴의 기하학적 형상

블록의 이동은 내부마찰각의 각도를 넘어서야 일어난다. 그러므로 교선의 기울기가 내부마찰각의 각도보다 커야 파괴가 일어난다. 투영망에서 선분의 경사는 투영망 둘레에서 투영망의 중심으로 가면서 증가한다[그림 7.8(a)]. 그러므로 30°의 내부마찰각을 갖는 상황은 그림 7.8(a)와 같이 원에서 30° 각도를 이동한 위치를 연결한 소원이 된다. 교선의 경사가 이 내부마찰각보다 커야 파괴가 일어나므로 투영망에 투영되는 교선이 소원의 내부에 위치하면 파괴가 일어나게 되는 것이다. 참고로 평면파괴의 파괴영역을 설정할 때는 내부마찰각을 투영망의 중심으로부터 읽어 소원을 그려주었다[그림 7.6(b)]. 외곽 원으로부터 각도를 읽어 소원을 그려준 쐐기파괴의 붕괴소원과 상이하다. 이는 평면파괴에서는 면의 극점을 대상으로 분석하는 것이고 쐐기파괴는 교선이라는 선분을 대상으로 분석하기 때문에 발생되는 불일치성이다. 파괴영역 역시 전자는 소원의 바깥 부분이고 후자는 소원의 내부인 점도 동일한 원인에 기인한다.

교선의 경사가 비탈면의 경사보다 크면 교선 자체가 비탈면에 묻혀져서 파괴가 일어날 수 없다[그림 7.7]. 그러므로 파괴가 일어나려면 교선의 경사가 비탈면의 경사보다 작아야 한다. 이 관계는 경사방향의 단면에서만 아니라 어느 방향의 단면에서도 동일하게 형성된다. 투영망에 그려지는 대원은 면 위에 존재하는 모든 방향에서의 선분의 궤적이므로, 비탈면 위 모든 방향에서 교선의 경사가 비탈면보다 작은 영역은 대원으로부터 투영망의 외곽(원)까지의 영역이 된다[그림 7.8(b)].

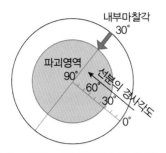

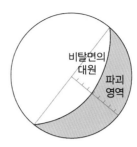

(a) 두 면의 교선은 내부마찰각보다 경사가 크면 파괴 영역에 속한다.

(b) 두 면의 교선이 비탈면의 경사보다 작아야 파괴가 가능하다.

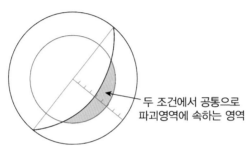

(c) 두 파괴조건을 동시에 만족하는 공통영역

그림 7.8 투영망에서 쐐기파괴 영역

교선과 내부마찰각 및 비탈면의 경사관계를 취합하면, 두 조건을 공통으로 만족하는 파괴영역은 그림 7.8(c)와 같이 내부마찰각 소원의 내부와 비탈면 대원의 바깥 부분인 초승달과 같은 영역이 된다. 투영망에서 두 면의 교선은 두 면의 대원이 만나는 교점이라 하였다 (본문 6.3.3.1절). 그러므로 쐐기파괴의 가능성은 쐐기블록의 기저를 이루는 두 면의 대원을 그리고, 대원의 교점이 파괴영역에 위치하는가를 확인하면 된다[그림 7.9].

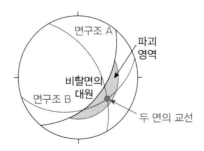

그림 7.9 쐐기파괴의 기하학적 형상을 갖고 있는 두 면의 조합

7.2.3 전도파괴

전도파괴 역시 위와 유사한 알고리듬으로 파괴영역이 그림 7.10과 같이 정해진다. 이해를 돕기 위해 비탈면의 주향이 남북방향이며 비탈면의 경사가 60°, 내부마찰각이 30°인 경우를 가정하였다. 이 경우 투영망에서 전도파괴의 영역은 다음과 같이 정해진다.

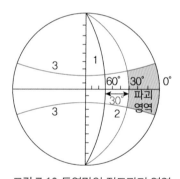

그림 7.10 투영망의 전도파괴 영역

1. 비탈면의 대원을 작도한다.
2. 비탈면 대원의 경사방향에서 내부마찰각 30°를 경사값에 더한 대원을 작도한다.
3. 비탈면의 경사방향에서 양쪽 방향으로 20° 각도를 갖는 소원을 작도한다.

이와 같이 작도된 투영망에서 위의 단계 2와 3에서 그려진 대원과 소원 및 투영망의 외곽 경계원이 만드는 파괴영역에 분석하고자 하는 불연속면의 극점이 위치하면 이들은 전도파괴의 가능성이 있는 면구조로 해석된다.

7.3 한계평형을 이용한 안정성 평가

7.3.1 평면파괴

　본 서에서는 평면파괴의 상황을 기반으로 한계평형 안정성 분석에 대한 이론적 배경을 설명하기로 하겠다. 그림 7.11(a)와 같이 경사값이 θ인 불연속면에 블록이 놓여있을 때 불연속면에는 불연속면에 수직인 수직응력 σ_n과 불연속면과 평행한 전단응력 τ가 작용한다. 블록이 불연속면 위를 미끄러져 내려가려면 블록을 움직이게 하는 힘이 블록을 잡아주는 힘보다 커야 한다. 블록을 잡아주는 힘은 블록과 비탈면 사이 물질의 특성에 따라 달라진다. 불연속면이 절리나 단층일 경우는 면을 채우고 있는 충진물의 특성이 될 것이고 충진물보다 면의 거칠기가 더 중요하면 거칠기를 부술 수 있는 힘이 될 것이다. 이와 같은 물질의 파괴와 연관되는 물성으로 점착력과 내부마찰각이 있는데, 이들을 이해하여 보도록 하자.

　물성과 수직, 전단응력들의 관계는 $\tau = c + \sigma_n \tan\theta$으로 모델화된다. 이 수식은 그림 7.11(b)와 같이 x축이 수직응력 σ_n이고 y축이 전단응력 τ인 모아 다이어그램에서 기울기가 $\tan\theta$이며 절편이 c인 직선의 방정식이며, 이 직선은 시편의 전단시험과 3축 시험으로 구할 수 있다[그림 1.17, 1.19]. 이 수식에서 $\tan\theta$로 정의되는 각도가 내부마찰각, 절편 c가 점착력이며, 두 물성은 시료에 따라 달라질 수 있는 물질의 특성이다.

　관계식 $\tau = c + \sigma_n \tan\theta$에서 좌변의 전단응력, 즉 블록을 움직이게 하는 활동력은 우변의 점착력과 내부마찰각이라는 잡아주는 힘과 평형을 맞추고 있음에 주목하자. 만약 우변의 잡아주는 힘이 좌변의 전단력보다 작아지면 블록은 미끄러져 내려갈 것이고 잡아주는 힘이 크면 블록은 안전할 것이다. 이러한 관계가 안전율이라는 특성으로 정의된다. 안전율은 식 7.1과 같이 잡아주는 우변의 응력과 전단되는 좌변의 응력에 대한 비율로서 두 힘이 평형을 이루면 안전율 F는 1이 된다. 한편 잡아주는 응력(수식에서 분자)이 크면 안전율은 1보다 커지며, 분모인 전단응력(미끄러지는 응력)이 더 커지면 안전율은 1 미만이 된다.

$$F = \frac{c + \sigma_n \tan\theta}{\tau}$$

식 7.1

이 관계식은 블록이 처할 다양한 환경을 고려하여 조금씩 변형될 수 있다. 먼저 블록이라는 물체는 불연속면 위에 놓이게 되므로 단위면적에 작용하는 응력보다는 블록하부 면적에 작용하는 힘의 개념으로 전환하는 게 효율적이다. 점착력 c에 하부 면적 A를 곱하여 점착력은 힘 cA로 변환할 수 있으며, 수직력과 전단력은 블록의 무게 W를 해당 벡터방향으로 분할하여 각기 $W\cos\theta$와 $W\sin\theta$로 변환할 수 있다[그림 7.11(c)]. 이 관계를 적용하면 식 7.1은 다음의 식 7.2와 같이 변형될 수 있다.

$$F = \frac{cA + (W\cos\theta)\tan\theta}{W\sin\theta}$$

식 7.2

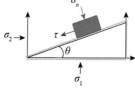

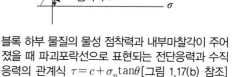

(a) 경사값이 θ인 비탈면에 블록이 놓여있을 때 비탈면에 작용하는 수직응력(σ_n)과 전단응력(τ)[그림 1.16(a) 참조]

(b) 블록 하부 물질의 물성 점착력과 내부마찰각이 주어졌을 때 파괴포락선으로 표현되는 전단응력과 수직응력의 관계식 $\tau = c + \sigma_n \tan\theta$[그림 1.17(b) 참조]

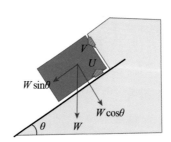

(c) 경사값이 θ인 비탈면에 무게가 W인 블록이 놓여 있을 때의 상황

그림 7.11 한계평형의 이론적 배경

블록의 하부에 수압(U)이 작용하여 블록을 들어 올리거나, 블록의 후면에 인장균열이 존재하여 균열을 채운 지하수가 수압(V)을 발생시켜 블록을 밀어내는 상황은 한계평형 수

식에 어떻게 적용이 될까? 전자는 수직응력을 감소시키는 현상으로 $\sigma_n = \sigma_n - U$와 같이 될 것이며 후자는 전단력(밀어내는 힘)을 증가시키는 현상으로 $\tau = \tau + V$로 치환되어야 할 것이다. 이 관계를 수식 7.2에 반영하면 다음의 식 7.3과 같이 될 것이다.

$$F = \frac{cA + (W\cos\theta - U)\tan\theta}{W\sin\theta + V}$$ 식 7.3

이러한 블록에 하부 불연속면과 β 각도로 록볼트를 시공하고 내부 케이블을 당겨 인장 응력 T를 발생시키면 이들은 각기 수직과 전단응력에 어떠한 영향을 미칠까? 그림 7.12와 같이 인장력을 벡터 분해하면, 수직과 전단력에 각기 $T\sin\beta$만큼 향상되고, $T\cos\beta$만큼 감소된다. 이와 같은 향상효과를 식 7.3에 반영하면 식 7.4와 같이 된다.

$$F = \frac{cA + (W\cos\theta - U + T\sin\beta)\tan\theta}{W\sin\theta + V - T\cos\beta}$$ 식 7.4

안전율 계산과 관련된 자세한 내용은 Hoek & Bray(1981)에 자세히 정리되어 있다. 쐐기 파괴와 같은 기하학적 형상은 두 면에 적용되는 힘의 분할을 3차원으로 분해해야 하므로 다소 복잡하며 지하수의 영향 등도 상황에 따라 다른 설정을 해줘야 하므로 수식이 좀 더 복잡해질 수 있다. 그러나 한계평형의 기본 원리는 블록이 움직이려는 것을 잡아주는 힘과 블록이 움직이고자 하는 힘의 균형을 안전율로 표현하는 것이며 블록이 움직이려는 힘은 블록 자체의 자중(무게)에 기인한다.

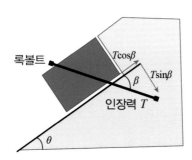

그림 7.12 블록에 불연속면으로부터 β각도로 록볼트를 시공하여 T의 인장력을 유발시켰을 경우 이로 인해 파생되는 수직력과 전단력

7.3.2 쐐기파괴

이동블록의 무게와 기하학적 형상으로부터 안전율을 계산한 평면파괴와 달리 Hoek & Bray(1981)는 쐐기블록을 이루는 경계선과 비탈면 및 상부비탈면의 배열[그림 7.13(a)] 및 블록의 높이를 이용하여 안전율을 계산하는 식 7.5를 제시하였다. 이 수식은 블록의 높이와 경계선들의 배열을 이용하여 체적을 계산하고 그 체적으로 인해 블록의 바닥 경계면에 작용하는 힘들이 함께 계산되어 있다.

$$F = \frac{3}{\gamma H}(c_A X + c_B Y) + \left(A - \frac{\gamma_w}{2\gamma}\right)\tan\phi_A + \left(B - \frac{\gamma_w}{2\gamma}Y\right)\tan\phi_B \qquad \text{식 7.5}$$

이 수식에서,

c_A, c_B = 면 A와 면 B의 점착력,

ϕ_A, ϕ_B = 면 A와 면 B의 내부마찰각,

γ, γ_w = 각기 암반과 지하수의 단위중량,

H = 쐐기블록의 높이이다.

수식의 X, Y, A, B는 다음과 같다.

$$X = \frac{\sin\theta_{24}}{\sin\theta_{45}\cos\theta_{2,na}}$$

$$Y = \frac{\sin\theta_{13}}{\sin\theta_{35}\cos\theta_{1,nb}} \qquad \text{식 7.6}$$

$$A = \frac{\cos\psi_a - \cos\psi_b \cos\theta_{na,nb}}{\sin\psi_5 \sin^2\theta_{na,nb}}, \quad B = \frac{\cos\psi_b - \cos\psi_a \cos\theta_{na,nb}}{\sin\psi_5 \sin^2\theta_{na,nb}}$$

수식 7.6의 각도들은 투영망을 이용하면 쉽게 계산될 수 있다. 그림 7.13(b)는 그림 7.13(a)의 쐐기블록을 형성하는 면 A와 면 B 및 비탈면 및 상부비탈면의 배열을 투영망에 대원으로 그리고 이들의 교선을 보여주는 그림으로, 각 교선 간의 각도를 투영망에서 읽을 수 있음

을 보여준다. 예를 들어 교선①(비탈면과 면 A의 교선)과 Nb(면 B의 극점) 사이의 각도 $\theta_{1,nb}$는 두 점을 지나는 대원에서 읽을 수 있다.

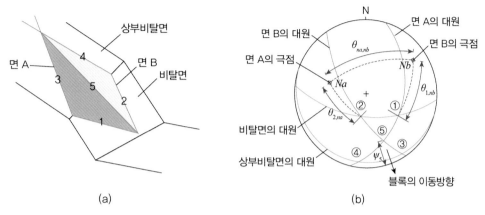

(a) (b)

그림 7.13 쐐기블록의 기하학적 분석

한계평형을 이용한 분석은 암블록의 안정성을 평가하는 기본적인 방법을 이해하는 데 큰 도움을 준다. 그러나 붕괴면의 기하학적 형상은 매우 다양할 수 있으며 특히 블록의 3차원 형상은 앞에서 설명된 2차원 단면과 많이 다를 수 있다. 이러한 관점에서 다소 단순해 보이는 투영망 분석이 매우 효율적일 수 있으며, 자세한 분석은 본 교재 10장의 블록이론을 활용하는 것이 더욱 효율적일 수 있다.

7.4 암종 및 풍화에 따른 안정성 평가

7.4.1 암종

암종에 따라 붕괴될 가능성이 달라질까? 암종별로 붕괴가능성이 다르다면 이들은 풍화와 어떤 관계가 있을까? 누구나 한번쯤 가져볼 의문이다. 최근 고속도로변 비탈면 8,900여 개와 국도변 약 29,700여 개의 비탈면 자료를 기초로 조사한 통계는 매우 흥미로운 결과를 보여준다(황상기 외, 2017). 이 연구는 광의의 통계를 구하려는 접근으로 1 : 250,000 축척 지질도의 암상을 표 7.1과 같이 단순화하고, 비탈면의 붕괴 이력을 이 지질도와 중첩하여 암상별 붕괴 이력을 조사한 결과 그림 7.14와 같이 변성퇴적암-석회암-편암-변성퇴적암2-편마암-응회암-퇴적암-화강암-각섬암-반암-안산암-유문암-화산암 순으로 붕괴 이력이 높았던 것으로 조사되었다.

표 7.1 재분류된 광역지질도(1 : 250,000)의 암상

대분류	소분류	암상
퇴적암	쇄설성	호상퇴적암, 이암, 사암, 역암
	석회암	호상석회암, 괴상석회암
변성암	저변성 퇴적층	평암-대동계, 옥천계
	엽리를 보이는 암석	점판암, 천매암/편암, 편마암
	엽리를 보이지 않는 암석	화강편마암, 혼펠스, 규암/대리석
	전단암	각력암, 압쇄암
화성암	심성암	화강암/화강섬록암, 섬록암/반려암
	분출암	유문암/데이사이트, 현무암, 맥암

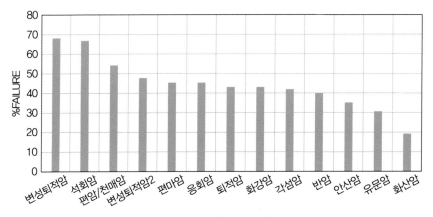

그림 7.14 암상별 붕괴비율

붕괴가능성이 높은 암상들 그룹인 '변성퇴적암(대동계, 조선계 암상들)-석회암(괴상의 암상일 수 있으나 호층을 보이는 경우도 많음)-편암/천매암-변성퇴적암2(옥천계 함력 저변성 퇴적암)-편마암-응회암(경상계 화산암과 혼재된 응회암)-퇴적암'은 모두 층리 혹은 엽리 등을 갖는 호층의 암상들이다. 한편 이어지는 붕괴가능성이 낮아지는 화강암-각섬암-반암-안산암-유문암-화산암은 모두 괴상의 암상들이다. 이 연구의 결과는 비탈면의

안정성을 평가하는 데 암석 내에 존재하는 지질구조가 암상 자체보다 더 중요한 요인일 수 있음을 보여주고 있다.

7.4.2 풍화

비탈면의 안정성 평가에서 암상과 풍화의 관계는 풍화에 특별히 약한 암상이 존재하느냐는 점이 중요하다. 대부분의 풍화연구는 특정 암석이 특정 위치에서 풍화되면서 어떻게 변해가는가에 대한 연구로써 일반적으로 어떤 암석이 풍화에 약할까 하는 질문과는 크게 관점이 다르다. 이런 점에서 그림 7.15는 국내의 비탈면 조사 자료를 기반으로 작성된 풍화등급과 지화학 자료를 이용하여 인공지능으로 분석한 흥미로운 결과이다.

황상기 외(2017)는 한국 지질자원연구원에서 발간한 지화학도의 11개의 화학원소(Al_2O_3, Ba, CaO, Fe_2O_3, K_2O, MgO, MnO, Na_2O, SiO_2, TiO_2, V) 분포와 국내의 비탈면에서 조사된 풍화등급[그림 7.15(a)]의 관계를 의사결정나무를 통해 모델화하고 모델에 의해 만들어진 풍화등급도[그림 7.15(b)]를 제작한 결과, 인공지능기법(의사결정나무)으로 제작된 도면과 원 풍화 등급도의 유사성이 77.9%에 이르는 것으로 미루어 인공지능으로 추정한 풍화등급도[그림 7.15(b)]는 국내 암상의 풍화 정도를 잘 반영하고 있다 해석하였다. 흥미로운 부분은 이 추정 풍화등급도와 광역 지질도를 비교한 결과 충적층, 화강암, 편마암 영역이 풍화가 높은 곳에 분포하는 경향을 보이고 있다. 풍화가 심해 낮은 지형을 이루는 충적층 영역은 당연한 결과이며, 화강암과 편마암이 높은 풍화를 보임은 흥미로운 사실이다.

이러한 관점에서 암상과 비탈면 안정의 관계에서 고려할 중요한 요인은 다음의 두 가지로 요약할 수 있다.

1. 층리나 엽리와 같이 강하고 약한 암상이 호층을 이루는 경우는 비탈면의 안정성에 큰 영향을 미치므로 이들 지질구조를 조사하고 그 결과를 반영해야 한다.
2. 화강암과 편마암은 시간이 지남에 따라 풍화가 빨리 진행될 수 있는 암상이므로, 이들 내부의 지질구조(단층, 절리 등)는 향후 풍화로 인해 약해져 붕괴면의 역할을 할 수 있음에 대비해야 한다. 또한 빠른 풍화에 대비하여 표면처리 등에 관심을 가져야 한다.

이러한 내용을 기반으로 암상별 비탈면 안정성 조사에 활용할 수 있는 암종별 조사의 유의사항이 부록 1에 정리되어 있다.

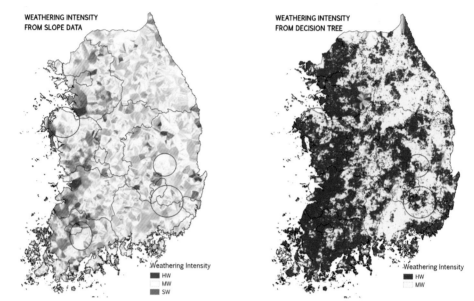

(a) 국내의 고속도로와 국도변 비탈면에서 조사된 풍 (b) 지화학 자료와 풍화등급을 의사결정나무로 분석
화등급을 보간한 자료 하여 재분석한 풍화등급도

그림 7.15 국내의 비탈면 조사 자료를 기반으로 작성된 풍화등급과 지화학 자료를 이용하여 인공지능으로 분석한 결과. 두 도면에 표시된 원들의 내부에서 다소 다른 풍화등급을 보인다.

7.5 광역적 지질구조 평가

7.5.1 기존 지질도의 구조자료 응용

최근 1 : 50,000 축척의 전산 지질도가 발간되면서 지질도 내부에 포함된 지질구조(층리, 엽리, 절리, 단층 등)의 심벌들이 함께 전산화 되어 제공되고 있다. 이들 지질구조는 전국적으로 34,534개에 이르며[그림 7.16] 지질구조의 좌표와 주향과 경사는 발간된 전산지질도의 쉐입shape 파일을 분석하면 쉽게 구할 수 있다.

STRUCTURAL MAP

그림 7.16 한국지질자원 연구원 발간 1 : 50,000 전산지질도에 입력되어 있는 면구조. 주향방향들만을 선으로 표기한 것으로 지질도가 발간되지 않은 영역은 비어 있다.

절취가 시작되어야 지질구조의 분포를 파악할 수 있는 절취비탈면의 설계과정에서는 초기에 지질구조에 의한 비탈면의 안정성을 분석할 수 있는 방법이 궁색할 수밖에 없다. 시추조사를 해보지만 이는 매우 작은 크기의 시추공 내에서 조사된 한정적 자료일 뿐 실제 비탈면을 설계하기에는 터무니없이 편협된 자료일 뿐이다. 그러나 기존 지질도의 지질구조를 공간적으로 탐색하여 응용할 수 있으면 비탈면의 초기 설계에 큰 도움이 될 수 있다.

인공비탈면은 설계 시 비탈면의 주향이 정해지고 그 주향에 해당되는 안정된 경사각도를 정하는 것으로 설계가 시작된다. 예상비탈면의 주향과 평행한 선형 영역을 설정하여 설정된 선분으로부터 일정 거리에 있는 지질구조를 지질도 자료[그림 7.16]에서 탐색하고[그림 7.17], 투영망으로 분석할 수 있다[그림 7.18].

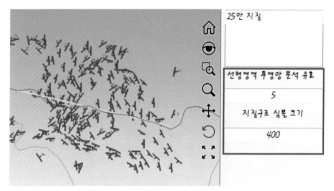
(a) 입력선으로부터 5km 거리의 구조들

(b) 입력선으로부터 2km 거리의 구조들

그림 7.17 선형영역의 지질구조를 탐색함. 본 서에서 제공하는 "Frac4Slope2019"를 참조

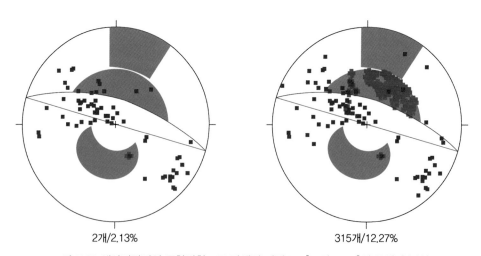

2개/2.13%   315개/12.27%

그림 7.18 예상비탈면의 주향방향으로 탐색된 지질구조[그림 7.16]의 투영망 분석

본문 7.2절에 소개된 투영망 분석 알고리듬을 참고하여 다음의 분석이 가능하다. 그림 7.18의 예에서, 94개의 검색된 자료 중 2개의 자료가 평면파괴영역에 속하므로 평면파괴가 가능한 자료는 전체의 2.13%가 된다. 쐐기파괴의 경우는 94개 자료를 2개의 자료 쌍으로 조합할 수 있는 예상의 쌍 2,567개의 교점 중 쐐기파괴 영역에 속한 315개의 교점은 전체 예상된 교점수의 12.27%가 되는 것이다. 물론 여기에서의 비율(%)은 절대적인 파괴의 예상 비율이라 할 수는 없다. 그러나 상대적으로 파괴의 가능성을 추정하기에는 부족함이 없는 수치이기도 하다.

7.2절에 설명된 바와 같이 평면과 쐐기파괴 공히 투영망의 파괴영역은 비탈면의 경사와 내부마찰각으로 정해진다. 그러므로 비탈면의 경사를 줄이면 영역에 포함되는 면구조 극점의 개수나 교선의 개수가 줄어 전기한 비율(%)이 줄어들게 될 것이다. 본 서와 같이 제공된 s/w, "Frac4Slope"는 내장된 전국의 면구조 데이터베이스를 기반으로 자료가 존재하는 모든 영역에서 이와 같은 분석을 가능하게 해주므로 실습해보도록 하라.

층리는 물론이고 절리나 엽리 및 단층과 같은 지질구조는 지역적으로 동일한 배열의 구조가 분포하는 특성이 있다. 이러한 관점에서 비록 상대적인 파괴가능성의 비율이기는 하나 예상비탈면 주변의 기조사된 지질 면구조의 배열통계로부터[그림 7.18] 평면이나 쐐기파괴의 가능성을 인지할 수 있으며, 이러한 가능성이 존재하면 설계과정에서 다음과 같은 시공 중의 유의사항을 지시할 수 있을 것이다.

1. 비탈면의 경사값을 적절히 줄이면서 파괴의 가능성변화를 관찰하여 경사값을 설계한다.
2. 경사값을 설정한 후에도 만약 특정 비율(이 비율은 시공을 포함한 전문가 집단의 논의가 필요하다) 이상의 파괴비율이 인지되면 시공 시 단계별로 절취면의 불연속면 배열을 조사할 것을 설계 시 지침으로 제안한다. 절취면의 불연속면 조사는 다음 장에 소개될 드론을 이용한 입체사진 조사나 레이저 스캐너 등 원격조사시스템을 활용하면 큰 노력 없이 가능할 것이며 특히 개략적인 면구조의 배열이 알려진 상황에서 절취면 자체의 면구조 분포에 대한 조사결과는 매우 효과적으로 분석될 수 있다.

7.5.2 시추자료의 응용

설계과정에서 광역지질구조를 활용할 경우 시추조사의 과정도 합리화되어야 한다. 지질구조의 연속성은 그리 크지 않다. 또한 연속성이 큰 지질구조라 할지라도 면구조는 완전한 평면이 아니고 국부적인 곡면들이 많기 때문에 50~100m 간격의 시추조사로 지하의 지질구조를 파악하는 것은 사실 큰 의미가 없다. 그러나 지역적인 지질구조의 패턴을 시추조사에 반영하여 시추지점과 시추방향을 설정하면 조금 더 합리적인 조사를 수행할 수 있다. 공내 영상촬영BIPS을 이용한 조사 역시 투자된 예산과 시간에 비해 그 결과의 활용은 지극히 저조한 것이 현실이다. 흔히 요식행위에 그칠 수 있는 시추조사를 다음과 같이 단계적으로 수행하면 그 효과를 증진시킬 수 있을 것이다.

1. 기초 시추조사 : 공내 영상촬영 없이 단일 시추공의 코아를 조사한다. 암상과 특이지질구조의 존재를 파악한다. 이 과정에서 $30 \sim 70°$ 경사의 파괴예상 면구조(단층, 풍화되어 이격된 엽리나 절리 등)가 발견되면 광역지질구조 자료와 연계하여 지질구조의 파괴 가능성을 분석한다. 파괴의 가능성이 높을 경우는 BIPS 조사를 수행한다.

2. 단일공 BIPS 조사 : 기초 시추조사 결과에서 파괴 가능성이 높을 경우, 광역지질구조 자료와 기초조사 자료를 취합하여 시추공의 방향을 설정한다. 인접 노두의 지표지질조사 결과 등으로 시추 위치를 설정할 수 있으나, 그렇지 못할 경우는 임의로 위치를 정해야 한다. 측정되는 모든 면구조는 투영망으로 분석되어야 하며, 투영망 분석결과 파괴 예상면이 의심될 경우 다음의 묶음분석을 수행하여 파괴예상면의 연장성을 확인해야 할 것이다.

3. 묶음분석 : 지질구조의 연장성 분석을 위해서는 단거리에서 최소 3개 이상의 시추공을 BIPS로 조사해야 한다. 일반적으로 20m 이상 연장되는 지질구조는 흔치 않다. 면구조의 연장성도 그리 길지 않을 수 있으며 특히 큰 경사값을 갖는 면구조는 인접 시추공에서 관찰되기가 어렵다. 단층과 같은 주요 지질구조의 연장과 특성을 파악하기 위해서는 인접 시추공의 이격거리가 15m 이하인 3개 이상의 시추공에서 BIPS 조사를 수행한 후 그 결과를 분석해야 한다.

공내 카메라의 조사 결과는 그림 7.19(a)와 같이 CAD 파일에 수직 깊이별 관찰된 면구조의 배열을 디스크 형태로 표기할 수 있으며, 지질구조의 특성(예, 두께나 교란 정도)을 디스크의 크기나 색상으로 구분하여 시각적인 분류를 가능하게 하면 분석에 큰 도움이 될 것이다. 묶음분석의 경우는 인접 시추공 자료에서 연장되는 면구조를 그림 7.18(b)와 같이 적절한 단면에 투영하면 그 연장성을 가시적으로 판별할 수 있을 것이다. BIPS분석 성과를 효율적으로 분석하기 위해서는 본 서 제9장을 참조하기 바란다. 또한 교재와 함께 제공되는 s/w "Fracjection2019"를 활용하면 그림 7.19와 같은 분석이 가능할 것이다.

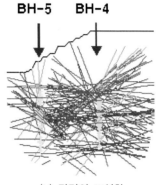

(a) 공내 카메라(BIPS)로 분석된 시추자료의 3차원　　　　(b) 단면의 도식화

그림 7.19 공내 카메라(BIPS)로 분석된 시추자료의 3차원과 단면의 도식화. 교재와 함께 제공되는 s/w "Fracjection 2019"의 분석결과

제8장

사진을 이용한 면구조의 원격 측정

제8장 사진을 이용한 면구조의 원격 측정

비탈면이나 터널에서 현장에 분포하는 3차원 지질구조의 배열을 정확하게 측정하는 것은 구조물의 안정성 분석과 적절한 보강을 위해서 필수적으로 수행되어야 하는 작업이다. 전통적인 지표지질조사는 지표에 분포하는 노두에서 관찰되는 지질증거를 분석하여 지하의 암반분포를 예측하는 과정으로 수행된다. 이는 지하의 암반을 모두 관찰하는 것이 불가능한 현장조건 때문이며, 우수한 지질학자들은 국한된 노두정보만으로 지질구조의 분포와 발달원인 등을 성공적으로 규명하고 있다.

인공적인 비탈면이나 터널의 건설현장에서는 공사가 진행됨에 따라 인위적인 굴착면이 노출되게 된다. 지하의 암반을 직접 관찰할 수 있는 매우 중요한 기회가 제공되는 것인데, 현장에서는 이러한 기회를 충분히 활용하지 못하고 있다. 정해진 시간에 공사를 마쳐야 하는 시공의 문제도 있으나 컴퍼스 등을 이용한 전통적인 조사방법만으로는 공사가 진행되는 과정에서 새로운 굴착면에 대한 보완조사를 수행하기가 쉽지 않으며, 그 결과를 분석하여 안정성을 판단하고 시공 중에 이를 반영하기에는 시간적으로 어려움이 많았다.

비탈면이나 터널공사를 위한 암반구조의 조사는 굴착이 시작되기 전 초기 설계단계와 시공이 진행되면서 굴착면들이 발생하는 단계로 나눠져야 한다. 초기단계는 지질도 등을 통해 기 조사되었던 면구조의 분석 자료를 기반으로 적절한 시추조사를 수행해야 할 것이다. 굴착이 시작되면 원격조사기법 등을 이용한 신속하고 효과적인 조사와 분석이 수행되고 그 결과가 빠르고 정확히 분석되어야 이어지는 시공에 도움이 될 수 있을 것이다.

최근 인접분야 기술의 발전으로 시추공 공내 카메라, 입체사진을 이용한 3차원 지형판독 등이 가능해졌으며, 이러한 기술이 현장조사에 적절히 활용되고 그 결과를 신속히 적용할 수 있는 응용 기술의 활용과 개발이 절실한 시점이다.

지질구조를 원격으로 측정하고자 하는 시도는 크게 사진측량을 이용하는 방법과 레이저 스캐너를 이용하는 방법으로 분류될 수 있다. 두 방법 공히 암반의 절취면을 3차원으로 모델하여, 노출된 불연속면의 배열을 측정하는 것을 원리로 한다. 두 방법 모두 비교적 정밀한 3차원 모델을 제작할 수 있으나 레이저 스캐너는 워낙 고가이며 실용화된 지질구조 측정 루틴들이 존재하지 않아서 일반인이 사용하기는 조금 어려움이 있다.

입체사진을 이용한 3차원 모델은 사진측량 분야에서 3차원 지형모델을 획득하여 지형도를 제작하는 과정에 널리 활용되어왔다(유복모 등, 1983). 최근 컴퓨터비전 분야의 획기적인 발달로 번들 알고리듬(Lourakis and Argyros, 2009)과 같이 입체사진의 처리기법에 새로운 패러다임이 만들어지면서 기존의 사진측량이 훨씬 더 신속 정확하며 보편적으로 활용될 수 있는 길이 열리고 있다. 이에 본 장에서는 사진측량기법을 암반 절취면의 원격측량기법으로 선별하여 그 기법의 응용방안을 이곳에 기술하도록 하겠다.

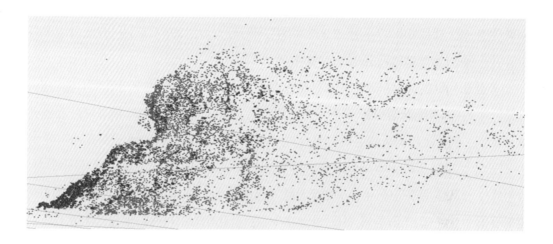

8.1 입체사진의 원리

두 입체사진을 이용하여 3차원 좌표를 획득하는 원리는 그림 8.1과 같다. 두 영상 A와 B가 D의 간격으로 이격된 카메라에 의해 획득되었으며 카메라의 위치가 그림과 같이 평행한 관계를 갖고 있을 경우, 지형의 한 점 Pt_1은 두 카메라의 렌즈를 지나 두 필름(영상)의 P_1과 P_2 위치에 투영된다. 우측 영상의 투영점 P_2를 좌측 영상으로 옮겨 형성되는 삼각형 $P_1-P_2-O_1$은 카메라 렌즈와 지형의 한 점을 연결하는 삼각형 $O_1-O_2-Pt_1$과 닮은꼴이다. 그러므로 영상에서 측정되는 길이 P_1-P_2와 두 카메라 렌즈 사이의 거리 O_1-O_2의 비율은 카메라의 초점거리 c와 카메라 렌즈라인에서 지형의 Pt_1까지의 거리 비율과 동일하다. P_1, P_2와 같은 사진에서의 두 정합점 사이의 거리는 화소의 거리로 측정이 가능하며, 화소의 거리는 CCD의 화소 개수로부터 실제 거리로 환산될 수 있다. 즉, 실제의 P_1-P_2 거리가 측정될 수 있다. 사용된 카메라의 초점거리는 정해져 있고, 입체사진을 획득할 당시 두 카메라의 이격거리 역시 알고 있는 것이다. 이러한 원리에 근거해 지형상의 점 Pt_1의 3차원 좌표는 식 8.1과 같이 정의된다. 그러므로 두 사진에 존재하는 지형지물의 동일 위치(정합점)를 사진의 좌표로 확인할 수만 있으면 지형의 3차원 좌표를 구할 수 있는 것이다.

$$X = \frac{x_1}{x_1 - x_2}D, \ Y = \frac{y_1}{x_1 - x_2}D = \frac{y_2}{x_1 - x_2}D, \ Z = \frac{C}{(x_1 - x_2) \times k}D \qquad \text{식 8.1}$$

우리의 두 눈이 망막에 맺힌 영상을 보고 3차원 거리를 인식하는 것이나, 좌측과 우측 눈에 다른 영상이 들어가도록 제작된 입체안경(붉은색과 푸른색 혹은 편광렌즈)을 사용하여 입체영화를 관람할 수 있는 것 등이 이러한 원리인 것이다.

이와 같이 단순한 원리를 적용하는 데는 적지 않은 어려움이 있다. 첫째, 두 카메라의 배열이 수평으로 일직선이 된다는 것은 쉽지 않은 상황이다. 특히 항공사진을 촬영해야할 항공기가 수평의 자세로 그림 8.1과 같은 기하학적 배열을 만드는 것은 불가능하다. 둘째, 카메라의 렌즈는 어느 정도의 왜곡이 존재한다. 그림 8.1에서와 같이 두 카메라 사이의 거리와 실지형까지의 거리로 만들어지는 삼각형은 영상에서 정합점 사이의 거리와 초점거리로 만들어지는 카메라 시스템의 삼각형보다 훨씬 큰 삼각형이다. 그러므로 카메라 시스템 삼각형에서의 작은 오차는 실거리측정에 큰 오차를 유발시킨다. 이러한 이유로 작은 카메라 렌

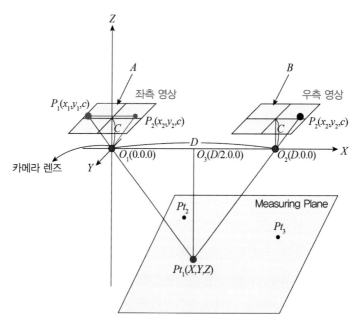

그림 8.1 입체사진을 이용한 거리측정기법에 대한 모식도

즈의 왜곡 역시 심각하게 다뤄져야 한다. 셋째, 두 영상에서 정합점을 찾는 문제이다. 두 닮은꼴 삼각형의 크기 차이가 매우 큰 관계로 정확한 정합점을 찾았다 하더라도, 영상의 화소 크기로 국한되는 측정값의 오차한계가 존재하게 된다. 이러한 문제를 해결하고 정확한 측정을 달성하기 위하여 카메라의 내부오차인 렌즈왜곡, 초점거리와 렌즈의 기계적 위치결함 등을 다루는 내부 표정과 두 사진의 자세 등을 다루는 외부 표정에 대한 보정을 이해할 필요가 있다.

8.2 사진의 외부 표정

전통적인 사진측량 분야에서는 앞에서 기술된 특수한 카메라의 배열에 의존하지 않고, 사진에서의 정합점 좌표와 지형의 3차원 위치좌표 간의 관계수식을 만드는데, 이 수식에 카메라의 회전, 렌즈의 왜곡 등을 포함시켜 작성한다. 이 관계식이 적립되면 사진의 정합점에서 지형의 실제 좌표를 계산할 수 있는데, 포함된 함수들의 상수들은 알려진 정합점과 지형 좌표의 쌍들을 이용하여 역산한다. 본 서에서는 자세한 수학적 해를 수록하기보다는 어떠한 항목들이 이러한 관계식들에 포함되며 어떠한 관계식들이 존재하는지 등의 개론적 설명을 중심으로 다루겠다.

사진측량은 지형의 형상이 사진에 투영된 결과를 이용하는 것으로 사진에 투영된 영상은 지형과 좌우/상하가 바뀐 형태이다[그림 8.2]. 이는 투영중심인 렌즈를 지난 빛이 투영면인 필름 혹은 CCD면에 투영되면서 좌우와 상하가 바뀌게 됨에 기인한다. 이렇게 바뀐 영상을 음화라 한다. 카메라 렌즈와 투영면까지의 길이를 초점거리라 하는데, 렌즈로부터 초점거리와 동일한 거리를 지표면 쪽으로 이동한 투영면을 고려해보자. 이 투영면에 투영된 영상은 음화와 동일한 영역을 투영하지만 좌우와 상하가 바뀌지 않은 지표면 그대로를 투영하게 될 것이다. 이 투영면에 투영된 영상을 양화라 한다. 사진의 중심점을 주점이라 하는데, 주점과 렌즈를 연결하는 선분이 일직선이며 투영면은 이 직선에 수직인 면이 된다. 사진측량 분야에서 사진들과 지표면의 배열을 설명할 때 대부분 이 양화의 위치 개념을 사용하게 되는 것은 사진과 지표 형상이 동일해야 편리하기 때문이다.

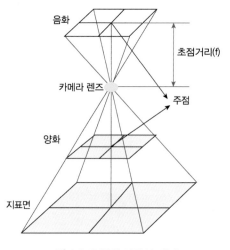

음화

초점거리(f)

카메라 렌즈

주점

양화

지표면

그림 8.2 음화와 양화의 개념

일반적인 입체사진에 투영된 지표의 한 점을 고려해보자[그림 8.3]. 두 입체사진은 그림 8.1과 같이 평행하지도, 동일 선상에 위치하지도 않을 것이다. 이 상황에서 우리가 구축하고자 하는 것은 두 사진에 투영된 지형의 한 점 T에 대한 사진에서의 좌표 $P_L(x_L, \ y_L)$과 $P_R(x_R, \ y_R)$로부터 지형의 좌표 $T(X_T, \ Y_T, \ Z_T)$를 구하는 관계식을 설정하는 것이다. 이 관계식에 포함되어야 할 변수들을 그림 8.3을 통해 이해해보도록 하자. 사진이 서로 평행하지 않으니 평행을 만들 사진의 회전각도가 각 사진별로 필요하다. 회전의 축들은 어떻게 설정해야 하나? 앞에서 설명하였듯이 렌즈의 중심과 사진의 중심을 연결하는 축은 사진 시스템의 주축이 된다. 이 축을 중심으로 사진의 x와 y축을 직교좌표로 설정하는 것이 사진 시스템의 회전을 정의할 수 있는 가장 보편적인 방법이 된다. 이와 같은 축을 기준으로 각기 좌측과 우측 사진의 회전각($\omega, \ \phi, \ \kappa$)이 필요하며 사진의 투영점인 좌우측 렌즈의 위치가 3차원 지형 좌표로 필요하다. 또한 좌우 사진에서 동일 투영점(정합점 P_L과 P_R)의 위치를 읽어줘야 하므로 사진의 중심점 O_L과 O_R의 위치가 사진에서 정의되어야 한다. 일반적으로 이 위치는 사진의 중심점이 되나 저가의 카메라는 렌즈와 CCD 평면이 정확히 수직으로 배열되지 않은 경우도 있어 중심점을 따로 계산해줘야 하는 경우가 생긴다. 사진 자체의 좌표는 영상의 픽셀좌표가 아닌 실제 거리인 mm 축척의 좌표가 되어야 한다. 이를 정확히 판독하기 위해서는 CCD의 크기와 영상의 크기비율이 정확히 반영되어야 한다. 좌우 카메라의 초점거리는 주축과 렌즈 사이의 거리로서 정확히 계산되어야 할 필요가 있다.

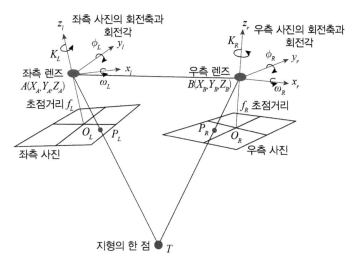

그림 8.3 일반적인 경우 양화의 입체사진에 투영된 지표면의 한 점(T)

그림 8.3은 항공사진을 이용한 전통적인 사진측량의 기하학적 배열이다. 비탈면조사를 위한 입체사진은 하늘에서 수직으로 내려 보는 항공측량과 달리 비탈면을 정면으로 바라보며 수평방향으로 입체사진을 만드는 그림 8.4와 같은 카메라의 배열일 것이다. 두 사진의 좌표를 입력하여 지형 좌표를 출력하기 위해 필요한 항목들은 그림 8.4에 정리된 바와 같다.

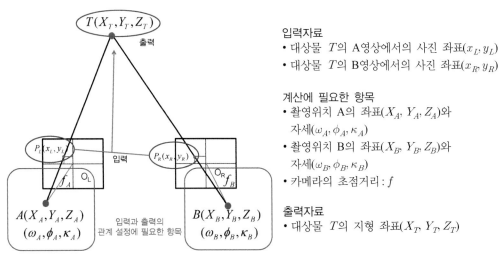

그림 8.4 근접사진을 이용한 3차원 측량의 배열. 비탈면을 향해 찍혀진 두 사진과 관련된 항목들

그렇다면 계산에 필요한 항목들을 이용한 수식은 어떻게 정의될까? 식 8.2는 공선조건을 활용한 지형 좌표와 사진 좌표의 관계식에 회전행렬 $r_{11} \sim r_{33}$이 반영된 수식이다. 공선조건을 그림 8.4의 좌측 카메라를 통하여 이해해보도록 하자. 이 경우 두 카메라의 입체사진을 이용하는 것이 아니라 좌측 카메라 하나만의 기하학적 배열임을 유의하도록 하라. 공선조건은 대상물의 지형 좌표(X_T, Y_T, Z_T)와 사진의 투영점(x_L, y_L)과 투영원점(렌즈의 중심 : X_A, Y_A, Z_A)은 직선상에 위치해야 한다는 조건으로 다음의 식 8.2를 만족해야 한다. 이 식에서 (x_0, y_0)는 주점의 위치로서 일반적으로는 사진의 중심과 동일한 위치이다. 그렇지 않은 경우는 렌즈의 중심을 지나는 광축이 수직으로 CCD와 만나지 못하게 만들어진 카메라에서 발생한다. 이러한 경우는 광축과 CCD가 만나는 사진위의 점이 주점 (x_0, y_0)가 된다. 대부분의 상용 카메라의 주점은 사진의 중심이라 생각하여 주점의 위치를 (0, 0)으로 설정해도 된다.

$$x_L = x_0 - f\left[\frac{r_{11}(X_T-X_L)+r_{12}(Y_T-Y_L)+r_{13}(Z_T-Z_L)}{r_{31}(X_T-X_L)+r_{32}(Y_T-Y_L)+r_{33}(Z_T-Z_L)}\right]$$

$$y_L = y_0 - f\left[\frac{r_{21}(X_T-X_L)+r_{22}(Y_T-Y_L)+r_{23}(Z_T-Z_L)}{r_{31}(X_T-X_L)+r_{32}(Y_T-Y_L)+r_{33}(Z_T-Z_L)}\right]$$

식 8.2

식 8.2에서 회전행렬 $r_{11} \sim r_{33}$은 식 8.3과 같이 정의되며, 이와 같이 사진의 좌표와 지형 좌표 사이의 관계식에 필요한 초점거리(f), 주점의 좌표(x_0, y_0), 렌즈의 좌표 등을 사진측량에서는 외부 표정Extrinsic Parameter이라 한다.

$$\begin{bmatrix} 1 & 0 & 0 \\ 0 & \cos\omega & -\sin\omega \\ 0 & \sin\omega & \cos\omega \end{bmatrix}\begin{bmatrix} \cos\phi & 0 & \sin\phi \\ 0 & 1 & 0 \\ -\sin\phi & 0 & \cos\phi \end{bmatrix}\begin{bmatrix} \cos\kappa & -\sin\kappa & 0 \\ \sin\kappa & \cos\kappa & 0 \\ 0 & 0 & 1 \end{bmatrix} = \begin{bmatrix} r_{11} & r_{12} & r_{13} \\ r_{21} & r_{22} & r_{23} \\ r_{31} & r_{32} & r_{33} \end{bmatrix}$$

식 8.3

[x축 회전][y축 회전][z축 회전]=[회전행렬]

식 8.2의 외부 표정 요소들을 구하는 구체적인 과정은 본 서의 영역 밖이다. 그러나 그림 8.4에 정리되어 있듯이 동일 위치에 대한 입력 자료인 사진 좌표와 출력자료인 지형 좌표를 한 쌍의 자료라 하면, n개의 미지상수를 구하기 위해서는 n개 이상의 좌표쌍을 알고 있으면 된다. 즉, n개 이상의 지형의 위치 좌표와 동일위치의 n개 이상의 사진의 좌표가 있으면 된다. 식 8.2에서 구해야 할 미지상수가 회전행렬 9개, 주점좌표(x와 y) 2개와 초점거리 1개 이므로 총 12쌍 이상의 좌표쌍들로부터 이들 상수들을 역산해낼 수 있다. 유사한 방법으로 수식의 상수를 구하는 방법을 이해하기 원하면 '부록 2.1 다항식을 이용한 왜곡도면의 좌표 보정하기'를 참고하기 바란다. 이러한 표정요소들을 직접 구하기 위하여 상용 s/w를 사용할 수도 있으며, OpenCV 등 공개된 컴퍼넌트의 함수들이 이러한 계산을 수행해주는 루틴을 제공하고 있어서 이들을 이용하여 직접 s/w를 제작할 수도 있다.

8.3 사진의 내부 표정

카메라의 자세를 제어하여 사진의 좌표와 지형의 좌표를 일치시키기 위한 상수항목들을 외부 표정에서 다루었다. 이러한 외부 표정을 계산하기 이전에 고려해야 할 요소가 카메라 자체의 왜곡으로 인한 사진의 왜곡이다. 예를 들면 렌즈의 왜곡이나 카메라를 만들 당시 렌즈와 CCD를 정확히 배열하지 않아 발생하는 주점의 위치 및 초점거리의 왜곡 등이 이에 속한다. 극히 작은 왜곡일 수 있으나 지형에 비해 매우 작은 카메라 시스템[그림 8.1의 삼각 형들]의 왜곡은 지형 좌표를 계산할 때 크게 반영될 수 있으므로 이들을 무시할 수 없다.

렌즈의 왜곡은 방사왜곡과 접선왜곡을 고려할 수 있는데, 전자는 렌즈의 중심점에서 밖으로 갈수록 왜곡이 심해지는 것으로 어안렌즈와 같은 경우 사진의 시야가 넓어지는 대신에 렌즈의 중심에서 멀어질수록 왜곡이 심해지는 현상과 동일한 것이다[그림 8.5(a)]. 후자의 경우는 그림 8.5(b)와 같이 CCD가 렌즈와 수직이 아닌 비정상적 위치에 놓이게 될 때 발생되는 오차로서 사진이 마름모꼴로 변형되는 현상을 초래한다. 이러한 경우에는 렌즈의 광학축이 사진의 중심을 벗어나는 관계로 주점의 위치도 정확한 사진의 중심이 아닌 것이다. 물론 일반적인 사진에서는 이러한 현상이 육안으로 관찰될 정도는 아닐 것이다. 그러나 육안으로 관찰되지 않을 정도의 변형 오차 역시 고려해야 할 분야가 사진측량 분야이다.

(a) 렌즈의 방사왜곡

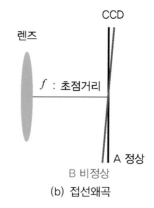

(b) 접선왜곡

그림 8.5 렌즈의 방사왜곡과 접선왜곡

방사왜곡과 접선왜곡의 보정식은 각각 다음의 식 8.4, 8.5와 같다. 이 수식들의 우변의 (x, y) 좌표들은 보정이 되지 않은 좌표이며 좌측의 좌표가 보정된 좌표이다. 수식의 변수 r은 중심으로부터의 거리이다. 그러므로 이 두 식에서 계산되어야 할 상수들은 5가지(k_1, k_2, k_3, p_1, p_2)이다. 외부 표정들은 사진의 좌표와 쌍을 이루는 지형의 좌표를 이용하여 역산된다 하였다. 내부 표정들은 카메라 자체의 오차를 보정하는 관계로 카메라의 자세들이 중요하지 않다. 그러므로 그림 8.6과 같이 크기와 모양이 일정한 체스보드를 촬영하여 일정 간격과 일정 각도(90°)인 체스보드의 교점들의 위치를 이용하여 보정상수들을 계산하게 된다. 체스보드의 경우는 흰 부분과 검은 부분이 일정하게 분포하므로 영상처리를 통해 이들의 교점을 자동으로 정확하게 인식하기 수월한 장점을 갖고 있어 가장 흔히 이용된다.

$$x_{방사왜곡} = x\left(1 + k_1r^2 + k_2r^4 + k_3r^6\right), \ y_{방사왜곡} = y\left(1 + k_1r^2 + k_2r^4 + k_3r^6\right) \qquad \text{식 8.4}$$

$$x_{접선왜곡} = x + \left[2p_1xy + p_2\left(r^2 + 2x^2\right)\right], \ y_{접선왜곡} = y + \left[2p_1\left(r^2 + 2y^2\right) + 2p_2xy\right]$$

식 8.5

전기한 렌즈의 왜곡 이외에도 초점거리와 주점의 왜곡 역시 고려해야 하는데, 이들은 카메라 자체에서 파생되는 왜곡이라는 의미에서 카메라 행렬Camera Matrix이라 부른다[식 8.6]. 이 역시 그림 8.6과 같은 알려진 형태를 대상으로 한 영상에서 계산될 수 있다. 자세한 계산 방법은 부록 2.2에 수록되어 있으며 이 계산 루틴은 OpenCV와 같은 공개 컴퍼넌트로 제공되므로 이들을 적절히 활용하면 된다.

그림 8.6 내부 표정의 인자 계산을 위해 흔히 활용되는 체스보드

$$\text{Camera Matrix} = \begin{bmatrix} f_x & 0 & c_x \\ 0 & f_y & c_y \\ 0 & 0 & 1 \end{bmatrix}$$

식 8.6

8.4 정합점 찾기

사진측량의 기본은 좌측 사진과 우측 사진에서 같은 위치를 의미하는 정합점Matching Point 의 위치에 따라서 3차원 지형 좌표의 위치가 결정되는 것이다. 그러므로 빠르고 정확하게 정합점을 찾는 것이 가장 중요한 관건이다.

컴퓨터는 정확한 계산을 빠르게 수행하는 장점이 있다 그러나 두 이미지에서 유사한 점을 찾아내는 것은 인간의 인지능력을 따라가기 어렵다. 이는 우리의 눈 구조가 입체사진의 구조와 유사하기도 하려니와 사물의 형태와 색상 등을 엮어내는 인간의 복합적 인지능력을 컴퓨터로 구현하기가 쉽지 않음에 기인한다. 인공지능의 발달로 이러한 인지능력을 컴퓨터가 수행할 날이 오겠으나 컴퓨터 비전만을 위하여 이러한 인지능력을 전산 훈련시키는 것은 아직 무모한 투자일 것 같다.

먼저 영상 화소구조에 대하여 이해하도록 해보자. 그림 8.7은 좌우흑백 영상의 좌측 상단일부분을 확대한 그림으로 바둑판 형태의 격자들은 화소들로서 영상의 가장 작은 단위이다. 컴퓨터로 영상을 최대한 확대하면 이 격자들을 볼 수 있으며, 컴퓨터의 모니터 해상도를 1,024×764이라 칭하는 것은 모니터의 가로를 1,024개의 화소로, 세로를 768개의 화소로 분류하여 그 화소에 색상을 할당하여 색상을 갖는 영상을 만들어낸다는 의미이다. 사진 역시 모니터와 동일한 개념으로 가로와 세로의 크기를 화소로 정의한다. 화소의 개수가 많아지면 사진을 더 세분하여 나타내므로 해상도가 높아진다. 흔히 카메라의 해상도를 78만 화소라 표현하는 것은 카메라의 CCD에 기록되는 화소의 수가 가로, 세로 각기 1,024와 764화소이며 이들의 곱은 786,432(약 78만)개의 화소로, 이 숫자가 카메라의 CCD가 저장할 수 있는 화소의 수라는 의미이다.

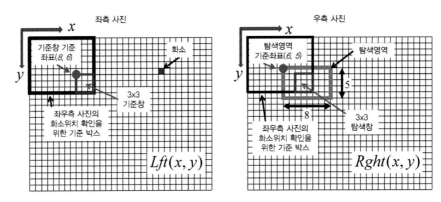

그림 8.7 입체사진(좌우측 사진)의 화소들과 정합점을 찾아가기 위해 내부적으로 수행되는 탐색과 비교영역들. 두 영상은 모두 흑백영상이며, 각 화소에는 빛의 밝기를 0(검정색)에서 255(백색) 사이의 숫자가 저장되어 있다.

8.4.1 상관계수

초창기에는 두 사진에서 정합점을 찾기 위하여 상관계수Correlation Coefficient를 사용하였다. 일반적인 상관계수는 두 숫자군의 상관관계를 의미하는 것으로 각기 x와 y가 쌍이 된 숫자의 군집을 가정할 때 두 숫자의 관계가 그림 8.8(a)와 같이 x가 증가할 때 y가 유사한 강도로 증가하여 두 자료(x와 y)의 상호관계가 높을 경우 상관관계가 높다고 한다. 그림 8.8(b)와 같이 두 자료의 분포가 특정한 관계를 보이지 않을 때는 상관관계가 낮다고 한다. 상관관계는 식 8.7과 같은 수식으로 계산되며, 두 자료의 관계가 그림 8.8(a)와 같이 상관성이 높으면 상관계수 r은 1에 가까워지며, 그림 8.8(b)와 같이 상관성이 낮으면 r은 0에 가까워진다.

만약 그림 8.8(a)와 같이 두 자료의 상관성이 높으나 이들의 분포가 음수의 기울기를 보이면 (한 자료가 증가할 때 다른 한 자료는 감소함) r은 −1에 수렴하게 된다.

$$r = \frac{\sum_i (x_i - \overline{x})(y_i - \overline{y})}{\sqrt{\sum_i (x_i - \overline{x})^2}\sqrt{\sum_i (y_i - \overline{y})^2}}$$ 식 8.7

$\overline{x}$와 $\overline{y}$는 각기 x, y 자료들의 평균값을 의미한다.

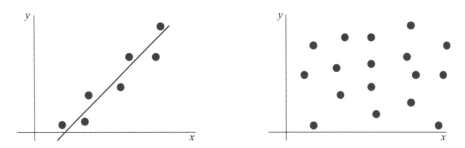

(a) 상관관계가 높은 경우. 계수 r이 1에 가까워진다. (b) 상관관계가 낮은 경우. 계수 r이 0에 가까워진다.

그림 8.8 상관계수 x와 y의 관계들

영상자료의 상관관계도 그림 8.8에서 설명된 1차원 상관관계와 유사하다. 영상의 특정부분의 화소값이 다른 영상의 동일 크기 영역의 화소값들과 높은 상관관계를 갖는가를 평가하는 것이다. 즉, 한쪽 영상의 밝고 어두운 정도가 다른 영상에서 동일 크기 영역의 밝고 어두운 정도와 유사하다는 것은 두 영상의 형태가 유사하므로 두 영상의 중심은 매칭점이 된다는 의미다. 이러한 관계를 확인하기 위해서는 그림 8.7과 같이 기준창과 탐색창이 설정되어야 한다. 이 창들은 화소값을 비교하기 위한 영역으로 대부분 (홀수×홀수) 크기의 정사각형 형태이다. 예를 들어 3×3, 5×5, 7×7 등의 화소 크기이며, 이들은 중심을 기준으로 좌우/상하 짝수 개의 화소로 구성된다.

상관계수를 이용하여 영상의 정합점을 찾는 과정에 대한 이해를 돕기 위해 그림 8.7의 예제를 실제 화소의 위치 좌표로 설명하겠다. 좌측 사진의 화소 (8, 6)위치로부터 3×3 크기의 기준창을 설정하고 이 창과 유사한 영역을 우측 사진에서 찾고자 한다. 동일 크기의 탐색창을 우측 사진 전체에 적용하여[그림 8.9] 상관계수가 가장 높은 영역을 찾으면 될 것이다. 그러나 여러 개의 정합점을 찾기 위해서는 기준창이 바뀔 때마다 탐색창으로 우측 사진 전체를 스캔해야 하는데, 이 과정은 무리한 전산 계산을 필요로 한다. 그러므로 적절한 탐색 영역을 설정하여 컴퓨터의 계산시간을 줄여야 한다.

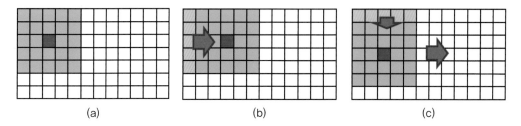

그림 8.9 (a) 탐색창의 체계적 이동. (b) 한 픽셀 간격으로 수평으로 이동, (c) 수직으로 이동하여 사진의 전체 영역을 체계적으로 스캔한다. 좌측 영상 기준창의 화소값과 우측 영상의 이동된 검색창의 화소값 사이의 상관계수를 계산하여 탐색창의 중앙화소(붉은 화소) 위치에 저장한 후 이들 중 가장 높은 값을 찾으면 정합점에 이르게 된다.

그림 8.7의 예제로 다시 돌아가, 탐색 영역의 시작점을 (6, 5)로, 영역의 크기를 x와 y방향으로 8개(m개)와 5개(n개) 화소 크기로 설정하였고, 좌측 사진의 화소 위치를 $Lft(x, y)$라 정의하고, 우측 사진의 화소 위치를 $Rght(x, y)$라 정의하였다. 이러한 설정에서 좌측 기준창의 화소 좌표는 $Lft(8+i, 6+j)$로 표현되고 우측 탐색창 내의 탐색창의 움직임은 $Rght(6+m+i, 5+n+j)$으로 표현된다. 즉, 3×3 크기의 화소 영역이 비교대상이 되며 좌측 사진에서는 그 영역이 기준창으로 고정되고 우측창에서는 탐색 영역인 크기 8×5 영역에서 동일 크기인 3×3 탐색창 영역이 x축으로 5화소, y축으로 3화소 움직이며 고정된 좌측 기준창의 화소값과 우측 탐색창의 화소값으로 상관계수를 구하는 것이다.

일반적인 상관계수를 구하는 수식은 식 8.8과 같다. 이 수식은 좌측 사진 기준창 시작좌표가 (a, b)이며 우측 사진의 탐색창의 시작점이 (c, d)인 위치에서 두 창의 상관계수를 구하는 수식이다. 탐색영역의 크기가 $m \times n$ 화소이므로 이 영역을 체계적으로 스캔하기 위해서는 우측 사진의 탐색창 기준점 (c, d)를 x와 y방향으로 각기 m, n만큼 움직이며 각 지점에서 구해지는 상관계수를 계산하여 이들 중 최댓값을 갖는 위치를 선택하면 된다.

$$r = \left\{ \frac{\sum_{j}\sum_{i}[Lft(a+i,b+j)-\overline{Lft}][Rght(c+i,d+j)-\overline{Rght}]}{\sqrt{\sum_{j}\sum_{i}[Lft(a+i,b+j)-\overline{Lft}]^2}\sqrt{[Rght(c+i,d+j)-\overline{Rght}]^2}} \right\} \quad \text{식 } 8.8$$

정합점을 상관계수로 찾기 위해서는 엄청난 반복계산이 필요하며, 빠른 컴퓨터라 하더라도 엄청난 연산 시간을 필요로 한다는 것을 쉽게 이해할 수 있을 것이다. 체계적으로 이동하는 검색창의 평균값을 반복적으로 구하는 과정에서 연산식을 단순화하거나 검색영역의 변화를 3차원 블록으로 전환하여 검색의 영역 자체를 획기적으로 줄이거나, 영상을 단계적으로 줄여주는 피라미드 방법[그림 8.10] 등을 이용한 좀 더 효율적인 전산 알고리듬들이 제안되어 있다(Son, 2002).

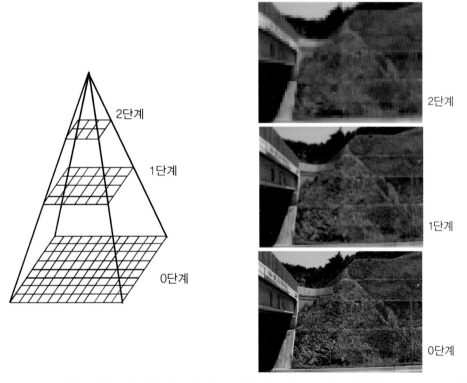

그림 8.10 영상 피라미드. 화소들을 단계별로 평균내어 줄이는 기법. 예를 들어 0 단계에서 320×240 크기의 영상은 1단계에서는 160×120, 2단계에서는 80×60 크기로 줄어든다. 우측 사진은 실제 사진을 3단계로 줄인 결과이다.

컴퓨터 비전 분야를 통해 최근 상관계수를 이용한 매칭보다 더 우수한 기법들이 알려져 있어 더 이상 이 내용들을 연장할 필요는 없어 보인다. 그러나 상관계수를 이용한 자료의 비교는 매우 유용한 도구로서 투영망의 비교 등에도 활용될 수 있다. 컴퓨터를 이용한 상관계수 계산에서 평균값을 사용하지 않는 식 8.9(Earickson and Harlin, 1994)는 반복적으로 평균값을 계산할 필요가 없어 유용한 듯싶다. 이 수식은 X그룹과 Y그룹의 상관계수를 구하는 수식이다.

$$r = \frac{n\sum\limits_{i=1}^{n} Y_i X_i - \left[\sum\limits_{i=1}^{n} Y_i\right]\left[\sum\limits_{i=1}^{n} X_i\right]}{\sqrt{n\sum\limits_{i=1}^{n} Y_i^2 - \left[\sum\limits_{i=1}^{n} Y_i\right]^2}\sqrt{n\sum\limits_{i=1}^{n} X_i^2 - \left[\sum\limits_{i=1}^{n} X_i\right]^2}} \qquad \text{식 8.9}$$

8.4.2 Lucas-Kanade 매칭

최근 컴퓨터 비전의 영역에서 정합점을 찾아가는 알고리듬으로 매우 널리 사용되는 기법으로 본 서를 통해 소개할 원격 면구조 측정 시스템 Surface Mapper도 이 알고리듬을 사용하고 있다. 구체적인 방법은 Lucas and Kanade(1981)를 참고하기 바라며 이곳에서는 이 기법이 취하고 있는 매우 기초적인 접근법만 설명하고자 한다.

영상의 수평방향 1개 선분만을 고려하면, 선분에서 화소의 변화는 그림 8.11(b)와 같은 곡선함수로 정의할 수 있다. 그림 8.11(a)와 같이 두 영상이 동일한 형태를 갖는다면(정합점의 주변이라면), 동일한 함수의 그래프가 h거리만큼 이동한 결과이고, 그래프에서는 h만큼의 이격에서 파생되는 화소값의 차이(그래프의 y값의 차이)는 $Lft(x) - Rght(x+h)$가 된다. 이 수식은 화소의 변화로 파생된 그래프의 함수를 x방향으로 Δh만큼 미분해준 것과 같은 의미를 갖는다. 결국 이 미분값이 최소가 되는 이격거리 h를 찾아주는 것이 정합점의 위치를 찾은 것이다. 함수와 함수에서 계산된 결과의 차이값을 제곱한 결과가 최소가 되게 상수들을 구하는 최소제곱법에서 계산식을 미분함은 부록 2.1에 설명되어 있다. 그림 8.11(b)에서 h의 값을 최소화하는 방법도 이와 유사하다.

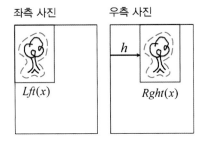

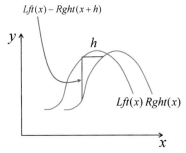

(a) 사진의 화소값 변화(밝기의 변화)를 1차원 함수로 정 (b) 두 함수를 곡선 그래프로 가정할 때, 이격거리 h로
의하고 유사한 수식을 갖는 함수 위치(좌측 $Lft(x)$ 발생되는 화소값의 차이는 $Lft(x) - Rght(x+h)$
와 우측 $Rght(x)$)의 이격거리 h에 대한 개념도 가 된다.

그림 8.11 Lucas-Kenade 영상매칭의 개념도

충분히 작은 이격거리 h에서는 기준창의 함수를 탐색 영역에서 미분하여 정합거리를 찾는 것에 문제가 없을 것이며, 1차원 방향을 360°의 모든 방향으로 확대하면 이격의 방향도 쉽게 찾을 수 있을 것이다. 이 방법은 화소의 변화를 함수로 만드는 것이므로 곡선과 같이 부드러운 함수의 변화를 비교하는 것이 더 좋은 결과를 만들 수도 있다. 이러한 측면에서 그림 8.10에 설명된 영상피라미드는 Lucas-Kanade 기법과 함께 사용하기에 큰 장점을 갖고 있다. 영상을 줄이는 과정에서 평균값을 사용하는 것은 화소값의 변화를 부드럽게 해주는 결과를 만들며, 영상의 단계를 높여서 정합점을 찾으면 함수 사이의 이격거리 h를 줄여주는 효과가 있는 것이다. 이 기법 역시 OpenCV에 실행함수로 제공된다.

8.5 입체사진을 이용한 면구조 측정의 구현방법

본 서와 함께 제공되는 Surface Mapper는 입체사진을 이용하여 3차원 지표면을 측정하고 그로부터 지질학적 면구조를 측정하는 시스템이다. 2000년대 초반에 만들어졌던 Surface Mapper는 두 카메라의 위치가 평행하며 직선상에 놓이게 하기 위해[그림 8.1] 카메라의 배열을 조절할 수 있는 삼각대와 마운트를 사용하였다[그림 8.12]. 또한 정합점을 찾는 알고리듬으로 상관계수를 사용하였던, 매우 단순하며 다소의 오차를 감수해야 하는 시스템이었다. 2010년경의 Surface Mapper는 정합점을 찾는 기법이 Lucas-Kanade의 알고리듬으로 보완되어 3차원 모델의 기능을 획기적으로 발전시킨 바 있다.

최근 컴퓨터 비전 영역의 발전으로 공선, 공면, 에피폴라 조건 등을 중첩된 다량의 사진에 적용하여 지형 좌표와 사진 좌표의 정보를 이용하지 않고도 사진들의 내부 표정과 외부 표정 인자들을 계산하는 번들 알고리듬이 개발되었다. VisualSFM과 같은 공개 s/w는 다량의 사진을 입력하면 그들로부터 다량의 정합점들과 정합점에 해당하는 3차원 지형 좌표를 계산해준다. 실로 큰 발전이며 기존의 Surface Mapper와 같은 시스템은 필요하지 않아 보인다. 그러나 암반 절개면 조사 시스템은 두 시스템을 병합할 경우 더욱 현장의 적용성과 응용효과가 높아질 수 있다. 이러한 이유로 본 서는 두 시스템을 접목할 수 있는 몇 가지 기본 내용을 다음에 정리하기로 하겠다.

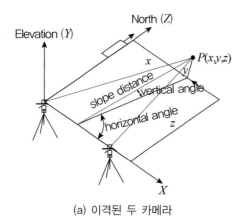

(a) 이격된 두 카메라

(b) 실제 암반 절취면의 촬영모습

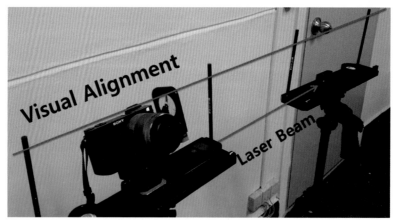

(c) 카메라의 배열을 맞추기 위해 제작된 마운트(www.rockcloud.info)

그림 8.12 Surface Mapper의 HW 배열에 대한 모식도

8.5.1 VisualSFM

Changchang Wu에 의해 제작되어 무료로 보급되는 3차원 모델제작용 s/w로서 2장의 입체 사진보다는 하나의 카메라로 연속적으로 촬영한 다량의 사진을 이용하여 3차원 입체형상을 구현한다. 인터넷을 통하여 매뉴얼과 s/w를 내려 받을 수 있으며 사용법등 구체적인 내용들이 널리 공개되어 있다. 그러므로 s/w의 내용과 사용법은 이곳에 언급하지 않고, 이 s/w를 통해 구해지는 표정들과 정합점의 자료가 어떻게 저장되는지만 간략히 소개할까 한다. 현재 보완 중인 Surface Mapper는 VisualSFM에서 제공하는 표정 자료들과 기존의 Lucas-Kanade 매칭을 혼합하여 지질 면구조 측정을 수행하도록 계획 중이다.

VisualSFM으로 3차원 모델을 만들어 저장하면 저장된 하부 디렉토리에 "저장이름.nvm. cmvs\00\cameras_V2"라는 문서파일이 생성되는데, 사진들의 내부와 외부 표정들이 이곳에 저장되어 있다.

이러한 표정인자들과 측정된 자료들은 사진들이 저장된 폴더에 확장자가 ".nvm"인 파일로 저장된다. 이 파일은 이용된 사진의 표정자료와 측정된 3차원 좌표, 정합위치에 해당되는 사진의 색상(RGB), 정합이 이뤄진 사진과 사진의 화소 좌표 등의 매우 정밀한 자료들이 저장되어 있다[그림 8.13]. 이 자료들은 체계적으로 읽혀서 Surface Mapper의 데이터베이스 파일 "SFM.mdb"의 SFM 테이블에 저장된다.

표 8.1 VisualSFM에서 제공되는 표정인자들

항목들	계산된 예제
1. Filename (of the undistorted image in visualize folder)	1. 00000000.jpg
2. Original filename	2. D:\aTest\Photo\2.jpg
3. Focal Length (of the undistorted image)	3. 2377.15087891
4. 2-vec Principal Point (image center)	4. 2000 1125
5. 3-vec Translation T (as in P=K[R T])	5. -0.0569868125021 0.0525989197195 0.175685912371
6. 3-vec Camera Position C (as in P=K[R -RC])	6. 0.0588244982064 -0.000885210931301 -0.18280762434
7. 3-vec Axis Angle format of R	7. -0.276325006618 0.00542084790431 -0.0319393036479
8. 4-vec Quaternion format of R	8. 0.990340323113 -0.137717347783 0.00270169104581
9. 3x3 Matrix format of R	-0.0159181980749
10. [Normalized radial distortion]=[radial distortion]*	9. 0.999479055405 0.0307847056538 0.00973560381681
[focal length]^2	-0.0322730280459 0.961562931538 0.272688269615
11. 3-vec Lat/Lng/Alt from EXIF	-0.000966770516243 -0.27285990119 0.962053835392
	10. -0.00462802763105
	11. 36.2918224722 127.377001833 0.1

```
NVM_V3

2
2.jpg   2361.29077148 0.990281814807 -0.138529032706 0.00319486883069 -0.0119131467399 0.0637547009057 -0.00184280805199 -0.168328161664 -0.00453042392651 0
6.jpg   2362.74682617 0.989947865946 -0.140677620661 -0.00317501084356 -0.014274545516 -0.267099765681 -0.890769300354 -0.453574559465 -0.00136583104485 0

1220
-1.87815423334 -0.846431027457 1.53130305799 215 225 224 4 3 1670 -1451.98339844 722.104736328 13 1531 -335.325439453 772.546142578 14 1617 336.080078125 745.530
-1.14723762248 -1.8619928049 2.26033770587 138 135 119 4 0 49 -1021.87823486 -905.786132813 1 78 -752.912109375 -125.669921875 2 60 -966.995605469 -90.1538085938
0.800362843854 -2.13765236532 3.35764579774 195 192 173 4 3 1250 815.107177734 -108.124755859 13 1057 1411.26342773 -128.54675293 14 1210 1706.23657227 -145.4525
```

(a) 수록된 문자파일의 예로서 각 줄의 의미는 다음과 같다.

File Name 15.jpg

Focal Length :
2388.01806641

Quaternion WXYZ :
0.989557030813 -0.14233962985 -0.0126307756209
-0.0188934460353

Camera Center :
-2.42056727409 -0.909717977047 -0.251420080662

Radial Distortion :
0.00270339848672 0

XYZ :
-1.87815423334 -0.846431027457 1.53130305799

RGMB :
215 225 224

매칭점의 개수 : 4

매칭점들 : 사진번호, ___, X좌표, Y좌표
3 1670 -1451.98339844   722.104736328
13 1531 -335.325439453   772.546142578
14 1617 336.080078125   745.530029297
15 1536 707.661132813   738.023193359

(b) 파일의 앞부분은 사진들과 각 사진의 표정정보들로 한 줄은 이와 같이 정리되어 있다.

(c) 측정된 자료의 개수(이 예제에선 1220)로 시작되는 뒷부분은 측정값들로, 한 줄은 (x, y, z)좌표, 색상값(R, G, B)과 매칭되는 사진들의 번호와 각 사진에서의 화소 좌표들로 구성된다.

그림 8.13 VisualSFM의 측정자료 파일(확장자 .nvm 파일) 구조

이하 구현될 구체적인 s/w의 구조 및 사용법과 지속적인 개발현황은 s/w가 제공되는 홈페이지에서 다루기로 하며, 표정자료와 사진의 좌표로부터 3차원 좌표를 추출하는 방법들은 부록 2.2에 수록되어 있다.

8.5.2 지형 좌표로부터 주향/경사 구하기

그림 8.14는 Surface Mapper를 이용하여 절리의 경사방향과 경사값을 구하고 이를 3차원 공간에 도식한 결과이다. 입체사진 혹은 번들 사진들을 이용하여 어떻게 정합점들이 찾아지며 그들의 3D 좌표가 계산되는지를 앞에서 설명하였다. 그러한 과정을 통하여 정합점의 사진 좌표와 3D 지형 좌표가 데이터베이스에 저장된다.

탐색영역을 설정하면 데이터베이스로부터 영역 내의 정합점을 불러와 두 가지 계산이 수행된다. 첫째는 영역 내의 정합점으로부터 계산된 지형 좌표를 이용하여 등간격 격자형

(a) 검색영역에 표기된 정합점들과 측정하고자 하는 면이 굴착표면에 선분으로 노출된 모습. 굴착 표면의 굴곡으로 인해 측정하고자 하는 절리면과 굴착면의 교선은 직선이 아니다.

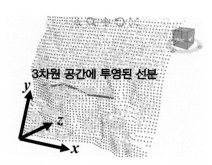

(b) 정합점을 이용한 검색영역 표면의 격자모델과 사진에 그려진 선분의 3차원 위치

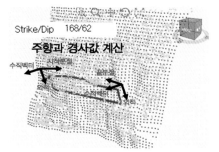

(c) 굴착면 위에서 측정된 측정하고자 하는 면의 궤적을 이용하여 계산된 경사방향/경사값과 이를 이용하여 그려진 3D 면구조

(d) 다른 각도에서 관찰한 그려진 면구조의 궤적

그림 8.14 Surface Mapper를 이용한 주향/경사값 계산

지형 좌표[그림 8.14(b)]로 보간이 이뤄지는데, 보간 방법은 Kriging 보간법을 사용하였다. 지형 좌표의 좌표축 배열이 그림 8.14(b)의 좌측 하단 좌표축들과 같다고 하면, xy평면에 깊이를 z방향으로 설정하고, xy평면에서 x와 y방향으로 등간격의 보간을 수행한다. 두 번째 계산은 사진과 지형 좌표의 관계식을 적립하는 것이다. 이 관계식은 부록 2.1에 정리되어 있는 다항식 관계를 이용하였다. 사진의 수평과 수직축을 각기 x와 y축이라 설정하면, 이 xy평면과 3D 공간에서의 xy평면 사이의 다항식 좌표 관계를 설정하면 되는 것이다. 이렇게 설정된 관계식을 이용하여 사진에서 선분을 그리면 그 선분의 xy평면 위치를 3D 공간에서 찾을 수 있고, 그 위치에 해당하는 보간된 깊이를 계산하여 3차원 공간에서 3D 선분을 그릴 수 있게 된다. 일반적으로 선분의 정점vertex들을 마우스로 입력하여 선분을 그리게 되므로, 각 정점의 3D 좌표를 계산하여 3D 선분을 완성하게 된다[그림 8.14(b)].

엽리나 절리와 같은 면구조가 굴곡이 있는 굴착면(혹은 노두의 표면)과 만나게 되면 굴곡으로 인해 굴착면과 면구조의 교선이 직선이 아닌 굴곡된 형태를 보이게 된다. 사진에서 이와 같이 굴곡된 교선을 그리게 되면 지질구조인 평면 위에 놓인 여러 개의 3D 좌표를 얻게 된다. 한 평면에 위치한 여러 점으로부터 평면의 주향과 경사를 구하는 방법은 다음과 같다.

1) 일반적인 평면의 방정식 $Ax + By + Cz + D = 0$는 다음의 식 8.10과 같이 단순화될 수 있다.

$$Z = a + bX + cY \hspace{4cm} \text{식 8.10}$$

2) 최소제곱법을 이용하여 여러 개의(X, Y, Z) 좌표로 상수 (a, b, c)를 구하는 방법은 부록 2.1에 수록된 방법과 유사하다. 좌변에서 우변을 빼준 후 제곱하여 각기 상수항으로 편미분하여 정리하면 식 8.11과 같은 행렬식이 되며 이 식의 (a, b, c)항을 역행렬로 구해주면 되는 것이다.

$$\begin{bmatrix} N & \sum X_i & \sum Y_i \\ \sum X_i & \sum X_i^2 & \sum X_i Y_i \\ \sum Y_i & \sum X_i Y_i & \sum Y_i^2 \end{bmatrix} * \begin{bmatrix} a \\ b \\ c \end{bmatrix} = \begin{bmatrix} \sum Z_i \\ \sum X_i X_i \\ \sum Y_i Z_i \end{bmatrix} \hspace{2cm} \text{식 8.11}$$

3) 식 8.11에서 구한 (a, b, c) 상수를 이용하여 경사값 α와 경사방향 β를 구하는 방법은 부록 4.2를 참조하기 바란다.

식 8.10을 통하여 상수(a, b, c)를 구하면, 평면의 방정식 $ax + by + cz + D = 0$을 만들 수 있으며 여기에서 벡터(a, b, c)는 면의 수직벡터를 의미한다. 그러므로 면 위에 놓인 선분의 시작/끝 절편과 수직벡터의 외적들은 그림 8.14(c)와 같은 3차원 면구조의 가시적인 형상을 그려줄 때 필요한 방향벡터들이 된다.

제9장

공내 카메라와 지질구조

제9장   공내 카메라와 지질구조

시추공에서 영상으로 관찰되는 면구조의 배열은 BIPS(Kamewada et al., 1990), Televiewer (Zemanek and Caldwell, 1969) 혹은 DOM 시추(Yoon et al.,   2003; Cho et al., 2004)와 같은 방법을 통해 측정할 수 있으며, 많은 암반의 시공현장에서 이와 같은 측정이 수행되고 있다. 그러나 적지 않은 예산이 소요되는 시추공 영상조사 결과가 투자된 시간과 예산에 비해 충분히 활용되지 못하고 있는 아쉬움이 있다. 학술적 관점에서 공내에서 관측된 면구조를 예상 절취면에 투영하여 투영된 3차원 면구조를 분석한 시도가 없진 않으나 현장에 널리 적용할 수 있는 s/w나 단순 분석기법이 마련되지 못한 아쉬움도 있다. 이번 장에서는 시추공 영상에서 터득된 면구조의 투영방안에 관해 기술하고자 한다.

9.1 Fracjection

공내 카메라에서 측정된 자료 중 면의 위치(깊이)와 배열(주향과 경사) 및 특성[그림 9.1 의 테이블 중 Feature 항목]을 가시화하기 위해 제작된 s/w로서 본 서의 부록 3을 이해한 독자라면 여기에 기술된 내용을 바탕으로 본 s/w를 본인의 취향에 맞게 변경할 수 있도록 AutoCad와 vb.net 언어로만 제작되었으며, 다음의 기능들을 포함한다.

1. 면구조 도식 : 시추공 내의 면구조를 원형으로 실 배열에 맞게 도식한다.
2. 단면제작 : 지형도를 이용하여 DEM을 제작하고, 이를 이용하여 자동으로 단면을 제작한다.
3. 시추공 위치로부터 단면으로 면구조들을 투영한다.

Depth	Dip	Dip Direction	Width	Feature
6.61	13	283	13	Open Joint
8.437	77	140	6	Open Joint
9.907	18	328	24	Fracture Zone
15.433	13	349	13	Fracture Zone

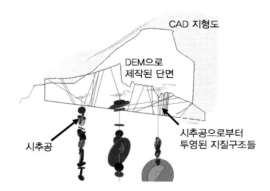

그림 9.1 공내 카메라에서 측정된 자료테이블과 이를 가시화한 결과

9.1.1 면구조 도식

AutoCad의 그래픽 기능을 이용하면 시추공 내에 분포하는 절리를 그림 9.2(a)와 같이 도식할 수 있다. 절리의 형태를 원 혹은 얇은 실린더Cylinder로 표현하고 실린더의 반경을 불연속면의 물성(예, 간극이나 풍화도 등)으로, 실린더의 색상을 불연속면의 특성(예, 절리, 단층, 엽리 등)으로 분류할 수 있을 것이다.

실제 3차원 투영을 위해서 먼저 실린더가 위치할 시추공에서의 위치가 3차원 좌표로 구해져야 한다. 모든 시추공이 수직일 수 없으므로 시추의 진행 방향이 있는 일반적인 상황을 고려해야 한다. 공내 카메라에서 읽혀지는 지질구조의 깊이는 지표면으로부터 시추공의 방향으로의 거리를 의미한다. 그러므로 지표면의 시추 위치 좌표를 $(x,\ y,\ z)$라 하고, 시추방향의 단위벡터를 $(a_x,\ a_y,\ a_z)$라 하고 깊이를 d(거리)라 하면 원점인 시추 위치로부터의 공간좌표는 $(a_x \times d,\ a_y \times d,\ a_z \times d)$가 되고 실 공간에서의 좌표는 이 좌표에 원점좌표를 더한 $(a_x \times d + x,\ a_y \times d + y,\ a_z \times d + z)$가 된다[그림 9.2(b)].

구해진 공간좌표에 지질구조를 표기하는 방법은 먼저 공간좌표를 중심으로 하는 실린더를 수평공간에 그려주는 것으로 시작된다[그림 9.3(a)]. 첫 단계는 남북축을 기준으로 경사값만큼 회전하고[그림 9.3(b)], 회전된 실린더를 다시 수직축을 기준으로 주향방위만큼 회전하면 된다[그림 9.3(c)].

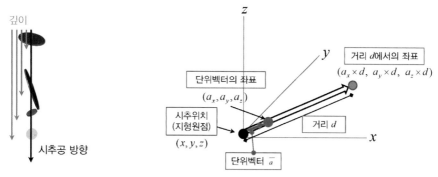

(a) 공내 카메라 측정에서의 지질구조 위치는 지표로부터의 깊이로 주어진다.

(b) 시추공의 진행방향을 단위벡터로 정의하면 깊이는 벡터방향의 진행거리로서 이 거리를 단위벡터에 곱해주면 3D 공간의 위치를 구할 수 있다.

그림 9.2 공내 카메라의 깊이정보로부터 실제 3D 지형 좌표 구하기

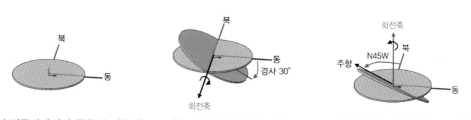

(a) 수평공간에서의 동쪽과 서쪽에 대한 정의

(b) 경사방향으로의 회전

(c) 경사회전 후 주향방향으로의 회전

그림 9.3 지질구조 실린더의 회전

9.1.2 단면제작

예상 절취면의 제작이나 시추 코아의 실제 위치를 3차원으로 모델하기 위해서는 지형고도 모델인 DEM이 제작되어야 하는데, 국내에서는 대부분 지역의 1 : 5,000 축척 전산지형도를 구할 수 있어 이를 이용하여 DEM을 제작할 수 있다. 전산지형도의 등고선은 3차원 고도 정점Vertex들을 연결한 3차원 선분들이다. 그러므로 이 정점들을 이용하여 등간격 고도자료인 DEM을 제작할 수 있는 것이다.

DEM 제작의 첫 번째 단계는 설계도면인 평면 전산도면 중 불필요한 도형요소를 지우고 등고선과 단면선분 등으로 단순화된 지형도가 제작되어야 한다[그림 9.4(a)]. 전산지형도의 선분들은 3차원 정점으로 이어져 형성되므로[그림 9.4(b)], 이 정점들을 추출해 등간격의 격자 형태[그림 9.4(c)]로 내삽된 DEM을 제작할 수 있는 것이다[그림 9.4(d)].

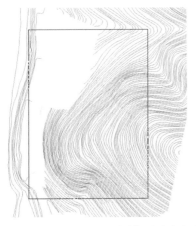

(a) 전산지형도로부터 비탈면 현장을 선택하여 편집한 도면

(b) 정점들이 연결된 전산지형도의 3D 선분들

(c) 등간격으로 보간된 고도의 위치

(d) 보간된 고도의 3D 위치들

그림 9.4 전산지질도와 DEM

소단이 존재하는 비탈면의 정밀한 지형의 형태를 3차원으로 모델하기 위해서는 지형도의 3차원 정점들만으로는 만족할 만한 3D 모델이 제작되기 어렵다. 소단의 위치를 3D 선분으로 추가해줘야 한다. 문제는 소단의 위치가 3차원 지형도의 위치에서 구해지기보다는 비탈면의 설계 단면도들로부터 구해야 하는 것이다.

비탈면의 설계단면[그림 9.5(a)]을 어떻게 3차원 지형공간으로 옮겨야 할 것인가? 일반적으로 단면과 도면은 동일한 축척을 사용하므로 이 과정은 그리 어렵지 않다. 모든 설계단면의 위치는 평면도에 표기되어 있으므로 단면의 시작점과 단면의 진행방위벡터를 평면도에서 구할 수 있다[그림 9.5(b)]. 이때 평면도에서 구해진 진행방위벡터는 평면상의 2차원 벡터가 될 것이다. 단면의 원점(시작점)을 평면도의 단면원점으로 평행이동하여, 단면에서의 수평방향 거리[그림 9.5(a)]에 진행방위 벡터[그림 9.5(b) 단면의 방향벡터]를 곱하면 평면도에서의 위치를 구할 수 있다. 단면에서 수평이동된 위치의 높이는 쉽게 구할 수 있으므로[그림 9.5(a)], 그림 9.5(c)와 같은 소단이 포함된 구체적인 3차원 단면을 CAD 도면에 입력할 수 있다. 이후 단면소단의 경계들을 연결하면 비탈면 내부에도 부수적인 3차원 정점들이 추가되는 것이다.

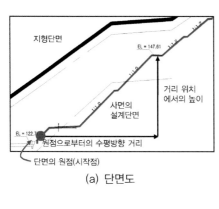

(a) 단면도

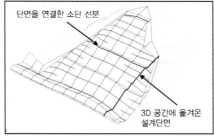
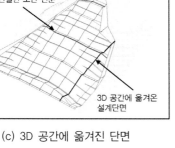

(c) 3D 공간에 옮겨진 단면

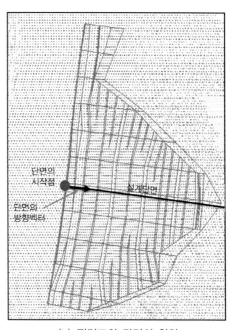

(b) 평면도와 단면의 위치

그림 9.5 설계단면을 지형도로 옮기기

도형자료에서 등간격의 고도자료를 내삽하는 방법은 흔히 Kriging 기법(Deutsch and Journal, 1992)이나 역거리 내삽법(Inverse Distance Weight : Shepard, 1968)을 활용할 수 있다. 본 서에서 제공하는 Fracjection에서는 Kriging 기법이 활용되었다.

이와 같이 DEM이 제작되면 평면도에 단면의 위치를 입력하여[그림 9.6(a)], DEM으로부터 고도를 읽어와 3차원 단면[그림 9.6(b)]을 제작할 수 있다. 평면도에서 입력된 단면의 위치에서 시작점과 끝점을 이용하여 2차원 평면에서 단면의 진행벡터와 시작점의 평면 좌표를 읽을 수 있다.

DEM은 등간격의 고도자료이다. 그러므로 이 자료가 프로그래밍 과정에서는 배열로 읽혀 배열의 위치에서 고도를 계산해줘야 한다. 다소 상식적인 과정이나, DEM의 기준점을 좌표에서 빼준 후 배열의 간격을 이용하여 배열의 위치를 구하고 배열(격자) 내부에서의 세부 거리를 계산해야 하는 등 실제 좌표와 DEM 위치를 연결하는 데는 조금 복잡한 과정이 구현되어야 한다. 더욱이 지형의 좌표와 영상화소의 좌표는 수직방향에서 반대인 관계로 저장된 DEM 배열의 수직 위치가 반대가 될 수도 있어 혼돈을 배가시킬 수 있다. 이러한 과정이 구현된 Fracjection의 코드를 분석할 때 본문을 참고하기 바라며, DEM으로부터 조금 더 합리적인 고도를 읽기 위해서는 부록 4.1에 기술된 역거리 가중치 보간법 등이 활용되었음을 이해하기 바란다.

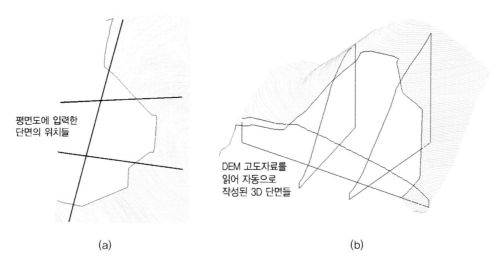

평면도에 입력한
단면의 위치들

DEM 고도자료를
읽어 자동으로
작성된 3D 단면들

(a)   (b)

그림 9.6 평면도에 입력된 단면의 위치(a)로부터 DEM의 고도자료를 읽어와 3차원 단면을 제작(b)할 수 있다.

9.1.3 시추공의 면구조를 단면으로 연장하여 투영하는 법

9.1.3.1 다른 좌표계에서의 좌표

3차원 공간에서 좌표들의 투영은 좌표의 축들이 달라질 때 새로운 기준축에서 읽히는 좌표를 구하는 루틴을 사용하면 쉬워질 수 있다. 예를 들면 그림 9.7에서 수직좌표계인 $x-y$ 좌표계에서 읽힌 좌표가 (2, 4)인 점은 다른 좌표계인 $X'-Y'$ 좌표로는 $\left(\dfrac{6}{\sqrt{2}}, \dfrac{2}{\sqrt{2}}\right)$가 된다. 수직 직교좌표의 x축 단위벡터를 $V_x =$ (1, 0)이라 하고 y축 단위벡터를 $V_y =$ (0, 1)이라 하고 새로운 좌표계의 X'축 단위벡터를 $NV_X = \left(\dfrac{1}{\sqrt{2}}, \dfrac{1}{\sqrt{2}}\right)$이며, Y'축 단위벡터가 $NV_Y = \left(-\dfrac{1}{\sqrt{2}}, \dfrac{1}{\sqrt{2}}\right)$이라 하면 원좌표계에서의 좌표 (x, y)는 새로운 좌표계에서의 (X', Y')좌표로 다음의 수식[식 9.1]에 의해 변환된다.

$$X' = |\,x\ y\,| \begin{vmatrix} NV_{Xx} \\ NV_{Xy} \end{vmatrix}$$

$$Y' = |\,x\ y\,| \begin{vmatrix} NV_{Yx} \\ NV_{Yy} \end{vmatrix}$$

식 9.1

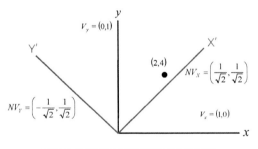

그림 9.7 새로운 좌표계에서의 좌표값

그림 9.7 예제는 다음과 같이 새로운 좌표가 계산된다.

$$X' = |\,2\ 4\,| \begin{vmatrix} \dfrac{1}{\sqrt{2}} \\ \dfrac{1}{\sqrt{2}} \end{vmatrix} = \dfrac{6}{\sqrt{2}} \qquad Y' = |\,2\ 4\,| \begin{vmatrix} -\dfrac{1}{\sqrt{2}} \\ \dfrac{1}{\sqrt{2}} \end{vmatrix} = \dfrac{2}{\sqrt{2}}$$

이 좌표를 다시 원좌표로 역산하는 방법은 식 9.2를 따르면 된다.

$$(x,\ y) = X'NV_X + Y'NV_Y$$
식 9.2

이 예제는 다음과 같이 계산된다.

$$(x,\ y) = \frac{6}{\sqrt{2}}\left(\frac{1}{\sqrt{2}},\ \frac{1}{\sqrt{2}}\right) + \frac{2}{\sqrt{2}}\left(-\frac{1}{\sqrt{2}},\ \frac{1}{\sqrt{2}}\right)\left(\frac{6}{2},\ \frac{6}{2}\right) + \left(-\frac{1}{2},\ \frac{2}{2}\right) = (2,\ 4)$$

이곳에서는 쉬운 이해를 위해서 2차원 공간의 예를 설명하였으나 3차원 공간에서도 좌표축이 하나 더 추가될 뿐 동일한 방법으로 계산하면 된다.

9.1.3.2 단면으로의 투영

Fracjection에서는 단면에 투영되는 면구조의 궤적을 구하는 과정을 단계적으로 수행한다. 3차원 공간에서의 좌표계를 xy평면으로 하는 2차원 좌표계로 투영하여 면구조와 단면의 교선을 2차원 공간에서 계산한 후 다시 3차원 공간으로 역투영하는 과정으로 진행되며 단계별 과정은 다음과 같다.

1. 단면의 좌측 하단부를 원점(O_x, O_y, O_z)으로 하고 단면의 수평방향을 x축, 하늘을 향하는 방향을 y축, 두 축에 수직인 방향을 z축으로 설정하고 각 축의 단위벡터를 계산한다. 이 벡터들을 투영벡터(NV_x, NV_y, NV_z)라 칭하겠다[그림 9.8(a)].

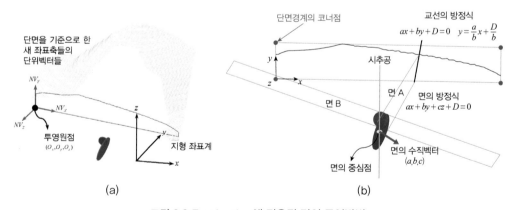

(a)　　　　　　　　　　　(b)

그림 9.8 Fracjection에 적용된 면의 투영방법

2. 단면의 정점 좌표들을 단면원점으로 평행이동한 후, 투영벡터를 이용하여 2차원 평면으로 투영한다[그림 9.8(b)].

3. 시추공의 개별 구조면의 중심좌표를 단면원점으로 평행이동한 후 중심좌표의 위치를 투영벡터를 이용하여 2차원 단면 공간으로 투영한다[그림 9.8(b)].

4. 면의 수직벡터를 투영벡터를 이용하여 새 공간(2차원 단면공간) 좌표로 투영한다[그림 9.8(b)].

5. 평면공간(xy공간)으로 옮겨온 2차원 단면공간에서 면의 수직벡터와 중심좌표를 이용하여 면의 방정식($ax + by + cz + D = 0$)을 구한다. 여기에서 면의 수직벡터 (a, b, c)는 면의 방정식의 a, b, c와 같은 값이므로, 면의 방정식에 면의 중심좌표를 대입하여 D값을 구하면 면의 방정식이 만들어진다.

6. 시추공에서 측정된 면구조는 배열방향에 따라 단면과 교차하기도 하지만 단면과 유사한 배열을 갖거나 거리가 멀어서 단면을 교차하지 않는 경우도 있다[그림 9.8(b)의 면 A와 면 B]. 이 관계를 확인하기 위해서 단면경계의 코너점 4개의 좌표를 구한 후 구조면의 방정식에 대입하여 z값을 구한다. 여기에서 구해지는 z값은 코너점에서 수직선을 그릴 때 그 선분이 면구조와 만나는 점의 수직 위치를 의미한다. 만약 교점이 모두 $+ Ve$값이면 면은 수평단면의 위쪽에 위치하면서 단면을 교차하지 않으며, 모두 $- Ve$값을 보이면 단면의 아래쪽에 위치하며 단면을 교차하지 않는다. 단면에 교선이 만들어지려면 적어도 2개의 $+ Ve$나 $- Ve$값이 존재해야 한다. 그러므로 이 조건에 맞는 면구조만을 대상으로 교선을 추출하면 된다.

7. 단면을 xy평면으로 투영하였으므로 단면과 면구조의 교선의 방정식은 면구조 평면의 방정식($ax + by + cz + D = 0$)에 $z = 0$ 조건을 적용하여 선분의 방정식 $y = \dfrac{a}{b}x + \dfrac{D}{b}$ 로 구하면 된다.

8. 단면을 구성하는 정점들을 차례로 돌면서 인접된 정점과 현 정점을 이용하여 정점 구간의 선분방정식을 만들고 투영된 선분의 방정식과 정점구간의 방정식의 교차점을 찾아 그 교차점이 두 정점 사이에 존재하는지 확인하고, 교차점의 좌표를 구한다[그림 9.9]. 여기에서 구해지는 교점을 연결하면 단면과 면구조의 교선을 그릴 수 있다. 모든 면구조를 단면에 투영하면 그림 9.10과 같은 xy공간에서의 2차원 단면도가 완성된다.

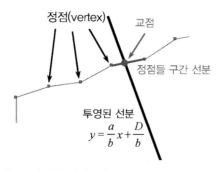

그림 9.9 단면의 정점구간 선분과 투영된 선분의 교선

그림 9.10 2차원 xy공간에 투영된 단면과 시추공에서 측정된 면구조의 교선들

9. 마지막 단계는 9.2.3절에 설명된 역투영 기법을 이용하여 2차원 단면을 3차원 단면으로 이동시키는 것이다[그림 9.11]. 이 과정에서 잊지 말아야 할 것은 역투영한 좌표에 단면의 원점이 이동된 좌표를 보정해줘야 하는 것이다.

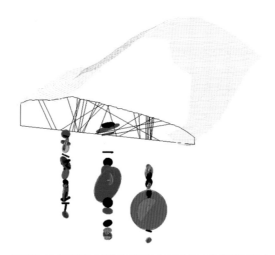

그림 9.11 단면의 위치를 3차원 공간으로 역투영한 결과

9.1.3.3 원의 크기로 투영

단면과 시추공에서 측정된 면구조의 교선을 그림 9.10과 같이 표현하는 것은 면구조가 무한 연장성을 보인다는 것을 의미한다. 면구조의 형태를 원형으로 가정하면, 면구조의 연장성을 원의 반경까지로 제한할 수 있어 조금 더 현실감 있는 분석을 할 수도 있을 것이다. 물론 시추공과 면구조의 교점이 면구조의 중심이 될 수밖에 없는 설정이라 연장성에 대한 신뢰도는 적절하지 않을 수 있다. 그러나 지질구조의 연장성을 시추공에서 측정할 수 있는 다른 방법이 없으니 차선책으로 이 방법을 시도해볼 수도 있다.

단면에 투영된 면구조의 교선이 그림 9.12와 같이 단면의 경계에 접하는 선분 $P_1 - P_2$라 하고, 원형의 면구조 반경이 R이며, 원의 중심이 P_o인 상황을 가정하자. 원구조와 단면의 교선을 구하는 것은 이와 같이 알려진 정보를 이용하여 교선의 시작점 P_{st}와 끝점 P_{end}를 구하는 것이다. Fracjection에 사용된 알고리듬은 다음과 같다.

1. 삼각형 $P_o - P_1 - P_{st}$의 세 변을 반경 R과 $D1$, $D2$라 하고 삼각형 내부의 세 각도를 α, β, γ라 하면 이들의 관계는 식 9.2와 같다.

$$\frac{R}{\sin\alpha} = \frac{D1}{\sin\beta} = \frac{D2}{\sin\gamma} \qquad \text{식 9.2}$$

2. 알려진 점 P_1, P_o를 이용하여 $\overrightarrow{V1}$, 점 P_1, P_2를 이용하여 $\overrightarrow{V2}$를 구할 수 있으며 두 벡터의 사잇각은 다음의 식으로 구해진다.

$$\cos\alpha = \overrightarrow{V1} \cdot \overrightarrow{V2}$$

3. 점 P_1, P_o를 이용하여 두 점 사이의 거리 $D1$을 구할 수 있으므로, 식 9.2를 이용하면 삼각형의 내각 β는 다음의 식으로 구할 수 있다.

$$\sin\beta = D1\frac{\sin\alpha}{R}$$

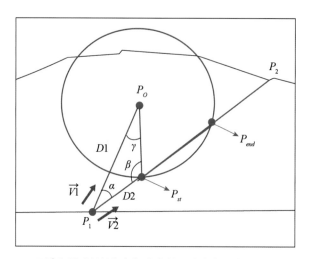

그림 9.12 원의 반경에 해당하는 단면의 교선 구하기

4. 삼각형 내부의 두 각도 α와 β가 구해졌으니 다른 한 각도는 $\gamma = 180 - (\alpha + \beta)$가 된다. 다시 한번 식 9.2를 이용하면 삼각형 다른 한 변의 길이 $D2$는 다음의 식으로 구해진다.

$$D2 = \frac{R}{\sin \alpha} \sin \gamma$$

5. 거리 $D2$를 단위벡터 $\overrightarrow{V2}$에 곱해주면 원점 P_1으로부터 $D2$ 거리만큼 이동된 위치의 P_{st}의 좌표를 구할 수 있다.

6. 동일한 알고리듬을 이용하면 원과의 다른 교점 P_{end}를 구할 수 있다.

편의상 그림 9.12의 단면과 원의 위치를 평면에 도식하였으나 도형의 3차원 좌표들을 이용하면 위 알고리듬은 3차원 공간에서도 동일하게 적용된다.

제10장
블록이론

제10장 블록이론

　암반은 이미 깨어진 불연속면을 내재하며 이들이 교차하며 형성되는 블록들은 기하학적인 형상에 따라 무너질 수 있는 위협적인 존재가 되거나 안정할 수도 있다. 굴착면과 불연속면들이 교차되는 기하학적 배열을 분석하여, 이들에 의해 만들어지는 블록들의 안정성을 분석하는 이론이 블록이론이다(Goodman and Shi, 1985). 오래전에 만들어졌으나 널리 활용되지 못한 것이 아쉽다.

　이 이론은 불안정한 블록을 투영망을 통해 확인하는 매우 실용적인 방법이다. 절취면에서 형성되는 블록들의 실제 위치와 배열을 정확히 확인할 수 있으면 반드시 수행되어야 할 분석기법인 것이다. 그러나 블록을 확인하기 위한 정밀 지질조사는 많은 시간과 인력을 필요로 하는 관계로 이 이론이 현장에 충분히 활용되기는 어려웠다. 그러므로 조사지역에 분포하는 대표적 절리군을 대상으로 안정성을 확인하거나 통계적으로 절리의 분포를 모의 제작하여 이들의 안정성을 분석하는 등의 간접적 분석에만 드물게 응용되어왔다.

　최근 원격으로 절취면을 조사할 수 있는 시스템(제8장)들이 실용화되면서 블록이론은 조사 자료의 분석에 반드시 활용되어야 할 중요한 분석기법이 될 것으로 예측된다. 본 서에서는 블록이론에 대한 자세한 기하학적 이론들을 설명하기보다는 이론의 기반이 되는 기초적인 내용과 실제 이론을 적용할 수 있는 투영망 해법만을 다루기로 하겠다. 블록이론 자체는 방대한 내용으로 좀 더 자세한 이해를 원하는 독자들은 Goodman and Shi(1985), Goodman(1995), Hatzor and Goodman(1996) 등을 참고하기 바란다.

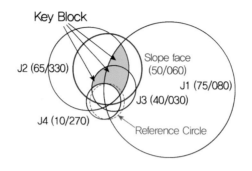

10.1 키블록(Key Block)

불연속면에 의해 분리된 블록은 절취면 내부에서 블록을 형성하느냐 않느냐에 따라서 무한블록Infinity과 유한블록Finite으로 나눌 수 있다[그림 10.1]. 또한 유한블록도 절취면에서 빠질 수 있느냐와 그렇지 못하느냐에 따라서 거동형Removable과 부동형Tapered으로 나뉜다[그림 10.1(b), (c)]. 이들 중 관심을 가져야 할 블록은 유한이면서 거동형의 블록인데, 이 거동성 블록도 기하학적 형상에 따라서 안정한 것들과 불안정한 것들로 분류된다[그림 10.2]. 터널의 바닥과 같이 절취면이 블록의 상부일 경우 블록이 자중에 의해 절취면을 빠져나올 수가 없는 매우 안정한 블록이 된다[그림 10.2(a)]. 블록이 절취면을 빠져나올 수 있다 하더라도 블록의 이동이 집중되는 활동면의 경사값이 작아서 활동면을 잡아주는 마찰력이 블록을 이동시키려는 자중에 의한 전단력보다 작을 경우는 안정한 블록이 될 수 있다[그림 10.2(b)]. 이러한 경우들을 제외하고 블록이 움직일 수밖에 없는 기하학적 형태를 키블록Key Block

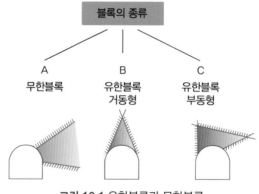

그림 10.1 유한블록과 무한블록

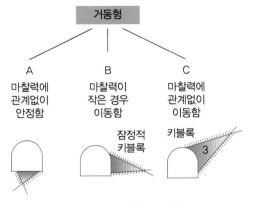

그림 10.2 거동형 블록의 분류

이라 한다[그림 10.2(c)]. 즉, 키블록은 유한블록으로 전단력에 관계없이 거동형인 불안정한 블록을 의미한다. 한편 마찰력이 전단력보다 커서 안정한 블록이기는 하나 풍화와 지하수의 영향 등으로 전단력이 작아져 불안정해질 수 있는 그림 10.2(b)와 같은 블록을 잠정적 키블록potential key block이라 한다.

그림 10.3은 실제 비탈면의 내부에 존재할 수 있는 다양한 종류의 블록들을 도식하고 있다. 다소 도학적이며 상징적이며 특히 2차원의 단면을 도식하고 있으나 내용이 3차원에서도 유사하게 적용될 수 있으므로 $a \sim e$의 블록 경계를 확인하면서 각 블록의 기하학적 형상을 이해해보기 바란다.

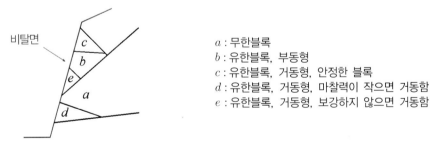

그림 10.3 비탈면의 내부에 분포할 수 있는 블록의 종류들. 그림 10.1과 10.2에서 분류한 안정성에 관련된 블록의 예들이다.

다시 정리하면 붕괴될 수 있는 블록은 불연속면으로 경계지어진 블록의 형상이 암석 내에서 유한해야 하며[그림 10.1] 유한한 블록 자체도 거동이 가능해야 한다[그림 10.2]. 이러한 유한성과 거동성은 유한성 이론과 거동성 이론이라는 기하학적 법칙으로 정의된다.

10.2 블록에 관한 용어와 투영망

법칙들을 설명하기 위해서는 먼저 절개면과 불연속면들로 나눠진 공간들에 대한 용어들을 설명해야 한다. 하나의 공간은 무한 평면에 의하여 두 개의 반무한 공간으로 나뉜다. 즉, 비탈면과 같이 절개면이 형성되면 절개면 상부의 하늘공간과 하부의 암석공간으로 나뉜다는 의미이다. 블록이론에서는 전자를 'Space Pyramid(SP)'라 하고 후자를 'Excavation Pyramid(EP)'라 하는데, 다소 혼돈되는 표현이므로 본 서에서는 전자를 상부공간, 후자를 하부공간이라 칭하겠다[그림 10.4].

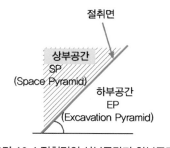

그림 10.4 절취면의 상부공간과 하부공간

제6장에서 설명하였던 일반적인 투영망은 하반구 투영기법을 사용한다. 그러나 블록이론에서는 상반구 투영기법이 활용된다. 이는 유한성 이론과 거동성 이론의 기하학적 분석이 하반구 투영보다는 상반구 투영을 활용할 경우 훨씬 수월하기 때문이다.

상반구 투영에서는 면구조의 상부공간SP은 투영망에 투영된 대원의 내부 영역이 된다[그림 10.5]. 이 내용을 조금 더 이해하기 위하여 절개면의 상부와 하부에 위치한 선분들을 상반구 투영망에 투영해보자[그림 10.5(a)]. 상부공간에 위치한 선분은 절개면이 투영된 대원의 내부에 위치하고, 하부공간에 위치한 선분은 대원의 외부에 위치함을 쉽게 이해할 수 있을 것이다[그림 10.5].

마지막으로 설명해야 할 용어로 절리암체와 블록암체가 있다[그림 10.6]. 블록이론에서는 절리(불연속면)로 분리된 암석의 블록을 Joint Pyramid[JP]라 하고 이들 중 하부공간의 영역을 Block Pyramid[BP]라 한다. 본 서에서는 편의상 전자를 절리암체, 후자를 블록암체라 칭하겠다[그림 10.6].

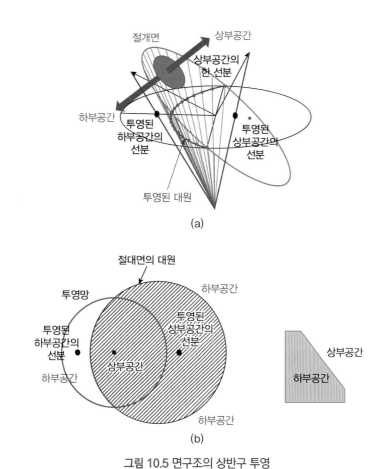

(a)

(b)

그림 10.5 면구조의 상반구 투영

(a) 절리암체   (b) 블록암체

그림 10.6 절리(불연속면)로 분리된 블록을 Joint Pyramid(JP)라 하고 이들 중 암체 내부에 포함된 블록을 Block Pyramid(BP)라 칭한다.

10.3 유한성 이론(Theorem of Finiteness)

블록은 유한해야 하며[그림 10.1], 거동이 가능해야[그림 10.2] 붕괴될 수 있다. 블록이론에 의하면 절리암체와 하부공간의 교집합이 공집합이며[식 10.1], 블록암체가 상부공간과 교집합을 이루면[식 10.2] 블록은 유한블록이다.

$$BP = JP \cap EP = \phi$$

블록암체 = 절리암체 ∩ 하부공간 = ϕ(공집합)

식 10.1

$$JP \subset SP$$

절리암체⊂ 상부공간

식 10.2

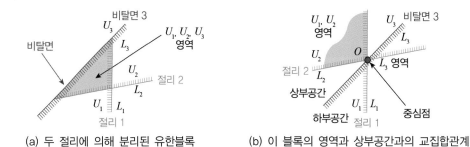

(a) 두 절리에 의해 분리된 유한블록 (b) 이 블록의 영역과 상부공간과의 교집합관계

그림 10.7 두 절리에 의해 분리된 유한블록과 이 블록의 영역과 상부공간과의 교집합관계

여기에서 교집합과 공집합은 공간배열의 의미이다. 투영망과 같이 면이나 선구조의 배열은 그들의 방위일 뿐 분포된 위치와는 무관하다. 예를 들어, N30E/35NE라는 배열의 면구조는 위치와 무관하게 동일한 공간의 방위를 의미한다. 그러므로 투영망에 이들을 표기하고 분석하기 위해서는 이들의 3D 배열을 투영망의 중심을 지나도록 이동하여 분석하게 된다. 유사한 분석을 2차원 단면에서 시도해보자. 그림 10.7(a)는 비탈면에서 두 개의 절리로 분리된 유한블록의 형상이며 면의 상부를 U^{upper}로 하부를 L^{lower}로 표현할 때 블록 내부로 향하는 두 절리는 U_1과 U_2 방향이다. 투영망에서와 같이 주절리를 비탈면의 한 점으로 평행이동하면 그림 10.7(b)와 같이 된다. 이 상황에서 블록방향 절리 U_1과 U_2의 배열은 그림에서와 같이 상부공간에 위치한다. 즉, 식 10.1과 같이 절리로 교차된 절리암체가 하부공간과 교차하지 않는 공집합을 이루고 있으며 식 10.2에서와 같이 상부공간과 교차하는 교집합을

이루므로 이 블록은 유한블록이라는 의미이다.

그림 10.8(a)와 같이 무한블록을 이루는 두 절리에 동일한 법칙을 적용해보자. 블록영역인 L_2와 U_1 영역은 하부공간과 교집합을 이루며 상부공간과는 공집합 관계이다. 그러므로 이 집합의 관계는 식 10.1과 10.2에 반하며, 이 블록은 무한블록에 속하는 것이다.

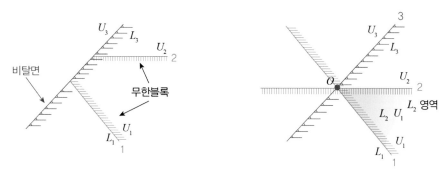

(a) 두 절리에 의해 분리된 무한블록과 이 블록의 집   (b) 상부공간과는 공집합, 하부공간과는 교집합관계
    합관계   를 갖는다.

그림 10.8 두 절리에 의해 분리된 무한블록과 이 블록의 집합관계인 상부공간과는 공집합, 하부공간과는 교집합 관계를 갖는다.

10.4 거동성 이론(Theorem of Removability)

블록의 형상이 유한블록이면[식 10.1, 식 10.2] 거동형removable과 부동형non- removable으로 나뉜다[그림 10.2, 10.3]. 블록이론의 거동성 법칙은 블록이 식 10.2와 같이 상부공간과 교집합을 이뤄야 하며 식 10.3과 같이 절리암체의 공간이 공집합이 아니어야만 거동형 블록으로 정의할 수 있다.

$$JP \neq \phi$$

절리암체 $\neq \phi$(공집합)

식 10.3

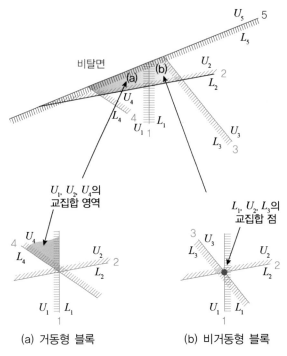

(a) 거동형 블록   (b) 비거동형 블록

그림 10.9 거동형 블록과 비거동형 블록

그림 10.9는 4개의 절리가 교차하면서 만들어낸 두 블록 A와 B가 도식되어 있다. 그림에서와 같이 전자는 거동이 가능한 블록이며 후자는 빠질 수 없는 비거동형 블록이다. 이들의 교집합 관계를 확인하기 위하여 하나의 교점으로 절리를 평행이동한 후 블록을 만들어 절리의 상하부 영역의 교집합을 관찰해보자. 거동형 블록인 블록 A는 U_1 U_2 U_4 영역으로, 그림 10.9(a)와 같이 이들의 교집합 영역이 정의된다. 즉, 식 10.3과 같이 절리암체의 교집합이 공집합이 아니므로 거동형 블록에 속한다는 의미이다. 부동형 블록인 블록 B의 경우는 어떠한가? 블록의 영역인 L_1 U_2 L_3의 교차영역은 세 선분이 교차하는 하나의 점뿐이다[그림 10.9(b)]. 그러므로 절리암체의 교집합은 공집합이 되어 이 블록은 식 10.3을 만족시킬 수 없는 부동형 블록인 것이다.

2차원 단면을 투영망을 이용하여 3차원 공간분포로 연장해보자. 그림 10.10(a)는 4개의 절리와 1개의 비탈면 배열을 상반구 투영망에 투영한 결과이다. 상반구에 투영된 면구조의 배열과 대원의 형상이 하반구 투영망과 어떻게 다른가 확인하도록 하자. 투영의 기준점이 하반구 중심점으로 바뀌었으므로 상반구 투영의 결과는 구의 중심을 기준으로 대원들이 대칭적으로 배열함을 알 수 있다. 즉, 대원의 경사값은 같으나 경사방향이 반대인 것이다.

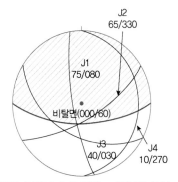

(a) 상반구 투영망에 투영된 4개의 절리들(J1~J4)과 비탈면의 대원들

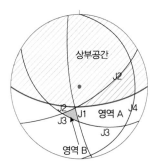

(b) 비탈면의 대원 내부는 상부공간이며[그림 10.5], 절리들로 둘러싸인 두 개의 절리암체 영역들이 각기 녹색과 노란색으로 표시되어 있다.

그림 10.10 투영망에서의 절리블록

투영망에 도식된 절리의 대원들이 교차하여 만들어내는 영역은 그림 10.9와 같은 단면에서 절리선분들이 교차하여 만들어내는 절리암체의 영역과 동일한 의미를 갖는다. 그림 10.10(b)의 투영망에 표기된 절리블록 영역들 A와 B는 그림 10.9의 단면 영역 A와 B와 같이 절리의 상부와 하부로 구성된 절리암체의 영역을 의미한다. 단면에서는[그림 10.9] 절리 선분의 상부와 하부를 헤아렸으나 투영망에서는 상부와 하부를 대원의 내부와 외부로 헤아림이 다를 뿐이다.

투영망에서의 유한성과 거동성은 어떻게 해석될까? 거동이 가능한 암체가 되려면 유한성 이론의 블록암체가 상부공간과 교집합을 이뤄야 한다는 조건[식 10.2]을 만족시켜야 하며 거동성 이론의 절리암체는 공집합이 아니어야 한다는 조건[식 10.3]을 동시에 만족시켜야 한다. 투영망에서 절리암체의 영역은 절리 대원들을 경계로 만들어지며, 공집합인 절리블록이 만들어질 수 없다. 그러므로 투영망에서의 거동성 조건은 공집합조건인 식 10.3은 무의미하고, 대원으로 경계된 절리암체의 영역이 절취면의 상부영역과 교집합을 이루면 그 블록은 거동형 절리암체로 해석되는 것으로[식 10.2] 단순화된다. 그림 10.10의 비탈면과 4개의 절리들에 대한 대원을 모두 투영하면 그림 10.11과 같다. 그림 10.5에서 설명되었듯이 비탈면의 상부영역은 비탈면 대원의 내부 영역이 된다. 그러므로 이 내부 영역에 형성되는 절리의 교차영역들 3개는 거동형 절리암체의 특성으로 해석된다[그림 10.11]. 2차원 단면분석에서 블록을 이루는 절리면의 상부 혹은 하부가 블록에 속하듯이(예를 들면 그림 10.9(b) 블록의 경우는 $L_1 \; U_2 \; L_3$, 즉 절리1의 하부, 절리2의 상부, 절리3의 하부가 블록을 형성하고 있다), 투영망 역시 이 관계가 설립된다. 예를 들면 그림 10.11의 거동형 절리블록 중 별표가 표기된 가장 위의 블록은 J1의 상부, J2의 상부, J3의 하부가 블록을 형성하고 있다.

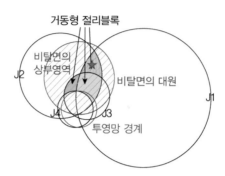

그림 10.11 투영망에서의 유한성과 거동성 분석

10.5 비탈면 해석에서의 응용

실제 분석을 위한 s/w는 어떻게 구현하면 될 것인가? 매우 간단하다. 상반구 투영망에 비탈면의 대원 영역을 만들고, 절리의 대원들을 교차시켜 절리암체 영역들을 만든 후에 이들이 비탈면 대원 영역에 포함되면 그 블록을 거동형 블록으로 해석하면 된다. 블록이론을 위한 s/w 자체는 매우 간단하며 본 서와 함께 제공되는 Block s/w는 이와 같은 분석기능을 갖고 있다. 또한 부록 3에 설명된 원격 면구조 측정기술 등을 이용하면 다량의 면구조 자료를 단시간에 획득하는 것도 가능하다. 그러나 측정된 자료를 처리하는 방법은 그리 간단하지 않다.

블록이론의 거동성 분석이나 측면도에서의 블록 생성과정 등은 GIS의 벡터분석 기능을 활용하면 쉬워진다. 투영망을 이용한 거동성 분석은 대원의 교차로 만들어지는 블록영역과 비탈면 대원의 내부 영역에 대한 교차관계를 분석해야 하는 관계로 GIS 분석기능 중 면구조의 'intersect' 기능을 사용하면 된다. 측면도에서 블록을 생성하는 과정 역시 벡터GIS의 위상구조(부록 3의 3.3.6절)에 입각한 다각형이 제작되면 분석이 용이해진다. 위상구조를 어떻게 제작해야 할 것인가?

조사된 면구조(절리 등)의 교선은 그림 10.12(a)와 같이 서로 교차하거나 교차하지 못하는 부분이 발생한다. 이들 중 후자를 제거하여 블록이 형성되는 면구조만 남겨야 한다. 물론 이 과정에서 각 선분에 경사방향과 경사값이 입력되어 있어야 할 것이다. 위상구조는 교차점인 노드와 이들을 시작과 끝점으로 하는 선분이 정의되며 이 선분들이 모여 만들어지는 다각형을 정의한다(부록 3의 3.3.6절 참조). 선분의 좌측과 우측 방향의 다각형 ID등 이 과정에서 필요한 정보들이 데이터베이스로 정리되어 분석에 활용된다(부록 3의 3.3.6절 참조). 블록분석을 위해서는 선분의 좌우 다각형 ID뿐 아니라 선분의 좌우가 상부공간인지 하부공간인지 등의 정보도 함께 입력되어야 할 것이다.

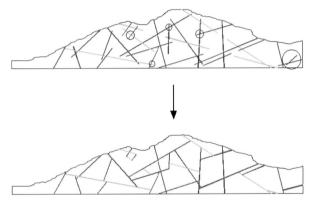

(a) 면구조의 교차 부분에 정확히 교차되지 못하는 부분(dangling line)을 제거한다. 그림의 원으로 표기된 부분들

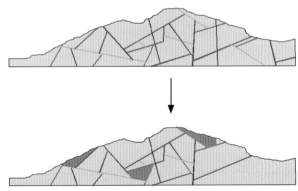

(b) 면구조로 경계된 블록들을 만든 후, 각 블록을 형성하는 면구조의 배열과 비탈면의 배열을 이용하여 블록이론에 의한 분석을 수행한다.

그림 10.12 비탈면에서 측정된 면구조를 이용하여 블록을 만들고 블록의 안정성을 평가하는 단계

10.6 벡터를 이용한 거동형 블록의 판별

앞의 과정을 통해 이동이 가능한 블록이 판별되면 그 블록의 이동성이 어떻게 되는가는 다음과 같은 분리면의 벡터분석에 의해 이뤄진다(Goodman and Shi, 1985).

10.6.1 낙반 유형(전도파괴)

암 Block의 낙반 유형의 파괴는 그림 10.13과 같은 조건에 의해 발생된다.

$$\vec{r} \cdot \vec{n_i} > 0$$

$$\vec{r} \cdot \vec{W} > 0$$

그림 10.13 낙반 유형의 파괴 형태와 파괴 발생 조건

여기서, $\vec{r}$ =합력의 단위벡터

$\quad\quad\vec{n_i}$ =블록 내부를 향하는 불연속면 i 의 수직벡터

$\quad\quad\vec{W}$ =중량 방향성 벡터

$\quad\quad\vec{s}$ =Block의 Sliding 방향성 벡터

10.6.2 Lifting 유형

암 Block의 Lifting 유형의 파괴는 그림 10.14와 같은 조건에 의해 발생된다.

$$\vec{r} \cdot \vec{n_i} > 0$$

$$\vec{r} \cdot \vec{W} < 0$$

그림 10.14 Lifting 유형의 파괴형태와 파괴 발생 조건

10.6.3 한 면을 따른 Sliding 유형(평면파괴)

한 면을 따른 Sliding 유형의 파괴는 그림 10.15와 같은 조건에 의해 발생된다.

$$\vec{r} \cdot \vec{n_i} \leq 0$$

$$\vec{s} \cdot \vec{n_k} > 0$$

$$\vec{s} = \frac{(\vec{n_i} \times \vec{r}) \times \vec{n_i}}{\left| (\vec{n_i} \times \vec{r}) \times \vec{n_i} \right|}$$

그림 10.15 한 면을 따른 Sliding 유형의 파괴형태와 파괴 발생 조건

여기서, $\vec{n_i}$ =붕괴면의 수직벡터로 블록의 내부를 향하는 방향벡터

$\vec{n_k}$ =붕괴면을 제외한 다른 절리면들의 수직벡터로 블록의 내부를 향하는 방향

벡터

10.6.4 두 면의 교선을 따른 Sliding 유형(쐐기파괴)

두 면의 교선을 따른 Sliding 유형의 파괴는 다음과 같은 조건에 의해 발생된다.

$$\vec{s} \cdot \vec{n_j} \leq 0$$

$$\vec{s} \cdot \vec{n_i} \leq 0$$

$$\vec{s} \cdot \vec{n_k} > 0$$

$$\vec{s} = \frac{\vec{n_i} \times \vec{n_j}}{\left| \vec{n_i} \times \vec{n_j} \right|} sign((\vec{n_i} \times \vec{n_j}) \cdot \vec{r})$$

여기서, $\vec{n_i}$, $\vec{n_j}$ =붕괴가 일어나는 두 평면의 수직벡터로 블록의 내부를 향하는 방향벡터

$\vec{n_k}$ =붕괴면을 제외한 다른 절리들의 수직벡터로 블록의 내부를 향하는 방향벡터

$\vec{s}$ 의 수식 후반부 $sign((\vec{n_i} \times \vec{n_j}) \cdot \vec{r})$ 는 다음 조건으로 1~-1의 값으로 치환된다.

$$sign(x) = \begin{cases} 1, & x > 0 \\ 0, & x = 0 \\ -1, & x < 0 \end{cases}$$

10.7 터널에서의 블록이론

앞에서 설명된 블록이론의 내용들을 비탈면에 적용하기에는 큰 무리가 없을 것이다. 그러나 터널의 경우는 조금 복잡하다. 비탈면은 하부가 절취되지 않은 암반이며 상부는 절취된 공간으로 상하부의 개념이 단순하다. 그러나 터널의 크라운부(상부)는 위쪽이 암반고, 아래쪽은 굴착된 터널의 공간이며, 터널의 바닥은 그 반대의 상황이며, 좌우측 벽면들도 굴착부와 암반의 위치 설정이 달라진다. 또한 터널의 벽면은 비탈면과 달리 하나의 평면이 아니고 곡면의 형상을 갖는다.

이러한 기하학적 형상을 고려하여 터널에 블록이론을 적용하려면 블록이 형성된 터널공간의 곡선면을 단계적인 면구조로 분리하여 각 면구조에 해당하는 투영원들의 합집합을 구하고 그 합집합의 상부공간SP과 하부공간EP을 블록의 위치에 따라 설정한 후, 절리공간과 이들의 교집합관계를 분석해야 한다. 이 과정 중 블록의 위치가 3차원 공간에서 어떻게 정의되어야 하며, 이들에 해당하는 굴착면의 대표조각들을 어떻게 설정해야 하는 등의 문제들은 전산 s/w로 자동화하기에 너무 복잡한 특성이 있다.

본 서에서는 터널이나 비탈면의 표면이 완전히 분석되어 그림 10.12와 같이 블록이 다각형으로 정의된 경우에 활용할 수 있는 간단한 방법을 제안한다. 부록 3.3.6과 부록 그림 3.9에 설명된 다각형의 위상구조는 2차원 평면에서 교차하는 선분들을 묶어 다각형의 자료구조를 데이터베이스로 정리하는 과정으로, 다각형을 형성하는 각 선구조의 정보가 함께 데이터베이스로 저장될 수 있다. 터널이나 비탈면의 표면에 보이는 절리의 선구조는 면구조가 절취면과 교차하여 만들어지는 선구조로서 면구조의 배열(주향/경사)이나 면구조의 방정식 $AX + BY + CZ = D$의 상수들(A, B, C, D)과 같은 정보가 함께 저장될 수 있는데 이들을 이용하면 블록의 특성을 가시화할 수 있게 된다.

터널의 막장면에서 측정된 면구조는 터널벽면으로 투영될 수 있다[그림 11.9 참조]. 또한 곡면인 터널의 벽면은 그림 10.16과 같이 펼쳐서 2차원 도면으로 만들 수 있다. 구체적인 면의 투영과 곡면의 전개에 대한 계산방법은 본 서 제9장의 투영법과 제11장 면의 전개방법을 참고하기 바라며 본 서와 함께 제공되는 TMOffice2019의 "블록분석"에 구현된 루틴을 통해 실습해보도록 하라.

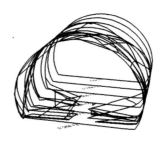

(b) 블록이 표시된 3차원 터널면의 예

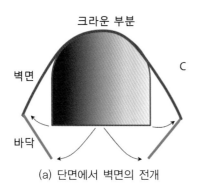

(a) 단면에서 벽면의 전개

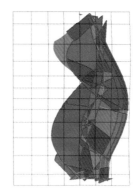

(c) 3차원 단면을 전개한 2차원 도면

그림 10.16 터널 벽면을 펼쳐서 2차원 평면으로 만드는 과정. 도면의 상부와 하부는 3차원 터널의 바닥 부분이 된다.

그림 10.16(b)와 (c)는 각기 막장에서 측정된 면구조를 분석하여 3차원 공간과 터널 벽면을 펼친 공간에 분포하는 블록들의 분포를 도면화한 결과물이다. 이 과정은 그림 10.17(a), (b)와 같이 막장의 면구조를 터널벽면에 투영하고(a) 이를 펼쳐 도면화(b)하는 과정에서 시작된다. 2차원 도면[그림 10.17(b)]이 작성되면, 이 도면의 위상구조를 제작하여[그림 10.17(c)] 블록을 만들 수 있는 다각형과 그 다각형의 경계를 이루는 면구조의 배열과 방정식의 상수들을 데이터베이스에 저장한다. 2차원 다각형의 경계는 3차원 곡면에 재투영될 수 있다[그림 10.17(d)].

(a) 면구조와 터널벽면의 교선들

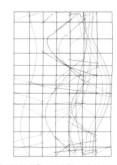

(b) 3차원 터널벽면을 2차원 평면으로 전개한 결과

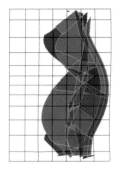

(c) 2차원 평면의 교선을 이용하여 제작된 다각형의 위상구조

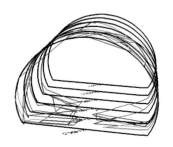

(d) 2차원 다각형을 3차원 공간으로 역투영한 결과

그림 10.17 막장에서 측정된 면구조의 투영단계.

거동성이 있는 블록은 다각형 경계를 이루는 3개의 면구조 방정식을 이용하여 이 면구조의 교점을 계산하고, 그 교점의 방향이 터널의 외부를 향하는지를 확인함으로 검증한다. 비교적 간단한 방법으로 그림 10.18의 예제를 대상으로 설명하도록 하겠다. 이 예제의 경우는 4개의 면구조가 교차하면서 터널의 크라운부(상부벽면)에 블록을 만든 경우로서 4면의 배열(경사방향/경사값)과 면의 방정식의 상수들이 테이블에 정리되어 있다. 면의 방정식 $AX + BY + CZ = D$은 변수가 3개(X, Y, Z)이므로 3개의 수식만 주어지면 연립방정식의 해를 구하는 방법으로 세 식의 공통 변수의 값(교점)을 구할 수 있다. 이 예제에서는 처음 세 면(면 1~3)의 방정식을 이용해 교점(253658.09, 391491.22, 142.6)을 구하였다.

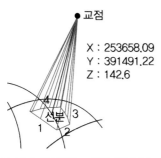

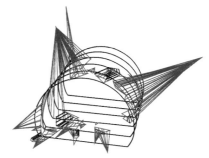

(a) 블록의 경계다각형은 4개의 선분으로 구성된다. 선분의 면의 방정식(c)들로부터 구한 면들의 교점과 다각형의 중심과 교점을 연결한 선분을 주목하라.

(b) 터널의 중심부로부터 바깥방향으로 위치하는 교점들과 다각형들을 연결한 블록의 형상들

선분 번호	경사방향/경사값	A	B	C	D
1	352/84	−0.138	0.984	0.104	350463.4
2	315/86	−0.705	0.705	0.069	91235.27
3	327/87	−0.543	0.837	0.052	189926.9
4	238/70	−0.796	−0.497	0.342	−397039

(c) 예제 다각형을 구성하는 4선분의 배열과 면의 방정식 상수값들

그림 10.18 블록들의 붕괴분석

다각형을 이루는 점들의 좌표를 알고 있으므로 그 좌표들을 이용하여 중심좌표를 구할 수 있으며, 그 중심좌표에서 교점까지의 벡터가 블록의 콘을 이루는 꼭짓점 방향벡터[그림 10.19의 벡터 A]가 된다. 한편 터널의 막장은 도로 기선 정보와 함께 3차원 좌표로 막장의 경계부가 정의되어 있으므로 막장의 중심좌표를 구하는 것도 어렵지 않다. 블록과 가장 가까운 막장을 찾는 것도 다각형들이 위상구조로 정리되어 있는 상태에서는 그리 어렵지 않다. 다각형의 중심에서 막장의 중심까지의 벡터[그림 10.19의 벡터 B]와 중심에서 꼭짓점까지의 벡터가 반대방향이면 블록의 형태가 유한블록일 것이고, 같은 방향이면 무한블록의 형상을 보일 것이다.

두 벡터의 방향은 벡터의 내적으로 구해지는 이들의 사잇각으로 확인할 수 있다. 사잇각이 90° 이내가 되면 블록을 만드는 콘은 터널 내부를 향하는 것으로 블록의 형태는 무한블록이 될 것이며, 두 벡터의 사잇각이 90° 이상이 되면 유한블록의 형태가 될 것이다.

면들의 배열이 절취면과 고각을 이루면 콘 형상이 매우 길어진다. 그러므로 중심좌표에서 꼭짓점까지의 거리가 지나치게 길 경우는 이러한 경우를 의심해야 한다. 블록이론에서와

같이 거동성 유무를 이론적으로 판별하기는 어렵다. 그러나 제안된 방법은 만들어지는 블록의 위치에 콘 형태의 실제 형상을 가시화해주므로[그림 10.18(b)], 육안 관찰을 통하여 세부적인 거동성을 판별하는 데는 큰 어려움이 없을 것이다.

비탈면의 경우도 절취면의 형상이 3차원 좌표계로 정의되어 있고, 다각형이 위상구조로 정리되면, 터널과 유사한 방법으로 유한블록을 정의할 수 있을 것이다.

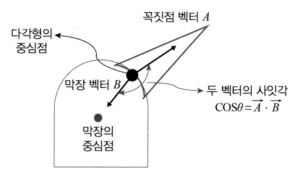

그림 10.19 다각형의 중심점에서 블록의 꼭짓점까지의 벡터 A와 막장의 중심까지의 벡터 B. 두 벡터의 사잇각은 내적(dot product)으로 구해진다.

제11장
터널과 지질구조

제11장 터널과 지질구조

시추조사는 암반 내부의 지질구조를 관찰할 수 있는 유일한 방법인가? 시추공보다 조금 더 큰 지하공간이 터널이며 터널에서는 시추공보다 더 많은 지질구조를 더 정확하게 관찰할 수 있다. 지질구조의 측정방법도 컴퍼스를 이용하는 전통적 방법에서 사진, 레이저 등을 이용하는 자동화 방법이 도입되었으며, 이로 인해 많은 지질구조를 빠르고 정확하게 측정할 수 있는 길이 열리고 있다. 이제는 공내 카메라, 입체사진을 이용한 원격측정 방법이나, 선진화된 터널조사 등을 이용하여 다량의 자료를 체계적으로 제작하고 관리하는 방법과 이들을 효율적으로 분석할 수 있는 기법들을 논의할 때가 된 것 같다. 이번 장에서는 터널에서 3차원 면구조 자료를 데이터베이스화하고 분석하는 기법을 다루기로 하겠다. 편의상 터널의 자료를 다루겠으나 비탈면이나 노두 등에서 측정된 체계적인 자료가 충분하다면 여기에서 제안하는 분석기법들이 활용될 수 있을 것이다.

11.1 터널에서의 면구조 자료처리

터널에서는 막장관찰을 통하여 자료를 입력하게 된다. 그러므로 막장의 자료가 3차원 공간의 지형 좌표로 쉽게 입력되고 분석될 수 있도록 자료의 입력방법이 설정되어야 한다. 여러 방법이 가능하겠으나 본 서에서는 교재와 함께 제공되는 "TunnelMapper"에 적용된 기법을 중심으로 단계적인 자료의 입력방법을 설명하도록 하겠다.

11.1.1 좌표처리

일반적인 지형 좌표는 동쪽과 북쪽 방향을 각기 x와 y축으로, 하늘방향을 z축으로 설정한다[그림 11.1(a)]. 터널의 경우는 막장에서 관찰되는 자료들(예를 들어 지질구조, RMR, 지하수, 암반분류 등)을 막장의 위치에 기록해야 하는 경우가 대부분으로 막장의 수평방향을 x축으로 수직방향을 y축으로 설정하고, 터널의 진행방향을 z축으로 설정하는 것이 효율적이다[그림 11.1(c)]. 물론 터널 좌표계와 지형 좌표계의 전환을 위하여 좌표축 투영에 필요한 터널 좌표축들의 투영벡터가 함께 지정되어야 한다[그림 11.1(b)]. 투영벡터는 터널막장의 좌표축을 지형 좌표에 기준하여 단위벡터로 지정한 세 축의 벡터들이다[그림 11.1(c)의 $PrjVecX$, $PrjVecY$, $PrjVecZ$]. 투영벡터를 이용한 좌표의 이동방법은 본 서 9.2.3절을 참조하기 바란다. 터널 좌표의 원점을 각 막장의 하단 중앙부로 설정하면 터널 좌표계의 모든 계산을 이 원점을 기준으로 수행할 수 있다.

(a) 일반적인 지형 좌표계. 동쪽과 북쪽 방향을 각기 x와 y축으로, 하늘방향을 z축으로 설정하는 것이 일반적이다.

(b) 투영벡터들. 터널 좌표계의 축방향을 지형 좌표계에서 단위벡터로 읽어준다.

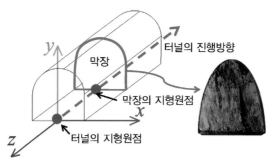

(c) 터널지역의 지역좌표계. 터널하단의 중앙지점을 원점으로 막장과 평행한 단면을 기준으로 x와 y축을, 터널의 진행방향을 z축으로 설정한다.

그림 11.1 좌표계

11.1.2 터널의 기하학적 형상 입력

막장의 지형원점[그림 11.1(c)]과 투영벡터[그림 11.1(b)]를 자동으로 추출하고, 향후 모든 막장의 정보를 실지형 좌표로 변환하기 위해서는 3차원 공간에서 설계된 터널의 단면선분과 터널의 위치 및 지형정보가 적절히 데이터베이스화되어야 한다.

터널이 설계된 지형도는 3차원 고도를 포함하는 등고선과 터널의 궤적이 3차원 선분으로 그려져 있다. 설계된 터널 선분에서 터널의 시점과 종점 위치를 설정하여 선분화하고 선분의 정점vertex의 좌표들을 체계적으로 데이터베이스화하면, 향후 입력될 막장의 위치(기점좌표)로부터 터널의 지형원점 좌표를 읽을 수 있다. 참고로 터널기점은 도로기점으로 처음 km 축척의 번호와 + 기호 후의 m 축척 거리로 표기된다. 예를 들면 그림 11.2(b)의 시작 기점은 '11+000'으로서 도로원점으로부터 11,000m 거리이며 끝나는 부분은 12+380으로써 도로원점으로부터 12,380m의 거리에 위치한다는 의미이다. 시점과 기점을 도로의 선분(터널 중심선)에 입력함은[그림 11.2(b)] 지형 좌표로 입력되어 있는 도로선의 위치에 기선정보를 더하는 것이다. 구체적인 예가 그림 11.3에 도식되어 있다. 기선의 거리에 따라서 도로선을 등간격으로 나누고[그림 11.3(a), 이 예제에서는 2m 간격으로 나누었다], 나뉜 위치의 지형 좌표를 데이터베이스에 기록한다[그림 11.3(b)]. 이 데이터베이스는 특정 기선 위치가 포함되어 있는 도로 선분의 구간을 추출하고, 그 위치(기선으로 표기된 막장의 위치)에서의 도로의 방향벡터와 막장의 투영벡터 및 막장의 지형원점을 구할 수 있는 기반이 된다.

(a) CAD 지형도와 터널의 노선도

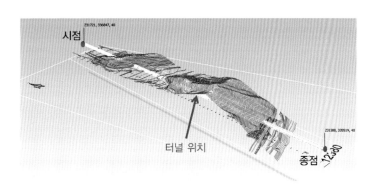

(b) 3차원 실좌표계로 입력된 터널의 위치

그림 11.2 터널의 설계도 입력

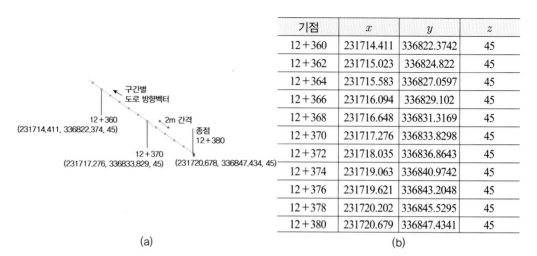

기점	x	y	z
12＋360	231714.411	336822.3742	45
12＋362	231715.023	336824.822	45
12＋364	231715.583	336827.0597	45
12＋366	231716.094	336829.102	45
12＋368	231716.648	336831.3169	45
12＋370	231717.276	336833.8298	45
12＋372	231718.035	336836.8643	45
12＋374	231719.063	336840.9742	45
12＋376	231719.621	336843.2048	45
12＋378	231720.202	336845.5295	45
12＋380	231720.679	336847.4341	45

(a)   (b)

그림 11.3 도로 위치정보의 데이터베이스

터널의 노선과 함께 입력되어야 할 부분이 단면이다. 구간별 단면이 달라질 수 있으므로 구간을 나눠 다른 단면을 입력할 수 있도록 해야 한다. 단면은 막장의 지형원점에서 5도 간격의 방사형 직선이 터널단면과 교차하는 위치[그림 11.4]의 단면좌표(설계도면에서의 좌표)와 실제 지형의 3차원 좌표로 입력되어야 한다.

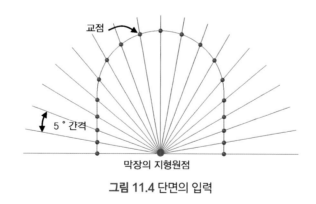

그림 11.4 단면의 입력

방사형 선분과의 교선을 구하는 방법과 2차원 좌표를 투영벡터를 이용하여 3차원으로 변환하는 것은 이곳에서 설명하지 않겠다. 좌표의 투영은 본 서 9.2.3절을 참고하기 바란다. 이와 같이 단면의 좌표가 입력되게 되면[그림 11.5(a)], 단면을[그림 11.5(b)] 막장사진에 중첩하면서 축척을 육안으로 조정하여[그림 11.5(c)] 그림 11.5(d)와 같은 막장의 사진을 절취함과 동시에 사진의 픽셀 좌표와 터널 좌표를 일치시키는 다항식을 통해(부록 2.1) 사진에 그려지는 선분이 터널 좌표와 투영된 3D 지형 좌표로 변환될 수 있는 것이다.

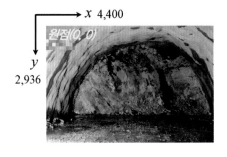

(a) 사진의 화소 좌표. 원점이 좌측 상단이며, y좌표가 밑으로 증가한다.

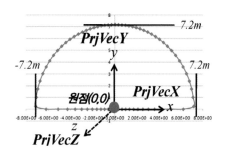

(b) 설계단면 좌표. 편의상 하단 중심부를 지형원점으로 지정한 바 있다. 반경이 7.2m인 단면임. 원점을 중심으로 세 축 방향으로 투영벡터($PrjVec$ X, Y, Z)가 설정된다.

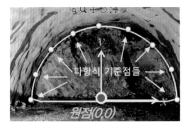

(c) 사진에 중첩된 설계단면. 단면의 기준점들 좌표와 사진의 화소 좌표를 이용해 다항식을 작성한다.

(d) 사진에서 막장 부분만 잘라낸 후 새로운 좌표체계를 부여한다.

그림 11.5 막장에서의 좌표

11.1.3 막장에서의 자료입력

대부분의 관찰 자료는 막장에서 나오며 막장의 사진 위에 자료들을 입력하는 것이 가장 효율적이다. 영상(사진)은 화소단위로 색상을 저장한 파일이라 이해하면 된다. 일반적으로 사진의 좌측 상단이 원점이 되며 화소의 값이 x축은 우측으로, y축은 밑으로 증가한다[그림 11.5(a)]. 예로 x축의 화소 수가 4,400개이고, y축의 화소수가 2,936개인 사진은 화소가 $4,400 \times 2,936 = 12,918,400$(약 1천 3백만)개로 구성되어 있으므로 사진의 해상도를 천삼백만 화소라 칭한다. 이러한 사진의 좌표는 화소의 좌표가 된다.

설계단면은 편의상 하단 중심을 원점으로 정하고 5° 간격 방사형으로 터널의 벽면 위치

좌표를 기록한다. 그림 11.5(b)의 예는 반경이 7.2m인 반원형태의 단면으로, 원점을 기준으로 투영벡터들이 세 축 방향으로 설정되어 있다. 이 투영벡터는 지형 좌표계에서 축들의 방위에 대한 단위벡터들로 터널의 진행방향이 터널 좌표계의 z방향이고 터널 좌표계의 y방향은 수직벡터(0, 0, 1)이므로 두 벡터의 외적을 구하면 두 방향에 수직인 x방향의 투영벡터가 되는 것이다. 이 벡터들이 설정되면 식 9.1과 식 9.2를 이용하여 3D 공간좌표에서 막장 좌표로, 막장좌표에서 3D 공간좌표로 변환이 가능하다. 이 변환과정에서 지형 좌표를 막장의 지형원점으로 평행이동시킨 후 모든 계산을 수행해야 함을 잊지 말아야 한다. 막장좌표계에서 지형 좌표계로 역투영하는 과정 역시, 식 9.2를 이용해 역투영한 후 그 결과를 지형원점으로 평행이동해줘야 한다.

사진 위에 선분이 그려지면(예를 들어 절리나 단층선) 사진의 화소 좌표로 선분의 좌표를 읽을 수 있다. 막장에서의 모든 자료는 막장좌표와 지형의 3D 좌표로 기록되어야 한다. 그러므로 사진 좌표와 지형 좌표의 변환 루틴이 만들어져야 한다. 이 루틴은 사진 위에 설계도면을 중첩시키는 과정에서 만들어진다. 그림 11.5(c)와 같이 사진에 축척을 맞춘 단면이 중첩되면 단면의 경계부에 기준점들을 설정하여 그 기준점의 화소 좌표와 실제 막장좌표의 쌍들을 이용하여 두 좌표 간의 다항식을 제작할 수 있다(부록 2.1).

이렇게 좌표체계가 완성되면 마지막으로(혹은 선택적으로) 사진을 막장의 형상으로 절취해 새로운 좌표체계를 부여할 수 있다[그림 11.5(d)]. 절취한 사진을 만들어 사용하고자 하면 먼저 영상을 절취하고 절취된 영상의 새로운 화소 좌표와 막장의 기준점 좌표들로 다항식을 만들어야 할 것이다.

이와 같이 막장과 지형의 좌표가 연계되면 그림 11.6과 같이 막장의 사진 위에 절리의 선분, RMR 암질평가, 지하수 유출지역, 풍화등급도 등의 다양한 주제를 도면화할 수 있으며, 그 결과는 3D 지형 좌표로도 저장되어 그림 11.7과 같이 3차원 분포도로 도식될 수 있게 되는 것이다.

좌표의 변환에 관하여만 언급하였다. 그러나 각 막장에 저장되어야 할 자료의 종류와 형태가 더 중요한 부분일 것이다. 본 서는 이 부분을 향후 토론되어야 할 중요한 과제로 남긴다. 부록 3의 3.2절 데이터베이스를 참조하여 테이블 디자인을 시도해보고, 그 결과와 제안들이 공유되기를 바란다.

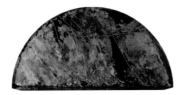

(a) 막장사진 위에 입력된 절리, 단층 등의 구조지질

(b) RMR 영역

(c) 지하수 상태

(d) 풍화 등급

그림 11.6 막장사진 위에 입력된 도형자료들

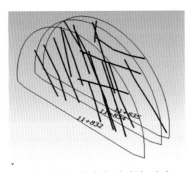

(a) 3개의 막장에 입력된 절리

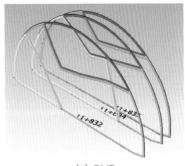

(b) RMR

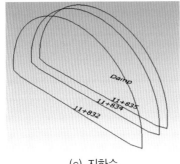

(c) 지하수

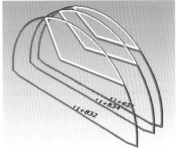

(d) 암반등급의 3D 도식결과

그림 11.7 3개의 막장에 입력된 도형자료들

11.1.4 막장에서 면구조 정의

막장의 면구조는 전통적인 컴퍼스를 이용하여 측정하거나, 본 서 제8장에 소개된 입체사진을 이용하여 측정할 수 있다[그림 11.8(b)]. 어떠한 방법을 사용하건 면구조의 배열(경사값 α와 경사방향 β)이 구해지면 다음의 식 11.1을 이용하여 면의 수직벡터(A, B, C)를 계산할 수 있다.

$$A = \sin\alpha\sin\beta$$
$$B = \sin\alpha\cos\beta \qquad\qquad\qquad \text{식 11.1}$$
$$C = \cos\alpha$$

면의 방정식은 $Ax + By + Cz + D = 0$로서 여기의 A, B, C 상수는 면의 수직벡터(A, B, C)와 동일한 값이다. 상수 D는 면의 방정식에서 매우 중요한 요소로서 수직벡터(A, B, C) 배열을 갖는 면이 3차원 공간에서 어디에 위치하는가를 결정한다. 면의 수직벡터(A, B, C)와 막장 위에 그려진 선분[그림 11.8(a)]의 3차원 지형 좌표들이 있으니 이들을 면의 방정식에 대입하여 상수 D의 값을 계산하면 면의 방정식 $Ax + By + Cz + D = 0$을 완성시킬 수 있을 것이다.

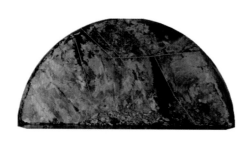

(a) 사진 위에 스케치

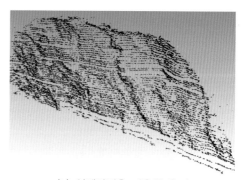

(b) 입체사진을 이용한 측정

그림 11.8 막장에서의 구조면 측정. 사진 위에 스케치한 후 컴퍼스로 측정된 자료를 입력하거나, 입체사진을 이용한 측정을 수행한다.

11.1.5 면과 선의 교점(다른 하나의 투영법)

터널은 실린더형상으로 연장되는 선형의 기하학적 모양을 갖고 있다. 그러므로 터널벽면에 진행방향과 평행한 투영선을 일정 간격(예, 그림 11.4에서와 같이 5° 간격)으로 설정하여, 이 투영선과 막장에서 관찰된 면구조의 교점을 구해 이들을 연결하면 면구조가 터널의 벽면과 교차하는 3차원 선분을 계산할 수 있다[그림 11.9(a)].

교선을 계산하기 위해서 그림 11.9(b)와 같이 터널을 교차하는 절리 $Ax + By + Cz + D = 0$와 터널벽면에 설정된 투영선 중 한 선분이 절리면과 만나는 교점(x_0, y_0, z_0)을 구하는 과정을 살펴보자.

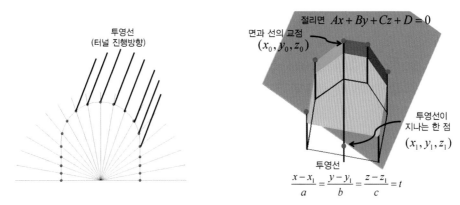

(a) 터널의 벽면에 진행방향과 평행한 투영선을 일정 간격으로 설정한다.　(b) 터널을 교차하는 절리면과 설정된 투영선분의 교점

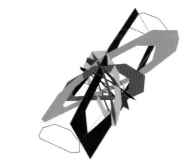

(c) 교점들을 연결하여 작성된 3D 절리들의 분포도

그림 11.9 면과 선의 교점

투영선이 임의의 점(x_1, y_1, z_1)을 지날 때, 투영선분의 방정식은 식 11.2와 같이 정의된

다. 여기에서 (a, b, c)는 선분의 방향벡터로서 그림 11.5에 설명된 투영벡터 $PrjVecZ$와 동일한 벡터임을 주목하기 바란다.

$$\frac{x - x_1}{a} = \frac{y - y_1}{b} = \frac{z - z_1}{c} = t \qquad \text{식 11.2}$$

식 11.2를 x, y, z 함수로 정리하면 식 11.3과 같다.

$$\begin{aligned} x &= x_1 + at \\ y &= y_1 + bt \\ z &= z_1 + ct \end{aligned} \qquad \text{식 11.3}$$

이 선분은 면과 동일한 점에서 만나야 하므로 면의 방정식 $Ax + By + Cz + D = 0$에 x, y, z 함수를 치환하면 식 11.4가 된다.

$$A(x_1 + at) + B(y_1 + bt) + C(z_1 + ct) + D = 0 \qquad \text{식 11.4}$$

이 수식을 정리하면 상수 t는 다음과 같이 정리된다.

$$t = \frac{-(Ax_1 + By_1 + Cz_1 + D)}{Aa + Bb + Cc} \qquad \text{식 11.5}$$

식 11.5를 식 11.3에 대입하면 구하고자 하는 교점은 다음의 식 11.6으로 정리된다.

$$\begin{aligned} x_0 &= x_1 - \frac{a(Ax_1 + By_1 + Cz_1 + D)}{Aa + Bb + Cc} \\ y_0 &= y_1 - \frac{b(Ax_1 + By_1 + Cz_1 + D)}{Aa + Bb + Cc} \\ z_0 &= z_1 - \frac{c(Ax_1 + By_1 + Cz_1 + D)}{Aa + Bb + Cc} \end{aligned} \qquad \text{식 11.6}$$

이 계산들은 당연히 3차원 지형 좌표를 갖고 이뤄져야 한다. 터널벽면에 절리의 궤적이 그려지면 그림 11.9(c)와 같은 절리면들의 3차원 분포도를 그릴 수 있을 것이다. 물론 이 그림을 위해서는 터널단면의 반경을 키워서 큰 단면 위의 교점들과 터널벽면의 교점들을 체계적으로 연결해야 하는 수고를 필요로 한다.

11.1.6 굽어진 터널의 벽면을 평면으로

터널의 벽면을 평면으로 펴면[그림 11.10(a)] 여러 가지 분석에 도움이 된다. 벽면을 펴는 것은 투영선을 평면화하면 쉬워진다[그림 11.10(b)]. 투영선과 막장은 수직으로 만나며 투영선의 간격과 막장 사이의 간격이 정해져 있으므로 이들로 이뤄진 사각형을 평면화하는 것이다. 물론 터널의 단면은 대부분 곡면인 관계로 투영선 사이의 거리를 곡면의 거리로 계산하면 더 정확할 수 있다. 그러나 직선거리로 계산하여 파생되는 오차는 크게 우려할 정도가 아닌 듯하다. 터널이 굽어지는 경우, 투영선과 막장도 직교관계에서 조금 벗어나는데, 이 경우의 오차도 크게 문제되지는 않을 것이다.

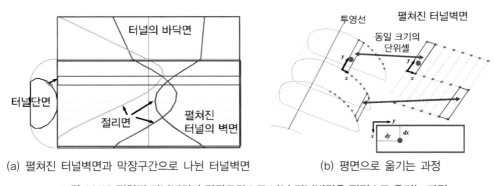

(a) 펼쳐진 터널벽면과 막장구간으로 나뉜 터널벽면   (b) 평면으로 옮기는 과정

그림 11.10 펼쳐진 터널벽면과 막장구간으로 나뉜 터널벽면을 평면으로 옮기는 과정

실제 터널의 3D 지형 좌표와 펼쳐진 도면의 평면좌표 전환은 9.2.3절에 기술된 다른 좌표계로의 투영법을 적용할 수 있다. 이 과정에서 그림 11.10(b)와 같이 단위셀의 한 코너점을 원점으로 단위셀 내부의 좌표를 전환한 후 원점을 기준으로 계산된 좌표값을 복원시켜주면 된다. 모든 셀을 대상으로 이와 같은 좌표변환을 필요로 함은 다소 복잡해보일 듯하다. 그러나 셀의 배열이 규칙적이며 전산 알고리듬은 이와 같은 루틴을 매우 빨리 계산하므로 실제

알고리듬의 구현은 그리 어렵지 않다.

벽면을 펴서 수행할 수 있는 분석은 여러 가지다. 먼저 절리들의 궤적이 그려지면[그림 11.11(a)] 이들이 교차하면서 만들어내는 다각형들은[그림 11.11(b)] 공간에서 절리의 교차로 만들어지는 블록들이 터널의 벽면에 노출된, 실제 절리블록들의 위치와 형상이다. 그러므로 블록을 형성하는 절리를 블록이론에 입각하여 분석할 수 있으며 이를 통해 거동형 블록의 위치, 크기, 형상을 예측할 수 있다. 이 분석과정에서 블록이론 자체는 크게 어렵지 않다(제10장 참조). 그러나 절리의 교차로 인해 형성되는 다각형을 전산으로 인지하는 과정이 다소 복잡하다. 효율적인 분석은 다각형을 벡터 GIS의 위상구조로 분석하고(부록 3.3.6 벡터 GIS의 위상구조 참조) 다각형 경계를 이루는 선분에 다각형 내부와 외부가 절리의 상부 혹은 하부영역인지를 함께 데이터베이스화하면 분석이 수월할 수 있다.

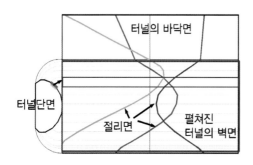 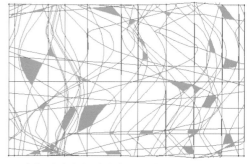

(a) 굽어진 터널의 벽면을 평면으로 펴서 도면화하는 과정   (b) 평면화된 벽면에 그려진 절리구조들

그림 11.11 굽어진 터널의 벽면을 평면으로 펴서 도면화하는 과정과 평면화된 벽면에 그려진 절리구조들

그림 11.12는 TM_Office의 블록분석 알고리듬이다. 각 막장의 데이터베이스에서 절리의 수식($Ax + By + Cz + D = 0$)을 불러와 터널벽면과의 교선을 작성하고(a), 교선들이 교차하여 만드는 블록들을 2차원 다각형으로 먼저 만들어낸다(b). 다각형들을 대상으로 블록이론 분석(제10장)을 수행하여 거동형 블록을 선별하고, 이들의 3차원 좌표를 역산한다(c). 블록은 절리들의 교선으로 이루어지므로 인접절리의 3차원 교선을 계산하여 배열하면 블록의 크기를 가늠할 수 있는 3차원 블록의 형상이 만들어진다(d).

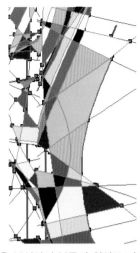

(a) 터널벽면을 교차하는 절리의 교선들을 2차원 평면으로 전개함. 그림의 위-아래 방향이 막장을 펼친 방향이고, 좌-우 방향이 막장의 진행방향

(b) 교선들을 분석하여 블록의 위상구조(Topology)를 형성하고, 형성된 블록을 분석하여 불안정한 블록을 추출함

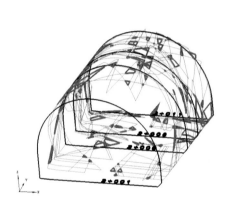

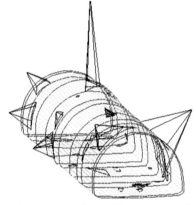

(c) 분석된 붕괴가 가능한 거동형 블록들의 3차원 도식 결과

(d) 붕괴 블록의 3D 형상 추출 및 블록의 체적계산

그림 11.12 TM_Office의 불안정 블록 자동 추출 기능

11.1.7 암질 분석

터널의 굴착면 자체를 보완하여 안정성을 확보하는 NATM 공법에서는 벽면의 암질상태를 판단하여 록볼트, 숏크리트, 강재보완 등의 방법을 결정하게 된다. 그러므로 암질의 분포를 예측하는 것이 매우 중요하다. 암질은 RMR, Q, GSI 등 다양한 평가방법이 있는데, 본

서에서는 RMR 평가결과를 도면화하는 과정만을 설명하기로 하겠다.

암질의 분포는 단일막장에서도 부분적으로 확연히 다를 수 있다. 그러므로 막장면에 각기 다른 암질의 등급영역을 그림 11.13(a)와 같이 입력할 수 있어야 한다. 이렇게 입력된 암질의 등급영역은 터널 벽면을 펼쳤을 때 펼쳐진 벽면의 위치에 등급이 도면화되어야 한다. "TunnelMapper"에서는 RMR의 5 영역을 색상으로 분리하여 도면화한다. 펼쳐진 하나의 막장 벽면은 하나의 선분인데 각기 다른 RMR 영역의 선분을 등급에 해당되는 색상의 선분으로 그려주는 것이다[그림 11.13(b)]. 여러 개의 막장이 선분 형상으로 다른 색상영역을 갖고 있으면 색상영역의 경계를 그려줘 RMR 영역을 설정함으로 공간적인 RMR 분포도를 작성할 수 있다[그림 11.13(b)]. 이는 지표에 간헐적으로 분포하는 노두의 암상 및 지질구조를 근거로 암반분포를 유추하는 지질도 제작과정과 유사할 수 있다.

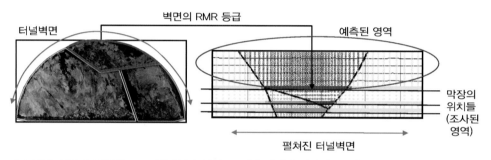

(a) 막장 사진에 중첩된 RMR 등급영역 입력   (b) 펼쳐진 막장의 등급을 연결하여 RMR 분포도 작성

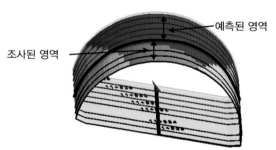

(c) 2차원에서 작성된 분포도를 3차원 도면으로 역산함

그림 11.13 펼쳐진 터널벽면에서의 RMR 매핑

펼쳐진 공간에서 암질의 분포가 그려지면 이를 그림 11.10에 도식된 좌표변환과정을 통해 다시 3차원 공간으로 복원할 수 있다[그림 11.13(c)]. 이렇게 복원된 3차원 암질의 분포도

면은 기조사된 암질의 분포를 이용하여 선행 막장의 암질을 예측할 수 있는 흥미로운 방법이다.

이러한 분석은 암질의 변화가 점이적이라는 가정에서 가능하다. 암질의 변화가 얼마나 불규칙할 수 있을 것인가는 잘 알려져 있지 않다. 어쩌면 이와 같은 분석기법을 활용하여 예측을 수행하기 이전에 점이적 암질변화의 영역과 단층 등 지질구조로 인한 급격한 암질변화의 양상 등에 대한 이해가 선행되어야 할 것이다.

본 서에서 설명된 절리나 RMR 자료의 입력은 제공된 s/w "TunnelMapper2019"에서 수행되며 이들의 분석[그림 11.11~그림 11.13]은 "TMOffice2019"를 통해 실습해볼 수 있다.

제12장

정량적 분석

제12장 정량적 분석

지질학적인 해석의 결과를 정량적인 수치로 나타내기가 쉽지가 않다. 또한 다양한 변수를 포함하는 지질학적 해석을 규격화하기도 쉽지 않다. 그러나 정량적 수치해석에 의한 설계와 시공에 익숙한 공학 분야에서는 암반의 지질학적 해석의 정량화와 규격화를 끊임없이 요구해왔다.

이번 장에서는 일부 정량화가 가능한 지질구조학적 문제들과 인공지능 등을 이용한 정량화 등이 기술될 것이다. 전자는 그간 시도되었던 몇 가지의 절리 분석기법들이고 후자는 지화학 자료를 이용한 인공지능 분석기법들이다. 이들은 필자가 시도하였던 몇 가지 정량화 분석기법들로 지질학 모든 분야의 정량화 분석기법을 정리하거나 보편적인 정량화 방안을 정리한 것도 아니다. 이 내용들이 향후 지질학 분야에서 가능한 정량화 분석에 대한 노력의 시작이 되기 바라며 그간의 노력을 이곳에 정리한다.

지질조사의 결과를 바탕으로 암반의 분포양상을 조구조구로 분류하여 보면, 지극히 불규칙적인 듯한 암석이 조구조구로 나뉘어 흥미로운 규칙성을 보이는 것을 발견할 때도 있다. 대부분의 공학적 활동은 극히 작은 시공현장에 국한되어 있어 지질학적인 거대 조구조구를 분류하기 위해 실행하는 암상, 화석, 지질구조, 변성상, 연대측정 등을 포괄하는 종합적 분석을 필요로 하지는 않는다. 절리의 배열 분포나 간격 분포 등과 같이 암석의 강도를 공학적으로 판단하는 데 매우 중요한 요인들이 좁은 영역에서 분할되어 다른 특성을 보인다면, 이들의 분포양상을 조구조구로 분류하는 것은 큰 의미가 있다.

본 서에서 제안된 공내 영상촬영 결과의 투영기법[제9장, 그림 12.1(a)]이나 터널막장에서 조사된 자료의 투영기법[제11장, 그림 12.1(b)] 및 입체사진들을 이용한 절취면의 지질구조측정기법(제8장) 등을 이용하면 다량의 지질구조 자료를 확보할 수 있다. 확보된 자료를 이용한 적절한 조구조구 분류는 정량적, 정성적 모든 방향에서 매우 중요한 과제이다.

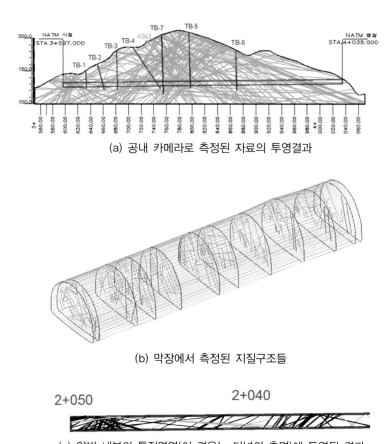

(a) 공내 카메라로 측정된 자료의 투영결과

(b) 막장에서 측정된 지질구조들

(c) 암반 내부의 특정영역(이 경우는 터널의 측면)에 투영된 결과

그림 12.1 투영된 지질조사 자료들

12.1 절리의 배열분석

두 구간에서 조사된 절리를 각기 다른 투영망에 분석한 결과가 유사함은 두 구간의 절리분포가 유사한 것을 의미한다. 그러므로 투영망의 양상을 체계적으로 비교하면 분포 유사성의 변이를 관찰할 수 있다. 연결된 구간의 경우 적절한 크기의 분석영역을 이동하면서 그

영역에 포함된 절리의 투영망을 인접영역의 투영망과 정량적으로 비교할 수 있다면 분석하는 영역들 사이의 절리의 분포 유사성을 확인할 수 있을 것이다.

  암상 내의 분석구간이 그림 12.2와 같이 선형의 구간임을 가정하고(이는 공간의 1차원 영역분석으로 가장 단순하지만 매우 효율적일 수 있는 분석방법이다), 특정 길이의 분석구간을 설정한다. 이 분석구간을 적절히 중첩하면서 선분을 따라 동일 간격으로 이동하면서 각 구간의 투영망을 작성하고 그 투영망을 인접영역의 투영망과 비교하는 것이다. 분석구간의 크기는 전체 영역의 크기와 절리분포 양상 등을 고려하여 5~10m 정도로, 구간의 이동거리는 1~2m 정도로 설정함이 적절할 수 있다. 구간내의 절리를 추출하는 방법은 그림 12.2와 같은 단면의 중앙에 선분을 그리고 그 선분의 구간에 교차하는 절리들을 추출함이 가장 효율적일 것이다.

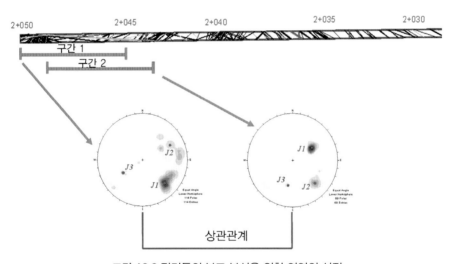

그림 12.2 절리들의 분포 분석을 위한 영역의 설정

  투영망 사이의 변화는 두 투영망의 상관관계를 계산하여 비교한다. 상관관계는 투영망 자체를 그림 12.3과 같은 테이블로 전개하면 쉽게 계산된다. 경사값과 경사방향은 각기 90도와 360도 사이에 위치한다. 이 각도들을 10° 간격으로 분리하여 가로 9개, 세로 36개의 테이블을 만들고 구간 내의 절리를 하나씩 검색하여 이 테이블의 해당 셀에 할당한다. 예를 들면 절리가 54/123, 62/325 등이라 하면 경사와 주향을 10으로 나눠서 계산된 셀 (5, 12)와 (6, 32)에 각기 한 개씩의 개수를 더하는 것이다. 할당된 절리의 개수를 정리하여 테이블을 만들면 그림 12.3과 같으며 테이블들의 유사성은 식 12.1과 같은 수식으로 상관계수를 계산하여 결정할 수 있다.

$$r = \frac{\sum_i (A_i - \overline{A})(B_i - \overline{B})}{\sqrt{\sum_i (A_i - \overline{A})^2} \sqrt{\sum_i (B_i - \overline{B})^2}} \qquad \text{식 12.1}$$

식 12.1에서 A_i와 B_i는 9×36 크기 좌측과 우측 테이블에서 동일 화소 위치$(x_j,\ y_k)$의 값(해당 주향경사 영역의 자료 개수)이 되는 것이며, $\overline{A}$, $\overline{B}$는 각기 좌측 테이블과 우측 테이블의 자료에 대한 평균값이다.

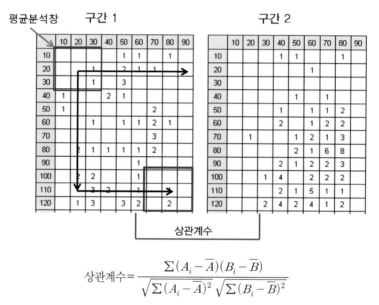

$$\text{상관계수} = \frac{\sum (A_i - \overline{A})(B_i - \overline{B})}{\sqrt{\sum (A_i - \overline{A})^2} \sqrt{\sum (B_i - \overline{B})^2}}$$

그림 12.3 투영망의 전개 및 전개된 투영망 사이의 상관계수 계산. 이와 같이 만들어진 두 구간의 테이블은 공히 9×36 크기의 테이블로 각 화소와 화소의 상관관계는 식 12.1로 계산할 수 있다.

상관계수는 두 자료 사이의 유사성을 비교하는 것으로 유사성이 높으면 1이란 숫자에 가까워지고 낮으면 0에 가까워진다. 다소 기술적인 문제이긴 하지만 그림 12.3과 같이 자료의 개수가 세어지지 않은 공란이 많은 테이블들이 비교될 경우 상관관계의 계산결과가 다소 왜곡될 수 있다. 3×3 혹은 5×5와 같은 홀수크기의 평균분석창[그림 12.3]을 이용하여 창 내부의 평균값으로 창의 중앙값을 대신해주는 자료의 1차 평균화 작업을 하면 공란이 줄어들고 갑작스런 자료의 변화를 줄일 수 있다.

구간별 상관계수를 비교하여 조구조구를 추출하기 위해서는 정해진 구간의 길이를 일정 간격으로 이동하여 인접구간을 설정하는 것인데 이 과정에서 이동된 인접구간은 현재의 구간과 충분히 겹쳐져야 한다. 예를 들면 구간의 길이를 5m로 하였을 경우 이동거리를 1m로 설정하는 등의 방법을 의미한다. 이와 같이 인접구간을 설정하고 현재의 구간과 상관계수를 계산하는 방법으로 각 이동거리에서의 상관계수를 그림 12.4와 같이 도표화하면 다음과 같은 결과를 관찰할 수 있다.

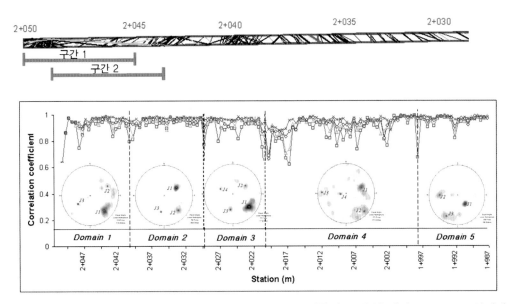

그림 12.4 인접절리 분석구간 사이의 상관계수도표. 상관계수의 급격한 감소 부분을 대상으로 조구조구의 경계를 설정한다.

1. 인접구간에서 절리의 분포가 유사할 경우는 상관계수의 값이 1에 가까워야 한다. 그러나 인접구간의 분포가 유사하지 않는 구간의 상관계수는 급격히 낮아진다.
2. 상관계수가 낮아진 구간을 지나서 높은 상관계수가 지속되는 구간이 지속되는 것은 이 구간의 절리분포가 유사하다는 의미이다. 그러나 현재구간의 절리분포가 상관계수가 낮아지기 전 구간의 절리분포와 유사하다는 것은 절대 아니다.

상관계수의 분포가 도식된 그림 12.4와 같은 도표에서 상관계수의 값이 급격히 감소하는 부분이 절리분포의 형태가 바뀌는 영역일 확률이 높다. 그러므로 변화가 심한 영역을 적절히 분리하여 조구조구를 설정한 후 분류된 구조구의 절리 투영망을 작성하고, 인접 조구조구의 투영망들을 비교해보라. 만약 인접 구역의 투영망이 유사하다면 조구조구를 통합해야 할 것이다.

이 방법을 통하여 투영망의 변화를 정량적으로 분석한 결과로 조구조구를 나눈다. 그러나 구조의 유사영역을 분류하고 분류경계의 급격한 변화의 원인을 분석하고 최종적 설계구간을 설정하는 것은 아직도 조사자의 몫이니 분류된 결과의 최종 신뢰성 평가는 조사자가 결정해야 한다.

12.2 절리의 조밀도 분석

암반을 굴착하는 터널공사의 설계나 시공과정에서 대상암석의 강도를 고려해야 함은 당연한 것이다. 화강암이 이암보다는 강할 수 있으나 화강암도 절리와 단층에 의해 심하게 파쇄된 경우나 풍화가 심한 경우는 이암보다 강한 암석이라 할 수 없다. 테르자기는 1946년에 이미 이러한 관점에서 시공암체의 강도를 판단하는 방법Rock Mass Classification에 관한 제안을 하였다(Terzaghi, 1946). 다양한 수정을 거쳐 이 방법은 RMR, Q, GSI와 같은 암질분류 방법으로 진화하여 현재는 터널의 시공현장에서 중요하게 활용되고 있다. 방법에 따라 조금씩 차이가 있으나 암질분류에 고려되는 요인들은 표 12.1과 같이 요약될 수 있다. 이들 중 본 암체의 강도나 지하수 등은 분류방법에 따라 고려되거나 고려되지 않는 경우가 있다. 그러나 암석의 부서진 정도나 이미 부서진 약선면의 특성은 대부분의 암질분류 방법에서 중요하게 고려되는 요인들이다.

RQDRock Quality Designation는 RMR이나 Q 시스템과 같은 분류기준에서 암석의 부서진 정도를 나타내는 척도로 사용되는 중요한 인자이다. 일정길이의 시추코아에서 10cm 이상인 절리간격이 백분율로 몇 %인지를 정량적으로 판단하는 방법이다[식 12.2]. 암석의 부서진 정도를 정량적으로 판단하는 방법으로는 나쁘지 않은 방법이나 항상 시추코아를 측정할 수 없는 현장여건으로 인해 임의의 선이나 사각형 내부에 존재하는 절리의 개수나 연장길이 등을 기준으로 RMR 값을 환산하는 경험식 등이 널리 이용되고 있다.

$$RQD = \frac{\sum(10cm\ 이상\ 길이의\ 절리구간)}{조사구간의\ 길이} \times 100 \qquad 식\ 12.2$$

표 12.1 암질분류에 고려되는 요인들

본 암체의 강도	무결암(intact rock)의 강도
암석의 부서진 정도	• 절리의 밀도(spacing)나 시추코아의 질(암질 지수:RQD) • 절리의 간격(Aperture)
기발달된 절리나 단층 등의 지질구조를 따라 파괴가 일어날 가능성	• 절리의 연장성 • 절리의 거칠기(roughness) • 충진물
기타요인	• 지하수 • 절리의 배열 • 외부응력(Field Stresses)

절리의 배열분석기법과 유사한 방법으로 암반의 강도 평가를 시도해볼 수 있다. 터널과 같이 지하공간에 조사된 불연속면의 자료가 있으면, 터널 중심선을 설정하고 그 중심선을 따라 분석구간(일정거리로 나뉜 영역)을 이동하면서 구간 내의 절리간격을 계산할 수 있다 [그림 12.5]. 이때 절리의 간격은 단위구간 길이의 1/10 이상이 되는 간격의 합을 취한다. 이와 같이 계산된 RQD 값을 편의상 Sh_RQD^{Shadow RQD}로 칭하기로 하겠다.

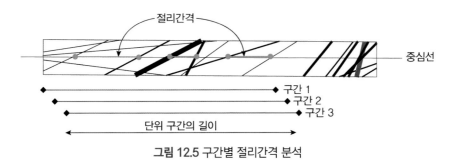

그림 12.5 구간별 절리간격 분석

$$Sh\,RQD = \frac{\sum\left(\dfrac{구간길이}{10}\text{ 이상 길이를 갖는 절리간격}\right)}{단위구간의 길이} \times 100 \qquad \text{식 12.3}$$

설정된 구간을 일정간격으로 이동하면서 Sh_RQD를 계산하고 그 결과를 그림 12.6과 같은 도표로 작성하면 단면의 위치에 따라 변화하는 암반의 부서진 정도를 인지할 수 있으며, 그 변화를 분석하여 조구조구를 설정할 수 있을 것이다.

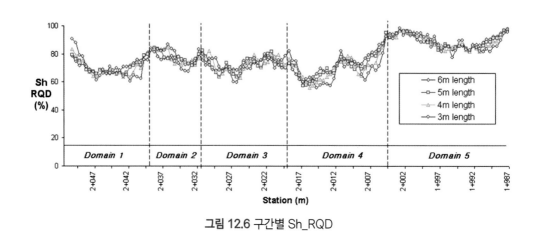

그림 12.6 구간별 Sh_RQD

12.3 절리의 분포 예측

절리는 조를 이루며 특정한 패턴으로 배열한다고 알려져 있다. 패턴을 통계적으로 정리하면 절리의 분포에 대한 예측이 가능한 것인가? 지하수나 석유의 유동 연구를 위한 복잡한 통계 모델들이 존재하기는 하나 암반 내부의 실제 3차원 절리분포를 관찰하거나 측정하기가 어려운 관계로 통계모델의 정확성이 제대로 검증되기 어려웠다. 본 서에서는 매우 단순한 분포모델을 제시한다. 절리의 분포에 대한 통계적 분석은 암석 내부에 존재하는 모든 방향의 절리분포를 고려하는 경우와 조joint set로 분리된 단일 절리군에 대한 분석들이 존재한다. 본 서에서는 후자의 경우만을 다루기로 한다. 이곳에 설명된 예측방법은 'TM_Office2019'를 이용하여 실습할 수 있다.

한 조의 절리를 고려하면, 절리의 간격에 대한 분포 패턴은 3가지의 유형으로 분류될 수 있다. 첫 번째는 간격이 일정한normal 유형이며, 두 번째는 간격이 불규칙한random 유형이며, 다른 한 가지는 군집형cluster으로 발달하는 유형이다. Priest와 Hudson(1976)은 스캔라인에서 관찰된 단일 절리군의 분포확률을 그림 12.7과 같이 정의하고, 그들은 각기 정규분포(등간격), 지수분포(불규칙 간격), 로그지수분포(군집형 분포)의 확률밀도 함수를 보인다 하였다.

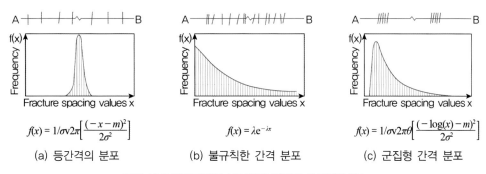

(a) 등간격의 분포

$$f(x) = 1/\sigma\sqrt{2\pi}\left[\frac{(-x-m)^2}{2\sigma^2}\right]$$

(b) 불규칙한 간격 분포

$$f(x) = \lambda e^{-\lambda x}$$

(c) 군집형 간격 분포

$$f(x) = 1/\sigma\sqrt{2\pi}\theta\left[\frac{(-\log(x)-m)^2}{2\sigma^2}\right]$$

그림 12.7 절리간격의 분포확률 형태와 확률밀도함수

단일 절리군을 투영망에 점기하여 절리군 중심의 위치를 그 절리군의 평균 배열로 설정할 수 있다[그림 12.8]. 본 서의 제11장 터널조사 부분에 기술된 방법을 활용하면 실제 3차원 공간에 분포하는 절리들을 조별로 분류하여 단일 절리군(조)의 배열을 그림 12.8과 같이 나열시킬 수 있다. 이와 같은 군집형 3차원 절리의 나열은 제8장 원격측정과 제9장 공내 카메라 측정기법 등으로 조사된 자료들도 동일하게 구현할 수 있다.

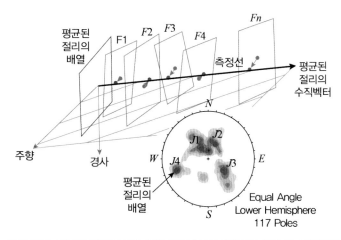

그림 12.8 절리의 간격분석을 위한 기준 분석선(평균된 절리의 수직벡터)

절리간격의 측정을 위하여 평균배열로 계산된 절리의 면을 임의의 시작점에 위치시킨 후, 평균면의 주향, 경사벡터와 수직인 벡터를 계산하여 이를 측정선으로 설정한다[그림 12.8]. 즉, 간격을 측정할 기준선은 평균절리의 수직벡터이며 그 벡터는 주향과 경사를 포함하는 평균 절리면에 수직인 선분이 된다. 이 벡터가 정해지면 현장에서 측정된 해당 절리군의 모든 절리에 대한 면의 방정식과 이 선과의 교점을 계산할 수 있다[식 11.6]. 이 교점들을 시작점부터 순차적으로 나열한 후 교점들 사이의 거리를 측정하면, 단일 절리군에서 인접절리 사이의 순차적인 거리가 된다.

측정된 거리를 그림 12.9(a)와 같은 누적분포도로 도식하면 절리의 분포 양상을 쉽게 정리할 수 있다. 누적분포도의 수평축은 절리의 순차적 배열을 등간격으로 표기한 것이며, 수직축은 이 절리들 사이의 간격을 누적으로 표기한 것이다.

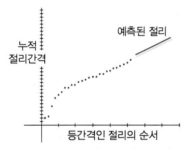

(a) 시작점으로부터 분포하는 절리를 동일 간격으로 배열하고(x축) 인접절리와의 거리를 누적으로 점 기(y축)한 분포도

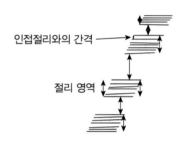

(b) 군집형 절리의 분포 양상

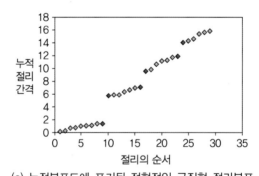

(c) 누적분포도에 표기된 전형적인 군집형 절리분포

그림 12.9 단일 절리군을 대상으로 한 절리간격의 누적분포도

그래프의 수평축에서 인접절리의 분포 간격이 등간격이므로 이들 절리 사이의 간격 패

턴이 그래프에 나타난다. 누적점을 연결한 선분의 경사가 큰 것은 절리 사이의 간격이 넓음을 의미하고 경사가 작은 것은 절리의 사이 간격이 좁은 것을 의미한다. 또한 절리의 간격 분포가 규칙적이면 그래프가 매끄러운 선형을 보일 것이며 간격 분포가 불규칙적이면 비선형 분포를 보일 것이다. 한편 그림 12.9(b)와 같이 절리의 분포가 군집형일 경우는 그림 12.9(c)와 같이 계단형의 그래프 형태를 보일 것이다.

절리의 누적분포도는 조사구간에서의 절리 패턴을 알려준다. 절리의 간격 분포, 군집상황, 등간격 분포의 정도 등이 도학적으로 표시되는 것이다. 표시된 도표의 형태가 선형에 가까울수록, 선의 경사가 일정할수록, 군집의 경계양상(절리 영역 사이의 거리)이 규칙적일수록 분석된 절리군은 도표에 나타난 분포 특성을 강하게 갖고 있는 것이다. 이와 같이 특성이 강한 절리군은 조사영역을 벗어난 인접영역에서도 유사한 패턴을 보일 확률이 높다.

누적분포도는 조사된 영역에서의 절리분포 특성을 보여주는 것이므로 유사한 분포 특성이 아직 조사되지 않은 선행 막장(영역)에도 나타날 것이라는 가정은 그리 무리한 것이 아니다. 이러한 예측은 도표의 후미에 조사된 자료로 도식된 도표와 유사한 패턴(선분)을 그려 넣어주면 된다[그림 12.10(a)]. 분포도에서 인접절리의 간격(x축)은 일정하므로 도표의 기울기는 인접절리의 간격을 알려주어 예측된 절리들의 위치를 설정할 수 있는 것이다[그림 12.10(b)]. 군집형 절리의 경우도 동일하다. 절리의 패턴을 따라 계단형 선분이 추가되면 계단형으로 갑작스레 증가된 누적절리간격은 인접절리의 군집이 위치할 간격을 알려주는 것이고, 기울기는 군집 내부 절리들의 간격을 알려주므로 조사가 안 된 선행 위치의 절리군집의 3차원 분포 위치를 예측할 수 있게 한다.

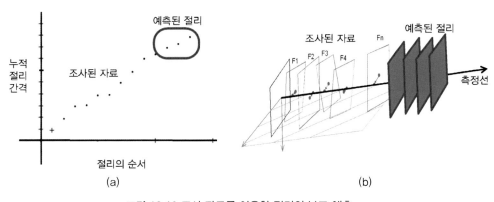

그림 12.10 조사 자료를 이용한 절리의 분포 예측

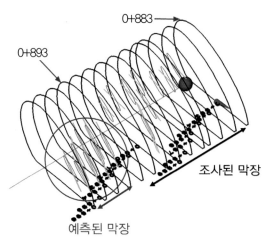

0+883

0+893

조사된 막장

예측된 막장

그림 12.11 터널에서 조사된 막장의 절리군으로부터 예측된 선행 막장의 절리분포

예측된 절리의 배열(경사와 경사방향)과 분포 간격은 절리군의 평균배열과 누적간격도 면에서의 경사값을 반영하여 계산된 인접절리의 거리로 표현되는 한계를 갖는다. 그러함에도 그림 12.11과 같이 터널의 조사된 막장에서의 절리양상을 이용하여 선행 막장에 분포하는 절리를 예측하는 등의 흥미로운 시도가 가능하다.

12.4 경험식과 인공지능

경험식은 복잡한 변수와 부정확한 물성을 갖고 있는 흙이나 암반과 같은 물질의 안정성을 판단하고자 할 때 흔히 활용된다. 지반의 침하나 비탈면의 붕괴와 같은 지반의 안정성을 고려할 때 토사의 종류와 물성, 지하수, 지반의 기하학적 형상, 현장에 영향을 미칠 수 있는 인접 구조물, 강우 등의 요인이 안정성에 영향을 미칠 수 있을 것이라 예상하는 것은 어렵지 않다. 그러나 안정성 평가를 위하여 이러한 요인들을 모두 고려한 명쾌한 답을 만들어내기는 그리 쉽지 않다. 동일 물성과 지하수 상황에서도 기하학적 형상에 따라 안정성은 달라질 수 있으며, 이러한 상황에서 강우, 인접구조물의 형상 및 특성 등이 복합적으로 고려되면 안정성 평가를 위한 어떤 노력도 불가능한 것처럼 느껴진다.

경험식적 접근방법은 안정성에 가장 영향력이 클 것 같은 항목을 고르고, 그 항목들의 수치변화와 안정성의 변화관계를 수식으로 적립한다. 즉, 복잡한 사연현상을 가장 영향이 큰 몇 개의 항목들의 연계관계로 단순화 하고, 그 항목과 안정성과의 관계를 수식화하여 분석함으로 안정성 평가가 불가능할 것 같은 자연현상을 어느 정도 평가가 가능하게 해주는 마력을 갖고 있다.

대부분의 경험식은 중요한 항목들만 선별하여 작성된다. 수식을 만들기 위해서 항목의 개수가 한정되어 있으며 수식을 만들고자 하니 항목의 변화가 수식으로 정의되어야만 하는 아쉬움을 갖고 있다. 예를 들면 토사의 종류나 암석의 명칭 등은 수식으로 표현될 수 없는 자료의 종류들이다. 물론 이들의 특성을 탄성계수, 압축강도, 인장강도, 푸아송비, 점착력, 내무마찰각, 크리프 특성 등으로 수치화할 수도 있다. 그러나 풍화와 관련된 암상의 특성이 이들과 같은 물리적 특성으로 대표될 수 없을 것이며 물질의 종류가 달라지면서 항목들 사이의 관계가 현저히 달라질 수 있는 상황들을 이와 같은 수치모델로만 해석하는 데는 한계가 있다. 그러므로 안정성 해석에 조금 더 많은 항목을 고려할 수는 없을까 하는 아쉬움이 항상 존재하였으며 또한 항목들 사이의 상호 관계를 복합적으로 모델할 수는 없을까 하는 아쉬움이 있었다.

데이터마이닝 기법들은 이러한 아쉬움에 대한 명쾌한 답을 갖고 있다. 먼저 신경망분석이나 의사결정나무와 같은 분석기법은 숫자형, 서열형, 간격형, 비율형 및 범주형 등의 다양한 자료를 수용한다. 또한 데이터마이닝의 특성 자체가 항목들 사이의 상호관계를 복합적으로 모델하는 것이다. 이러한 관점에서 현존하는 모든 경험식들이 이젠 인공지능 분석으로 연구되어야 할 중요한 시점인 것 같다. 그러나 지반 분야의 인공지능 연구는 현존하는 자료가 충분하지 않고 자료의 분류나 내용 등이 부정확하여 그리 순탄해 보이지만은 않다. 본서는 경험식적 접근이 적지 않은 암반비탈면의 안정성 평가에 대한 인공지능 접근법과 그 한계에 대하여 간략히 정리해볼까 한다.

비탈면의 안정성과 관련된 사항들은 매우 다양하다. 비탈면의 길이, 높이, 경사, 상부지형 경사, 소단의 개수, 계곡의 존재 유무, 암상, 내부지질구조, 강우량, 물성(점착력, 내부마찰각 등), 배수관계 등의 많은 요인이 서로 복합적으로 얽혀 붕괴의 요인이 된다. 예를 들면 강우가 많으면 비탈면의 붕괴위험이 높아지나 화강암과 편암의 경우 그 위험도의 강도가 다를 수 있다. 또한 경사가 크거나 작은 경우, 비탈면의 높이가 높고 낮은 경우 등 모든 경우의 조합이 서로 다른 가중치를 가질 것이다. 그러므로 이들 중 가장 영향력이 큰 요인을 선택하여 단순화된 방법으로 비탈면의 안전성을 설계한다. 예를 들면 단면과 예상 파괴면을 대상으로 한계평형을 계산하는 등의 단순화된 기법이다. 이러한 설계의 후면에는 전기한 많은 요인들의 영향력과 그 대책들을 엔지니어의 경험에 의한 부수적 판단으로 남긴다는 전제가 있다. 최근 급격히 발달하고 있는 인공지능의 실체는 기존의 경험(이 경우는 비탈면의 붕괴이력)을 전산 규칙으로 훈련하여 이와 같이 복합적인 요인의 상관관계를 훈련된 알고리듬으로 정리하는 매우 유용한 도구이다. 많은 비탈면 전문가들이 이러한 매력적인 도구에 관심을 갖는 것은 너무 당연하다.

필자의 경험으로, 현존하는 비탈면 데이터베이스를 이용하여 비탈면의 안정성과 관련된 인공지능 분석은 불가능하였다. 나름 정확한 자료인 고속국도 주면의 비탈면 8,981개에 저장된 비탈면의 길이, 높이, 경사, 상부지형 경사, 소단의 개수, 계곡의 존재 유무, 암상, 내부지질구조, 강우량, 물성(점착력, 내부마찰각 등), 붕괴이력 및 보수내력 등을 다양하게 조합하여 분석을 시도하였으나 구축된 전산 상관관계는 실체와 너무 큰 거리를 갖고 있었으며 제작된 상관관계가 예측한 정확도 역시 40% 이하로 의미 있는 규칙들이 만들어지지 않았다. 예를 들면 강우가 많을 경우 안정하고 적을 경우 파괴 쪽으로 분류가 된다던지, 비탈면의 경사방향으로 경사하는 지질구조가 역방향으로 경사하는 지질구조보다 안전하다는 등의 규칙이 제작되었다. 이러한 부정확성은 8,981개의 비탈면 자료는 충분한 수량의 빅데이터가 되지 못하는 이유도 있겠으나 자료 자체의 부정확성이 더 큰 문제일 수 있다. 조사자에 따라서 주관적 의견이 반영되는 데이터가 너무 많다. 암상, 풍화도 등과 같이 자료 자체가 애매할 수 있으며 조사자의 관점과 경험 및 숙련도에 따라서 비탈면에 조사되어 기록될 항목의 선정과 중요도의 비중을 달리하여 자료들이 기록될 수 있다. 어떠한 시도를 필요로 하는가? 두 가지의 중요한 부분이 지적되어야 한다.

첫째는 적절한 분석방법의 선택이다. 비탈면 자료들과 같이 숫자형, 서열형, 간격형, 비율형 및 범주형 등 다양한 종류의 자료를 처리할 수 있는 기법이어야 한다. 신경망 분석과 의사결정나무 분석방법이 이러한 요구를 수용할 수 있는 방법에 속할 것이나, 이들 중 후자를 추천한다(부록 5). 자료의 전산학습에 의해 자료에 존재하는 규칙이 만들어질 경우 전자는 그 규칙을 쉽게 볼 수 없으나 후자는 계층적으로 만들어지는 트리형 자료의 분류결과를 직접 관찰할 수 있는 장점을 갖고 있기 때문이다. 비탈면 자료와 같이 정확성이 낮은 경우는 분석의 결과를 세심히 관찰하며 학습된 규칙의 적절성을 평가하며 사용할 수 있어야 한다는 의미이다.

둘째는 자료의 정확성을 향상시키는 방법들이다. 자료가 제작되는 시점에서 규격화된 자료를 입력할 수 있도록 자료의 표준화를 위한 노력도 중요하다. 그러나 현재 만들어진 자료를 적절히 재분류하여 분석의 정확도를 높이는 시도들 역시 중요하다. 이러한 시도의 한 예로 Bacal(2018)은 1 : 250,000 지질도에 수록된 30여 개의 암상을 10여개의 암상으로 재분류 하는 과정을 의사결정나무를 제작하면서 수행하였다. 일단 모든 암상과 지화학 자료를 이용하여 의사결정나무를 제작한 후에 유사암상 사이의 관계를 혼돈행렬Confusion Matrix을 이용하여 분석하면서 유사성이 높은 암상을 묶어 줄여갔다. 예를 들면 화강편마암과 안구성 편마암이 유사한 화학조성을 가질 것 같으므로 둘을 하나로 통합하겠다는 전문가적 판단이 아니고, 지화학 자료로 두 암상의 분류를 시도하였더니 분류가 정확하였던 비율과 잘못되었던 비율이 높은지 낮은지의 경향을 통계학적 비율로 계산하여 판단하는 자료에 의한 객관적 판단이 가능하다는 것이다.

데이터마이닝의 개념과 기법에 관한 자세한 내용은 정사범과 송용근(2015)을 참고하기 바란다. 비탈면 연구와 데이터마이닝의 관계에 관심을 갖는 독자를 위하여 본 서에서는 부록 5에 기존의 연구동향과 기초적인 의사결정나무에 대한 개념을 요약하였으니 참고하기 바란다.

:: 참고문헌

Bas M.J. Streckeisen A.L., 1991, The IUGS systematics of igneous rocks, Journal of the Geological Society, 148 (5): 825-833.

Berthe, D., Choukroune, P., Jegouzo, P, 1979, Orthogneiss, Mylonite and non coaxil deformation of Granites; the example of the South American shear zone, J. Struct. Geol., 1, 31-42.

Cloos, H., 1928. Experimenten zur inneren Tektonik. Centralblattfur Mineralogie and Paleontologie 1928B, 609.

Davis, G.H., Bump, A.P., Garcia, P.E., Ahlgren, S.G., 2000, Conjugate Riedel deformation band shear zones, J. Struc. Geol., 22, 169-190.

Erickson, R.J. and Harlin, J. M., 1994. Geographic measurement and quantitative analyses, New York: Macmillan.

Goodman R.E. and Shi G., 1985. Block Theory Application to Rock Engineering, Prentice-Hall, New Jersey, p.340.

Hubbert, M.K. and Rubey, W.W., 1961, Role of fluid pressure in mechanics of overthrust faulting, GSA Bulletin, 72, 9, 1445-1451.

Katz, Y.; Weinberger R.; Aydin A. (2004). Geometry and kinematic evolution of Riedel shear structures, Capitol Reef National Park, Utah. Journal of Structural Geology. 26 (3): 491-501.

Lister, G.S. and Snoke, A.W., 1984, S-C Mylonites, J. Struct. Geol., Vol. 6, 6, 617-638.

Lourakis, M.I.A. and Argyros, A.A. 2009, SBA: A Software Package for Generic Sparse Bundle Adjustment. ACM Transactions on Mathematical Software. ACM. 36 (1): 1-30.

Lucas, B.D. and Kanade, T., 1981, An iterative image registration technique with an application to stereo vision. Proceedings of Imaging Understanding Workshop, pp.121-130.

McClay, K.R, 1991, Glossary of thrust tectonics terms, in KR McClay, ed., Thrust tectonics: London, Chapman & Hall, pp.419-433.

McClay, K.R., 1992, Thrust tectonics, Chapman and Hall, p.447.

McDonell, M.J., 1981, Box-filtering techniques, Computer Graphics and Image Processing, Vol. 17, pp.65-70.

Means, W.D., 1976. Stress and Strain: basic concepts of continuum mechanics for Geologists. Springer-Verlag, New York, p.339.

Hobbs, B.E., Means, W.D., and Williams, P.F., 1976. An outline of Structural Geology. Wiley, New York, p.571.

Hoek, E. and Bray, J., 1981, Rock Slope Engineering. Revised 2nd Edition, The Institution of Mining and Metallurgy, London.

Priest S.D., 1993. Discontinuity analysis for rock engineering. Chapman & Hall, London, p.473.

Riedel, W., 1929. Zur mechanik geologischer brucherscheinungen. Centralblatt fur Minerologie, Geologie, und Paleontologie 1929B, 354.

Sun, C., 2002, Fast stereo matching using rectangular subregioning and 3D maximum-surface techniques. International Journal of Computer Vision. Vol. 47, No. 1/2/3, pp.99-117.

Tchalenko, J., 1970. Similarities between shear zones of di erent magnitudes. Geological Society of America Bulletin 81, 1625±1639.

Thompson J.B., 1957 The graphical analysis of mineral assemblages in politic schist, Am. Mineral., 42, 842-858.

Wilcox, R., Harding, T., Seely, D., 1973. Basic wrench tectonics. American Association of Petroleum Geologists Bulletin 57, 74±96.

Woodcock, N., Schubert, C., 1994. Continental strike-slip tectonics. In: Hancock, P. (Ed.), Continental deformation. Pergamon Press, New York, pp.251±263.

Wu, Q.X., McNeill, S. J., and Pairman, D., 1995, Fast algorithms for correlation relaxation technique to determine cloud motion fields? In Digital Image Computing: Techniques and Applications, (Brisbane, Australia), pp.330-335.

유복모, 박운영, 양인태, 1983, 사진측정기법을 이용한 사면의 경사와 주향결정에 관한 이론적 고찰, 대한토목학회논문집, 제3권, 제3호, pp.129-135.

윤혜수, 이의형, 박영숙, 강소라, 배부영, 1999, 울릉분지 생층서 연구, 충남대학교, 한국석유공사 용역보고서, p.116.

황상기, 최재희, 서형철, Nguyen Quoc Phi, 2016, 고속도로상의 지질특성 분석을 통한 비탈면 위험 지도 작성 및 설계시공기준 개선 연구, 한국도로공사 도로교통연구원 용역보고서.

부록 1
비탈면조사 시 유의할 암종별 특성

암상	특성	세분류	인접 노두를 관찰하여 확인할 내용
퇴적암	**쇄설성 퇴적암** 점토, 실트, 사질 등의 퇴적물이 쌓여 만들어지는 암상으로 입도가 작은 이암과 입도가 큰 사암, 혹은 이들의 교호로 형성되는 호상 퇴적암으로 구성된다. 사질은 구조가 많으며 점토질은 Al, Na, Ca, Mg, Fe 등의 원소가 운모나 장석류에 포함되어 있어 풍화에 약할 수 있다. 특히 이 절리 내에 팽창성 운모 (예, 몬모릴나이트)가 존재하면 매우 위험하다.	호상 퇴적암	1. 입도의 차이에 의한 층리와 이에 약한 암상(사질층)과 동일입도이나 색상이 차이 나는 층리보다는 강한 암상(점토질층)의 교호(이질층)이 교호하는 암상이 더 위험함. 이 경우 비탈면의 안정을 이질층의 상태에 의거해 평가할 것 2. 층리의 방위를 측정하고 면구조 탐색 s/w를 이용해 층리와 절리의 그룹을 분리함 3. 층리의 평면파괴 가능성과 층리와 절리가 만나 쐐기파괴를 유발할 수 있는가를 확인
		이암	1. 풍화심도와 풍화양상을 확인할 것 2. 절리, 단층 등 지질구조 확인
		사암	1. 사암이라도 박층의 이암을 협재하는 경우가 대부분이나 협재하는 이암의 두께와 빈도를 확인함. 협재된 이암의 두께가 절리 두께보다 이가해 이가해 평가함 2. 층리의 방위를 측정하고 면구조 탐색 s/w를 이용해 층리와 절리의 그룹을 분리함 3. 층리의 평면파괴 가능성과 층리와 절리가 만나 쐐기파괴를 유발할 수 있는가를 확인
		역암	1. 호층의 양상(호층 여부)에 따라 위의 경우와 동일하게 조치
	석회암 석회암과 백운암 등 CaCO₃를 주성분으로 하는 암상. 층리 박층의 쇄설성 특성으로 교호되어 나타난다. 수용성의 특성으로 용해되 공동이 암석 내부에 존재할 수 있음에 유의해야 한다.	호상 석회암	1. 교호된 쇄설성 퇴적층의 풍화를 보일 수 있으므로 이러한 연구조를 보임. 쐐기이 심한 연구조를 보임 2. 수용성의 특성으로 인해 층리의 경계가 심함 3. 수용성 특성으로 작용하는 활동면으로 이해되므로 연약띄 암리띄 평행과 기 생성과 탐색 s/w 등의 연계된 과정영리로 면구조 관찰해야 함 4. 면구조 탐색 및 층리 및 절리의 그룹을 분리함 5. 지질구조와 평면파괴, 쐐기파괴의 가능성을 확인
		괴상 석회암	1. 풍화심도와 풍화양상을 확인할 것 2. 절리, 단층 등 지질구조 확인
변성암	**천변성 퇴적층** 낮은 변성을 받은 퇴적층으로 퇴적암의 층리구조를 갖고 있으나 약한 변성에 의해 엽리 등이 발달하기도 한다. 이들은 층히 조구조운동에 의한 심한 변형을 보이기도 한다. 강원도 쪽에 주로 분포하는 평안계, 대동계 암상과 옥천대에 분포하는 함탄성 퇴적층이 이에 속한다.	천변성 퇴적암층 (평안계, 대동계 암상)	1. 층층이 협재되면 반드시 보강이 되어야 함. 석탄층은 유동성이 크고 물성도 연약과정에서 단층면을 따라 유동함. 그러므로 중사와 평행한 면 구조 연약단층과 연관이 높음 2. 층리와 평행한 단층의 유무. 이들은 특히 중상단층 등의 영향으로 층리와 평행한 저각의 단층들이 존재함. 이 단층들의 배열은 비탈면의 안정에 매우 위험한 구조임 3. 변성이 심한 곳에서는 엽리의 특성을 관찰해야 함 4. 면구조 탐색 s/w를 이용해 층리와 절리 및 엽리의 그룹을 분리함 5. 평면파괴, 쐐기파괴의 기하학적 가능성을 확인
		천변성 퇴적암2 (옥천계 암상)	1. 퇴적암의 호상퇴적암 기준을 따름 2. 단층, 절리 등의 지질구조를 부석수적으로 조사함

암상	특성	세분류	인접 노두를 관찰하여 확인할 내용
변성암 — 엽리를 보이는 암상	점판암-천매암-편암-편마암으로 이어지는 엽리를 보이는 변성암류. 이들의 분류는 다음과 같다. 1. 점판암: 광물 입자가 육안으로 구분이 안 된다. 2. 천매암/편암: 광물 입자가 육안으로 구분된다. 3. 편마암: 엽리가 띠상으로 분포한다. 석영-장석이 집적된(현생 띠)과 운모류가 집적된 melanosome(흑색 띠)으로 엽리가 분류된다.	점판암	1. 엽리의 특성이 중요함. 엽리는 암석내부에 고루 분포하는 연구조임. 그러나 엽리면의 변형을 받은 암석은 기존의 엽리의 형성되거나 파랑엽리, 기존엽리에 대비되는 새로운 엽리 등이 존재할 수 있음. 점판암은 입자가 잘 보이지 않으면서 주된 엽리구조가 급격히 변하는 양상을 보이므로 매우 온도스러운 절리 등의 배열을 측정할 수 있음 2. 구조 활동에 의해 교란된 엽리면(엽리면과 평행한 단층이나 절리 등의 배열을 확인 3. 구조 활동에 의한 절리, 교란된 엽리, 절리, 단층 등의 풍화양상 확인 4. 연구조 탐사 s/w를 이용해 절리, 단층을 정의하고 특히 위험한 연구조의 그룹을 정함. 다수의 엽리가 존재할 수 있음에 유의할 것 5. 평면파괴, 쐐기파괴의 가능성을 확인
		천매암/편암	1. 엽리의 배열을 측정 2. 구조 활동등에 의해 교란된 엽리면(엽리면과 평행한 단층이나 절리 등의 확인 3. 단층이나 절리, 교란된 엽리 등의 풍화양상 확인 4. 연구조 탐사 s/w를 이용해 절리 및 엽리의 절리의 그룹을 정의. 급격히 변화는 다수의 엽리가 존재할 것 5. 간혹 엽리면이 수직으로 암반하중이 제거될 때 인장에 의해 엽리면의 따른 암반 분리 등이 관찰될 수 있음. 층에 활동면으로 작용할 수 있음 평면파괴, 쐐기파괴의 가능성을 확인
		편마암	1. 교란의 정도와 그에 따른 풍화정도가 관건임 2. 엽리와 평행한 교란이 어느 정도인지 확인할 것. 엽리와 평행하게 진행될 수 있음 3. 풍화에 매우 약한 암석이므로 절취 후 풍화를 조사할 것 단층 등 풍화가 빠르게 진행될 수 있는 교란된 연구조를 조사할 것
변성암 — 엽리를 보이지 않는 암상	고변성 환경에서 생성되는 화강편마마암, 접촉변성에서 생성되는 혼펠스, 혹은 구성 암이나 석화암과 같이 단일광물로 구성 되거나 또는 조직의 변성작용에 의해 등방으로 만들어진 암석들이다.	화강편마암	1. 화강암과 동일기준을 적용함 열인(층이 화강암)의 경계 분포를 지질도에서 확인함
		혼펠스	1. 열인과 같이 분포를 지질도로 확인함 2. 별돌과 같이 구워진 인장절리 등이 발달을 확인할 것
		구상/석화암	1. 이 암석들은 엽리나 층리가 전혀 보이지 않는 경우가 매우 드묾. 그러나 엽리나 층리가 지질구조를 조사를 기본지질구조를 강화할 것
변성암 — 진단암	셰성성 진단암(각력암)은 단층의 교란된 부분으로 쉽게 분류가 되나 엽성 진단대의 진단암(암쇄암)은 편마암과 유사한 양상을 보인다. 그러나 이들은 구조적이며 비대칭성 엽리의 배열을 보이는 등 변성 암과는 크게 차이가 있다.	각력암	1. 인접파쇄대의 분포를 확인(지질도에서 시추하여 지질조사로 진행함): 파쇄대는 점 이적으로 심적으로 단층면을 형성함 2. 단층의 양상을 확인 3. 단층의 비대칭성 확인
		암쇄암	1. 엽리 및 풍화구조 관찰로 편암과 동일기준으로 수행함 2. 단층의 양상을 확인 3. 단층의 비대칭구조를 확인

암상		특성	세분류	인접 노두를 관찰하여 확인할 내용
화성암	심성암	마그마가 심부에서 천천히 굳으며 형성된 암석으로 입자가 큰 특성을 갖는다. 대표적인 암상으로 화강암, 화강섬록암 등이 있으며 어두운 계열의 섬록암, 반려암 등이 있다.	화강암/화강섬록암	1. 절리, 단층 및 맥암의 관입형태 관찰 2. 풍화에 매우 약한 암상이므로 절취 후 기준의 절리, 단층, 맥암의 경계 등을 따라 풍화가 빨리 진행될 수 있음 3. 면구조 탐색 s/w를 이용해 절리 및 인접단층이 존재를 확인하고 평면파괴, 쐐기파괴의 기하학적 가능성을 확인
			섬록암/반려암	1. 화강암/화강섬록암 기준을 따를 것
	분출암	마그마가 급히 굳은 관계로 입자가 작은 화산암들과 천부에서 굳어진 반심성암들을 함께 포함한다. 정상체 지역과 제주도 및 남해안의 도서지역 등 화산암이 집중적으로 분포하는 곳이 있으면, 흔히 소규모 맥암의 형태로 나타나기도 한다.	유문암, 데사이트, 안산암	1. 비교적 안정한 암상으로 분류됨 2. 응회암과 교호된 곳에서는 응회암의 풍화양상을 확인 3. 단층이나 절리, 유동구조 등 기존구조의 풍화양상 확인 4. 절리에 의한 평면파괴, 쐐기파괴의 기하학적 가능성을 확인
			현무암	1. 비탈면 자료가 많지 않으나 안정된 암상군으로 분류됨 2. 유문암/데이사이트/안산암 기준을 따름
			맥암	1. 절리, 단층 등 기존의 지질구조를 따라 관입한 맥암은 배열의 패턴이 지역적으로 유사할 수 있음 2. 맥암의 경계는 지하수의 통로가 되거나 지하수의 유동을 막는 경계가 될 수 있으니, 경계부 풍화상항 확인 3. 모암에 비해 풍화가 심하거나 풍화가 덜 되는 등 암의 강도가 현저히 다름으로 인한 불안정성이 높음 4. 흔히 면구조로 분포하므로 경계 면구조의 배열에 대한 안정성 검토

부록 2

사진측량

부록 2 　사진측량

2.1 다항식을 이용한 왜곡도면의 좌표 보정하기

　항공사진이나 드론으로 촬영한 사진에서 실제 지형 좌표를 읽을 수 있을까? 가장 간단한 방법 중 하나가 다항식을 이용한 좌표의 보정이다. 부록 그림 2.1과 같이 왜곡 및 회전이 된 항공사진의 좌표(화소 위치)를 실제 지형도로 변환하는 수식을 만드는 것이다.

　지형의 좌표를 (x, y)라 하고 사진의 좌표를 (X, Y)라 할 때, 두 좌표 사이의 관계를 다음과 같은 다항식으로 정의하는 것이다. 다항식은 차수에 따라 식의 길이가 길어지는데, 다음의 수식은 m차 다항식을 의미한다[식 2.1]. 지형과 사진 좌표를 다항식으로 정리하였을 경우, 사진의 좌표 (X, Y)를 우측 수식에 입력하면 지형의 좌표 (x, y)가 수식의 좌항으로 계산된다. 이 계산을 위해서는 우측 수식의 상수들인 a_0, a_1, a_2, a_3, a_4, a_5, a_6, $\cdots$, a_k와 b_0, b_1, b_2, b_3, b_4, b_5, b_6, $\cdots$, b_k가 값으로 정의되어야 하는데, 이와 같은 상수를 계산하는 방법을 다음에 소개한다.

$$x = a_0 + a_1 X + a_2 Y + a_3 XY + a_4 X^2 + a_5 Y^2 + a_6 X^2 Y^2 + \ldots\ldots + a_k X^m Y^m$$
$$y = b_0 + b_1 X + b_2 Y + b_3 XY + b_4 X^2 + b_5 Y^2 + b_6 X^2 Y^2 + \ldots\ldots + b_k X^m Y^m$$

식 2.1

　다항식의 상수는 알려진 자료(좌표)의 값을 이용하여 계산한다. 예를 들면 사진에서 특정 위치(예, 외딴 단독주택, 도로나 하천의 교차점 등)들은 지형도면에서도 동일 위치를 비교적 정확하게 찾을 수 있다. 이와 같은 특징적인 점들을 GCP^{Ground Control Point}라 하며 한 쌍의 GCP는 사진의 화소 좌표와 지도의 지형 좌표로 구성된다. 수식에서 모르는 상수의 개수가 n개라 하면 GCP 쌍들이 n개 이상일 때 해를 구할 수 있다. 일차원 방정식인 $y = ax + b$의 두 미지수 a와 b를 구하기 위해서는 이 조건을 만족하는(직선의 그래프 위에 놓인) 두 점의 좌표가 필요함과 같은 이유이다.

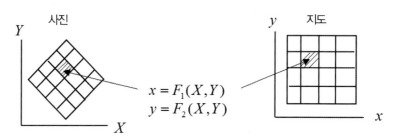

부록 그림 2.1 위치가 일치하는 사진(좌측)과 지형도면(우측)의 한 점과 이들의 관계를 기술하는 다항식

대부분의 경우 1차 다항식으로 어느 정도 만족할 좌표의 상호관계가 구해진다. 그러므로 다음과 같은 일차식[식 2.2]의 a_0, a_1, a_2, a_3와 b_0, b_1, b_2, b_3를 구해주는 가장 단순한 예를 설명하도록 하겠다. 각 수식에서 미지수들이 각기 4개이므로 4개의 좌표 쌍으로 이들 상수를 구할 수 있다. 그러나 이 좌표들이 수학적으로 정확한 위치값이라는 보장을 할 수가 없으며, 오히려 약간씩의 오차를 갖고 있는 것이 일반적이다. 그러므로 4개 이상의 자료를 입력하여 이 오차를 최소화하는 상수를 계산하고자 하는 것이 최적화^{optimization} 기법들이고 이들 중 가장 쉽고 널리 사용되는 방법이 다음의 최소제곱법이다.

$$x = a_0 + a_1 X + a_2 Y + a_3 XY$$
$$y = b_0 + b_1 X + b_2 Y + b_3 XY$$

식 2.2

식 2.2 중 첫 번째 수식을 이용하여 최소제곱법의 계산과정을 이해하도록 하자. 좌변의 값에서 우변의 값을 빼준 값은 계산 결과와 실제 값의 차이인 오차값이 된다. 이 오차값은 음수가 될 수도 있으므로 오차값을 제곱해주면 항상 양수의 오차값을 얻을 수 있으며 오차의 크기도 제곱으로 커지는 효과를 얻는다. 다음의 식 2.3과 같이 식 2.2의 오차값을 구해보자.

$$F(\Delta x) = (x - a_0 - a_1 X - a_2 Y - a_3 X Y)^2 \qquad\qquad 식\ 2.3$$

미분을 하면 기울기가 구해진다. 가장 이해하기 쉬운 미분은 1차원 직선방정식 $y = ax + b$ 에 대한 미분으로 이 수식의 미분 결과는 기울기 a를 계산해준다. 기울기는 그래프에서는 x방향으로 한 증분에 해당하는 y방향 증분의 비율인 것이다. 이 미분값이 최소가 될 때는 언제일까? 당연히 y의 증분이 0일 때, 즉 선분이 수평일 때이다. 이를 수식 2.3에 적용하여 보자. 다음과 같이 수식을 각기 a_0, a_1, a_2, a_3으로 편미분하여 그 결과가 최솟값이 되도록 계산결과를 0으로 설정하자[식 2.4].

$$\frac{F}{\partial a_0} = \sum 2(x_i - a_0 - a_1 X_i - a_2 Y_i - a_3 X_i Y_i)(-1) = 0$$

$$\frac{F}{\partial a_1} = \sum 2(x_i - a_0 - a_1 X_i - a_2 Y_i - a_3 X_i Y_i)(-X_i) = 0$$

$$\qquad\qquad 식\ 2.4$$

$$\frac{F}{\partial a_2} = \sum 2(x_i - a_0 - a_1 X_i - a_2 Y_i - a_3 X_i Y_i)(-Y_i) = 0$$

$$\frac{F}{\partial a_3} = \sum 2(x_i - a_0 - a_1 X_i - a_2 Y_i - a_3 X_i Y_i)(-X_i Y_i) = 0$$

식 2.4를 전개하여 정리하면 식 2.5가 된다.

$$\sum x_i = \sum a_0 + \sum a_1 X_i + \sum a_2 Y_i + \sum a_3 X_i Y_i$$

$$\sum x_i X_i = \sum a_0 X_i + \sum a_1 X_i^2 + \sum a_2 X_i Y_i + \sum a_3 X_i^2 Y_i$$

$$\qquad\qquad 식\ 2.5$$

$$\sum x_i Y_i = \sum a_0 Y_i + \sum a_1 X_i Y_i + \sum a_2 Y_i^2 + \sum a_3 X_i Y_i^2$$

$$\sum x_i X_i Y_i = \sum a_0 X_i Y_i + \sum a_1 X_i^2 Y_i + \sum a_2 X_i Y_i^2 + \sum a_3 X_i^2 Y_i^2$$

식 2.5는 식 2.6과 같은 행렬로 정리된다. 이 행렬에서 동일 위치에 대한 사진의 좌표 (X, Y)와 지형의 좌표 (x, y)쌍들이 k개 있을 경우, 이들의 조합을 좌변의 행렬과 우변 좌측의 행렬값으로 계산할 수 있을 것이며, 이 행렬들을 이용하여 우변의 우측 행렬을 계산하면 상수 a_0, a_1, a_2, a_3의 값이 계산된다. 식 2.6에서 상수행렬은 가우스 조던 소거법이나 전치

행렬을 구하는 방법 등 다양한 역행렬의 해법으로 구할 수 있다. 본 서의 부록 3을 통해 s/w 프로그래밍 기법을 적절히 이해하면 OpenCV 등 오픈소스 라이브러리에서 역행렬 계산 루틴을 찾아 활용할 수 있을 것이다.

$$
\begin{bmatrix}
\sum x_i \\
\sum x_i X_i \\
\sum x_i Y_i \\
\sum x_i X_i Y_i
\end{bmatrix}
=
\begin{bmatrix}
k & \sum X_i & \sum Y_i & \sum X_i Y_i \\
\sum X_i & \sum X_i^2 & \sum X_i Y_i & \sum X_i^2 Y_i \\
\sum Y_i & \sum X_i Y_i & \sum Y_i^2 & \sum X_i Y_i^2 \\
\sum X_i Y_i & \sum X_i^2 Y_i & \sum X_i Y_i^2 & \sum X_i^2 Y_i^2
\end{bmatrix}
\begin{bmatrix}
a_0 \\
a_1 \\
a_2 \\
a_3
\end{bmatrix}
\qquad \text{식 2.6}
$$

위의 계산 예는 x값에 대한 것이고 동일한 방법으로 y값에 대한 다항식도 구할 수 있을 것이고 다항식의 차수를 높여 행렬의 차수를 높인 해법을 만들 수도 있을 것이다. 다시 정리하면 이와 같은 과정으로 몇 개의 알려진 GCP의 좌표쌍을 갖고 다항식의 상수들을 구하면, 구해진 상수로 만들어진 수식을 적용하여 사진의 모든 화소 좌표를 실제 지형 좌표로 바꿀 수 있는 것이다.

2.2 사진측량을 위한 표정

사진의 내부와 외부 표정을 알고 있을 때, 정합점이 관찰된 두 사진의 좌표로부터 3차원 지형 좌표를 계산하는 방법은 공선조건과 공면조건 등을 이용한 다양한 방법이 존재한다. 그들 중 공선과 공면조건을 이용하는 방법을 이곳에 정리한다. 이 내용은 임재형(2018) 논문의 일부분을 발췌하여 정리한 것이다.

2.2.1 공선조건 행렬식

일반적인 사진측량학에서는 행렬식을 이용해서 카메라의 외부 표정 요소, 즉 카메라의 위치와 자세를 알고 두 영상에서 동일 대상물에 대한 사진 좌표를 알 때, 공선조건식을 행렬식으로 치환하여 대상물의 좌표를 계산할 수 있다. 다음의 수식들은 공선조건식을 행렬식으로 풀어서 대상물의 좌표를 계산하는 일반식이다(Wolf와 Dewitt, 2000).

알고 있는 상수

- 촬영 위치 A의 좌표(X_A, Y_A, Z_A)와 자세($\omega_A, \phi_A, \kappa_A$)

- 촬영 위치 B의 좌표(X_B, Y_B, Z_B)와 자세($\omega_B, \phi_B, \kappa_B$)

- 대상물 T의 A영상에서의 사진 좌표(x_{at}, y_{at})

- 대상물 T의 B영상에서의 사진 좌표(x_{bt}, y_{bt})

- 카메라의 초점거리 : f

계산과정

1) 지표면 한 점의 좌표 T의 초깃값 설정(X_T, Y_T, Z_T) : 기하학적인 방법을 이용해서 구한 값을 사용하거나 다음 수식으로 가정한다.

$$X_T = \frac{(X_A + X_B)}{2}$$

$$Y_T = \frac{(Y_A + Y_B)}{2}$$

$$Z_T = \frac{(Z_A + Z_B)}{2}$$

2) 디자인 매트릭스 B, 오차 매트릭스 C의 구성

$$B = \begin{bmatrix} b_{11}^A & b_{12}^A & b_{13}^A \\ b_{21}^A & b_{22}^A & b_{23}^A \\ b_{11}^B & b_{12}^B & b_{13}^B \\ b_{21}^B & b_{22}^B & b_{23}^B \end{bmatrix}, \; C = \begin{bmatrix} x_{at} + f \cdot r_a/q_a \\ y_{at} + f \cdot s_a/q_a \\ x_{bt} + f \cdot r_b/q_b \\ y_{bt} + f \cdot s_b/q_b \end{bmatrix}$$

각 축에 대한 회전 매트릭스는 다음과 같이 구한다.

$$- R_{\omega A} = \begin{bmatrix} 1 & 0 & 0 \\ 0 & \cos\omega_A & \sin\omega_A \\ 0 & -\sin\omega_A & \cos\omega_A \end{bmatrix}, \; R_{\phi A} = \begin{bmatrix} \cos\phi_A & 0 & \sin\phi_A \\ 0 & 1 & 0 \\ -\sin\phi_A & 0 & \cos\phi_A \end{bmatrix}$$

$$R_{\kappa A} = \begin{bmatrix} \cos\kappa_A & \sin\kappa_A & 0 \\ -\sin\kappa_A & \cos\kappa_A & 0 \\ 0 & 0 & 1 \end{bmatrix}$$

$$- \; R_{\omega B} = \begin{bmatrix} 1 & 0 & 0 \\ 0 & \cos\omega_B & \sin\omega_B \\ 0 & -\sin\omega_B & \cos\omega_B \end{bmatrix}, \; R_{\phi B} = \begin{bmatrix} \cos\phi_B & 0 & \sin\phi_B \\ 0 & 1 & 0 \\ -\sin\phi_B & 0 & \cos\phi_B \end{bmatrix}$$

$$R_{\kappa B} = \begin{bmatrix} \cos\kappa_B & \sin\kappa_B & 0 \\ -\sin\kappa_B & \cos\kappa_B & 0 \\ 0 & 0 & 1 \end{bmatrix}$$

$$- \; R_{all\_A} = R_{\kappa A} \times R_{\phi A} \times R_{\omega A}, \; R_{all\_B} = R_{\kappa B} \times R_{\phi B} \times R_{\omega B}$$

$$- \; dXYZ_A = \begin{bmatrix} X_T - X_A \\ Y_T - Y_A \\ Z_T - Z_A \end{bmatrix}, \; dXYZ_B = \begin{bmatrix} X_T - X_B \\ Y_T - Y_B \\ Z_T - Z_B \end{bmatrix}$$

$$- \; \begin{bmatrix} r_a \\ s_a \\ q_a \end{bmatrix} = dXYZ_A \times R_{all\_A}, \quad \begin{bmatrix} r_b \\ s_b \\ q_b \end{bmatrix} = dXYZ_B \times R_{all\_B}$$

$$- \; b_{11}^A = f/q_a^2 \times (r_a \times R_{all\_A}(3,1) - q_a \times R_{all\_A}(1,1))$$

$$- \; b_{12}^A = f/q_a^2 \times (r_a \times R_{all\_A}(3,2) - q_a \times R_{all\_A}(1,2))$$

$$- \; b_{13}^A = f/q_a^2 \times (r_a \times R_{all\_A}(3,3) - q_a \times R_{all\_A}(1,3))$$

$$- \; b_{21}^A = f/q_a^2 \times (s_a \times R_{all\_A}(3,1) - q_a \times R_{all\_A}(2,1))$$

$$- \; b_{22}^A = f/q_a^2 \times (s_a \times R_{all\_A}(3,2) - q_a \times R_{all\_A}(2,2))$$

$$- \; b_{23}^A = f/q_a^2 \times (s_a \times R_{all\_A}(3,3) - q_a \times R_{all\_A}(2,3))$$

(단, $R_{all\_A}(x, y)$: R_{all_A} 행렬의 x 열 y 행의 값)

$$- \; b_{11}^B = f/q_b^2 \times (r_b \times R_{all\_B}(3,1) - q_b \times R_{all\_B}(1,1))$$

$$- \; b_{12}^B = f/q_b^2 \times (r_b \times R_{all\_B}(3,2) - q_b \times R_{all\_B}(1,2))$$

$$- \; b_{13}^B = f/q_b^2 \times (r_b \times R_{all\_B}(3,3) - q_b \times R_{all\_B}(1,3))$$

$$- \; b_{21}^B = f/q_b^2 \times (s_b \times R_{all\_B}(3,1) - q_b \times R_{all\_B}(2,1))$$

$$- \; b_{22}^B = f/q_b^2 \times (s_b \times R_{all\_B}(3,2) - q_b \times R_{all\_B}(2,2))$$

$$- \; b_{23}^B = f/q_b^2 \times (s_b \times R_{all\_B}(3,3) - q_b \times R_{all\_B}(2,3))$$

(단, $R_{all\_B}(x, y)$: R_{all_B} 행렬의 x 열 y 행의 값)

3) 보정량 행렬 Δ 계산

$$\Delta = (B^T \times B)^{-1} \times B^T \times C$$

4) $|\Delta| >$ small 이면(small : 정확도에 기준이 되는 값)

$X_T = X_T + \Delta(1,1)$ ($\Delta(1,1) : \Delta$ 행렬 1행 1열의 값)

$Y_T = Y_T + \Delta(2,1)$ ($\Delta(2,1) : \Delta$ 행렬 2행 1열의 값)

$Z_T = Z_T + \Delta(3,1)$ ($\Delta(3,1) : \Delta$ 행렬 3행 1열의 값)으로 다시 계산한 후 2) 과정부터

다시 반복

5) $|\Delta| <$ small이면 종료 후 마지막으로 계산된 (X_T, Y_T, Z_T)가 대상물의 좌표

2.2.2 공면조건 행렬식

공면조건식을 이용해서 대상물의 좌표를 다음과 같은 과정으로 구할 수 있다(Wolf와 Dewitt, 2000).

알고 있는 상수

- 촬영 위치 A의 좌표(X_A, Y_A, Z_A)와 자세$(\omega_A, \phi_A, \kappa_A)$
- 촬영 위치 B의 좌표(X_B, Y_B, Z_B)와 자세$(\omega_B, \phi_B, \kappa_B)$
- 대상물 T의 A영상에서의 사진 좌표(x_{at}, y_{at})
- 대상물 T의 B영상에서의 사진 좌표(x_{bt}, y_{bt})
- 카메라의 초점거리 : f

계산과정

1) N행렬 구성

$$N = \begin{bmatrix} X_A - X_B \\ Y_A - Y_B \\ Z_A - Z_B \end{bmatrix}$$

2) D행렬 구성

$$D = \begin{bmatrix} aA & d & aB \end{bmatrix}$$

$$- \; aA = R_{all\_A}^T \times \begin{bmatrix} x_{at} \\ y_{at} \\ -f \end{bmatrix}, \; aB = R_{all\_B}^T \times \begin{bmatrix} x_{bt} \\ y_{bt} \\ -f \end{bmatrix}$$

(R_{all_A}, R_{all_B} : 식 2-19의 2)를 통해 계산)

$$- \; d = \begin{bmatrix} aA(2,1) \times aB(3,1) - aA(3,1) \times aB(2,1) \\ aA(1,1) \times aB(3,1) - aA(3,1) \times aB(1,1) \\ aA(1,1) \times aB(2,1) - aA(2,1) \times aB(1,1) \end{bmatrix}$$

($aA(x, y)$: aA행렬의 x열 y행의 값, $aB(x, y)$: aB행렬의 x열 y행의 값)

3) S행렬 구성

$$S = D^{-1} \times N$$

4) 대상물의 좌표 계산

$$X_T = \frac{XYZ_{AT}(1,1) + XYZ_{BT}(1,1)}{2}$$

$$Y_T = \frac{XYZ_{AT}(2,1) + XYZ_{BT}(2,1)}{2}$$

$$Z_T = \frac{XYZ_{AT}(3,1) + XYZ_{BT}(3,1)}{2}$$

$XYZ_{AT}(x, y)$: XYZ_{AT}행렬의 x열 y행의 값

$XYZ_{BT}(x, y)$: XYZ_{BT}행렬의 x열 y행의 값

$$- \; XYZ_{AT} = \begin{bmatrix} X_A \\ Y_A \\ Z_A \end{bmatrix} + S(1,1) \times aA + \frac{1}{2} \times S(2,1) \times d$$

(단, $S(x, y)$: S행렬의 x열 y행의 값)

$$- \; XYZ_{BT} = \begin{bmatrix} X_B \\ Y_B \\ Z_B \end{bmatrix} + S(3,1) \times aB - \frac{1}{2} \times S(2,1) \times d$$

(단, $S(x, y)$: S행렬의 x열 y행의 값)

부록 3
정보처리를 위한 프로그래밍

부록 3 정보처리를 위한 프로그래밍

3.1 개 요

구조지질학은 인접학문과의 자료 교환 및 교차분석이 매우 활발한 학문이다. 순수 구조지질학의 경우는 변성암석학, 퇴적암석학, 화성암석학, 화석자료, 연대측정자료 등이 함께 분석이 되어야 어느 정도 신뢰할 수 있는 지질구조의 해석이 가능한 경우가 많다. 응용학문에서도 이는 마찬가지로, 정량화와 규격화되지 않은 다양한 자료구조의 혼합적인 분석이 수시로 필요한 분야이다. 이러한 관계로 규격화된 상용 s/w만으로 모든 정보를 처리하기는 쉽지 않으며, GIS와 같은 경우도 자료의 전 처리 과정 등 제공되는 자료처리 루틴이 부족한 경우가 많다.

본 서에서는 효율적인 자료처리에 도움이 될 수 있는 기초 프로그래밍 기법들을 정리하고자 한다. 프로그래밍 언어는 Visual Studio의 VB.net을 바탕으로 하며 다음의 3 카테고리로 처리루틴을 정리한다.

1. 자료처리 : 관계형 데이터베이스 MS Office Access와 Excel의 활용법
2. 그래픽 자료처리 : AutoCad 활용법
3. GIS 자료처리 : Shape 파일의 자료를 읽기위한 Easy GIS의 컴퍼넌트 사용법

본 서는 프로그래밍 언어에 관한 교재가 아니므로, 교재를 시작하기 전에 기초적인 VB.net 프로그래밍 기법과 기본적인 AutoCad 사용법은 각자 익히고 시작하기를 권한다.

3.2 데이터베이스

3.2.1 관계형 데이터베이스

1980년대에 등장하여 아직도 널리 사용되고 있는 관계형 데이터베이스는 테이블들을 기본 키primary key로 연결하여 여러 개의 묶여진 테이블들에 자료를 저장하는 구조이다. 자료를 저장하는 테이블 구조는 부록 그림 3.1과 같이 가로줄을 레코드record라 하고 세로줄을 필드field 혹은 항목이라 한다. 레코드(가로줄)는 표현하고자 하는 단일 대상물의 정보를 모아놓은 리스트가 되는 셈이다. 예를 들어 30개의 비탈면에 대한 정보를 테이블로 작성하면 한 비탈면은 한 줄의 정보로 정리되어 30줄의 데이터테이블이 된다. '어떠한 정보의 종류를 모아야 할까' 하는 것은 설정하는 필드의 종류에 의해 결정되는 것이다. 부록 그림 3.1의 경우는 3개의 비탈면에 대하여 비탈면의 좌표, 높이, 길이, 조사자와 지질구조인 절리 및 풍화자료를 테이블로 정리한 것이다.

부록 그림 3.1 3개의 비탈면에 대한 정보테이블

이 테이블에서 좌표, 높이, 길이, 조사자의 경우는 문제가 없으나 지질구조와 풍화의 경우는 반복과 빈 공간의 문제를 갖고 있다. 그림 부록 그림 3.1의 예제는 2조의 절리에 대하여 배열, 연장, 간격, 충진물 자료를 입력할 수 있는 테이블을 작성한 것이다. 그러나 하나의 비탈면에 항상 2조의 절리만 존재하는 비탈면은 그리 흔하지 않을 것이다. 그렇다고 절리3, 절리4 등의 필드를 만들면 테이블은 많은 빈 공간을 포함하게 될 것이다. 이러한 문제를 데이터베이스 이론에서는 자료의 연계구조Cardinality로 설명하고 있다.

연계구조는 테이블의 주된 항목(이 경우는 비탈면)과 설정할 항목 사이에 관계가 1 : 1인가 혹은 1 : Many인가를 확인하는 것인데, 전자의 경우는 하나의 테이블로 하고, 후자의 경우는 테이블을 분리시키는 것이 효율적이라는 것이다. 부록 그림 3.1을 예로 이해해보도록 하자. 하나의 비탈면 위치는 하나의 좌표로 정의되어야 한다. 또한 하나의 비탈면이 갖고 있는 최대높이나 연장은 두 개가 될 수 없다. 그러므로 이러한 항목들은 서로 1 : 1의 관계를 가지며 이들은 하나의 테이블로 작성되어도 무방하다는 것이다. 그러나 절리는 하나의 비탈면에 1조 이상 존재하는 것이 상식이다. 풍화등급 역시 하나의 비탈면에 위치에 따라 다소 다른 풍화등급이 존재할 수 있으므로 이러한 관계는 1 : Many의 관계가 된다. 이 경우는 테이블을 분리하는 것이 효율적이라는 것이다.

연계구조를 이용하여 이 테이블을 분리하여 보자. 먼저 1 : 1의 관계를 갖는 항목은 부록 그림 3.2와 같이 '1.비탈면 테이블'로 정리하면 된다. 1 : Many의 관계를 갖는 지질구조는 다른 테이블로 구분하되 지질구조(절리) 자신과는 1 : 1 관계를 갖는 배열(주향/경사), 연장, 간격, 충진물 항목을 묶어서 테이블을 만들면 부록 그림 3.2의 '2. 지질구조' 형태가 될 것이다. 여기에서 주목할 사항은 두 테이블에 같은 이름을 갖는 필드(항목)가 존재한다는 것이며 이 필드가 두 테이블을 연결해주는 고리가 된다. 예를 들면 비탈면번호 1번인 비탈면에 존재하는 절리들은 지질구조 테이블의 비탈면번호 항목에 동일한 번호 '1'로 기재된다. 즉, 하나의 비탈면에 존재하는 다수의 지질구조는 다수의 비탈면번호 '1'로 다른 열에 첨가하여 기록하면 되는 것이다. 이와 같이 테이블 사이를 연결하는 필드를 기본 키primary key라 한다. 또한 부록 그림 3.2의 예에서와 같이 지질구조의 종류를 필드에 첨가함으로 비탈면에 존재할 수 있는 절리뿐 아니라 엽리, 층리, 단층과 같은 지질구조를 하나의 테이블에 정리할 수도 있다. 풍화자료 역시 독립된 테이블로 분류하여 비탈면의 전면 사진의 화소 좌표를 기준으로 표기하는 등의 방법으로 정리할 수 있을 것이다[부록 그림 3.2].

1. 비탈면 테이블

기본키

비탈면번호	X좌표	Y좌표	높이	길이	조사자
1	323606.4	4079995	40	150	홍길동
2	323680.4	4079972	30	50	홍길동
3	323642.4	4079960	20	40	홍길동

2. 지질구조

비탈면번호	종류	배열	연장	간격	충진물
1	절리	123/32	12	0.3	석영맥
1	절리	323/70	6	0.1	없음
2	절리	248/50	8	0.2	없음
2	절리	120/50	2	0.1	없음
3	절리	335/18	1	0.01	없음

3. 풍화

비탈면번호	사진X	사진Y	풍화
1	456	21	SW
1	3209	1264	F
1	1276	845	NW
2	1834	1036	HW
3	452	1934	HW

부록 그림 3.2 연계구조 분석을 통해 부록 그림 3.1의 테이블로부터 분리된 3개의 테이블

3.2.2 SQL

연계된 다수의 테이블에 자료를 저장하는 데이터베이스를 관계형 데이터베이스라 하며, 이 연계성을 이용하여 자료를 탐색하는 데 사용되는 언어가 SQLStructured Query Language이다. 이 언어는 모든 프로그래밍 언어에 공통적으로 사용되며 문구 자체도 언어에 관계없이 유사하다. 부록 표 3.1과 같이 매우 다양한 기능을 갖고 있어 본 서에 이를 모두 소개할 수는 없다. 테이블 구조 자체를 제어하거나 자료의 사용권한을 제어하는 등 전문 데이터베이스 작업영역은 본 서 범위 밖의 내용으로, 필요한 경우 별도의 SQL 전문서적을 참고하기 바라며, 본 서에서는 자료를 탐색하고 조작하는 기본 기능만을 소개하고자 한다.

부록 표 3.1 SQL 기능의 종류들

종류	명령어	비고
데이터 조작	Select	데이터를 조회하거나 검색함
	Insert Update Delete	새로운 레코드를 삽입함 테이블의 자료 일부를 변경함 테이블의 자료 일부를 삭제함
데이터 정의	Create Alter Drop Rename	테이블 구조를 생성하거나 바꿈
데이터 제어	Grant Revoke	자료 사용에 대한 권한을 제어함
트랜잭션	Commit Rollback	작업단위(트랜잭션)별로 제어함

자료의 효율적 처리를 위해 필요한 SQL은 데이터 조작에 관한 구문들[부록 표 3.1]이며 이들은 다음과 같이 정리될 수 있다.

3.2.2.1 select 구문

데이터를 조회하거나 검색하는 데 사용되는 구문으로 다음의 형식을 갖는다.

select [조건1] from [테이블 이름] where [조건2]

예를 들어 부록 그림 3.2의 비탈면테이블에서 높이가 30m 이상인 비탈면을 검색해보자. 이 질문을 SQL 문구로 번역하면 "select * from 비탈면테이블 where 높이 >=30"이라는 문구가 된다. 이렇게 검색하면 비탈면번호 1과 2의 레코드가 검색될 것이다. 이 문구에서 구문의 [조건1]을 "*"으로 [테이블 이름]을 "비탈면테이블"로 [조건2]를 "높이 >=30"으로 설정하였음을 이해하도록 하자. 구문의 "조건1", "테이블 이름", "조건2"의 의미와 해당 영역에 사용할 수 있는 방법들은 다음과 같다.

1) [조건1] : 선택의 조건으로 다음과 같은 선택이 가능하다.

① * : 모든 필드의 내용을 선택한다. 즉, [조건2]를 만족하는 2개의 레코드가 다음의 그림과 같이 선택이 된다는 의미이다.

비탈면번호	X좌표	Y좌표	높이	길이	조사자
1	323606.4	4079995	40	150	홍길동
2	323680.4	4079972	30	50	홍길동

② [필드명], [필드명] : 선택되는 레코드가 기재된 필드의 정보만은 갖도록 한다. 예를 들어 "select [높이], [길이] from 비탈면테이블 where 높이 >=30"이라는 문구로 검색하면 다음과 같이 [높이]와 [길이] 항목만을 갖는 두 레코드가 검색된다. 즉, 레코드가 갖고 있는 필드들은 [높이]와 [길이]로 국한된다.

비탈면번호	높이	길이
1	40	150
2	30	50

③ Distinct [필드명] : 특정 필드의 내용을 분류하여 선택해준다. 예를 들면 데이터베이스가 홍길동, 장길산, 허생원이라는 3명의 조사자가 조사한 1,000개의 비탈면이라면 데이터베이스에서는 1,000줄의 레코드가 있을 것이다. 이때 "select distinct [조사자] from 비탈면테이블"이라는 문구로 탐색을 하면 전기한 3명의 이름이 탐색된다.

④ MIN(필드명)과 MAX(필드명) : 최대와 최솟값을 구한다. 예를 들어 "select MAX(길이) from 비탈면테이블 where 조사자＝'홍길동'"이라는 문구로 검색하면 비탈면테이블에서 홍길동이라는 조사자가 조사한 비탈면 중 길이가 가장 긴 1번 비탈면의 레코드를 검색한다.

2) [테이블 이름]

관계형 데이터베이스는 여러 개의 테이블이 결합되어 있다. 그러므로 이들 중 자료를 선택할 테이블을 지정해주는 것이다. 예를 들어 부록 그림 3.2의 테이블들 중 연장이 8m 이상인 지질구조를 탐색하고자 한다면, "select * from 지질구조 where 연장 >=8"이라는 문구로 검색하면 될 것이다.

3) [조건2] : 검색의 세부조건

관계연산자 >, <, =, And, Or 등을 엮어서 만들어 낼 수 있는 조건으로 필드이름에 대한 관계식을 만들어낸다. 독특한 조건 중 하나는 순차적으로 자료를 탐색하는 "Order by [필드명]"이다. 예를 들어 "select * from 지질구조 Order by [연장]"이라는 문구로 부록 그림 3.2의 데이터베이스를 탐색하면 다음과 같이 연장의 길이가 순차적으로 배열된 레코드들이 탐색될 것이다. vb.net에서는 문자와 숫자의 자료가 명확히 구분된다. 그러므로 조건문에 사용되는 문자에는 반드시 작은따옴표를 사용해야 한다. 예를 들면 "select * from 비탈면테이블 where 조사자＝'홍길동'"과 같이 홍길동은 문자이므로 작은 따옴표가 부가된다.

비탈면번호	종류	배열	연장	간격	충진물
3	절리	3.35/18	1	0.01	없음
2	절리	120/50	2	0.1	없음
1	절리	323/70	6	0.1	없음
2	절리	248/50	8	0.2	없음
1	절리	123/32	12	0.3	석영맥

4) 검색된 레코드

vb.net에서는 레코드들을 저장해주는 "RecordSet"이라는 변수가 있다. 이 변수는 다음과 같이 정의할 수 있는데, 이러한 변수에 탐색된 레코드들을 저장할 수 있는 것이다.

    Dim aRecSet(변수이름) as RecordSet

이 변수는 자료를 테이블과 같은 배열형태로 저장한다. 그 배열은 앞에서 예로 제공한 테이블들과 유사한 형태이다. 다음의 테이블을 예로 배열을 이해하기로 하자. 다음 테이블에는 5줄의 자료가 있다. 이 자료들은 5줄의 배열로 저장되며 각 줄의 자료는 다시 6종류의 필드들(비탈면번호, 종류, 배열, 연장, 간격, 충진물)로 나뉘어 5×6 배열로 저장되는 것이다. 프로그래밍 언어의 변수에서 배열은 대부분 0에서 시작한다. 그러므로 이 배열은 (0~4)×(0~5)의 자료영역으로 저장된다. 이렇게 저장된 변수에서 자료를 읽는 방법은 다음과 같다.

    "aRecSet.Tables(0).Rows(2)("비탈면번호")"

검색어는 0에서 시작되어 2번째인, 즉 3번째 레코드(다음 그림의 회색 영역)의 [비탈면번호] 필드값을 찾아 달라는 의미이다. 다음의 테이블에서와 같이 세 번째 줄의 비탈면번호는 1이 된다.

	비탈면번호	종류	배열	연장	간격	충진물
0	3	절리	3.35/18	1	0.01	없음
1	2	절리	120/50	2	0.1	없음
2	1	절리	323/70	6	0.1	없음
	2	절리	248/50	8	0.2	없음
	1	절리	123/32	12	0.3	석영맥

3.2.2.2 insert 구문

새로운 자료를 테이블에 첨가할 때 사용된다. 구문의 일반적인 구조는 다음과 같다.

    Insert into 테이블이름 ([필드명1], [필드명2], [필드명3], …) values (필드에 해당되는 자료들을 , 으로 분리해 입력함)

부록 그림 3.2의 비탈면테이블에 새로운 비탈면 자료를 입력하고자 할 때, 다음과 같은 SQL을 실행하면 다음의 그림과 같이 마지막 줄에 하나의 레코드가 추가된다.

Insert into 비탈면테이블 ([비탈면번호], [X좌표], [Y좌표], [높이], [길이], [조사자]) values (4,323442.4, 4079905.2,75,140,'장길산')

비탈면번호	X좌표	Y좌표	높이	길이	조사자
1	323606.4	4079995	40	150	홍길동
2	323680.4	4079972	30	50	홍길동
3	323642.4	4079960	20	40	홍길동
4	323442.4	4079905.2	75	140	장길산

3.2.2.3 update 구문

테이블에서 이미 수록된 자료를 변경하는 데 사용되며 전형적인 구문은 다음과 같다.

update 테이블이름 set [필드명]="값" where 조건

만약 위의 테이블에서 1번 비탈면의 길이를 140m로 변경하고 싶을 경우는 다음의 SQL로 다음의 결과를 얻을 수 있다.

"update 비탈면테이블 set [길이]=140 where [비탈면번호]=1"

비탈면번호	X좌표	Y좌표	높이	길이	조사자
1	323606.4	4079995	40	140	홍길동
2	323680.4	4079972	30	50	홍길동
3	323642.4	4079960	20	40	홍길동
4	323442.4	4079905.2	75	140	장길산

3.2.2.4 delete 구문

테이블에 수록된 자료를 지우는 데 사용되며 전형적인 구문은 다음과 같다.

delete [조건1] from 테이블이름 where [조건2]

여기에 사용되는 조건들은 select 구문에서 사용되는 조건과 동일하다.

3.3 vb.net 예제들

지금까지 설명된 데이터베이스를 제외하고는 특별히 이론적으로 이해하여 할 부분보다 실무적이며 기술적인 코딩을 이해하는 것이 중요하다. 이곳에서는 실제 작동하는 샘플코드를 제시하고 이들을 설명하고자 한다. 일반적인 프로그래밍(코딩)에 대한 기본적인 내용은 각자에게 맡기고 분야별 실행 루틴 중 개괄적인 부분을 이곳에 설명하고자 한다. 모든 예제 코드들은 "GeoInfo"라는 vb.net s/w 코드[부록 그림 3.3]로 작성되어 있으며 이들은 교재에 제시된 방법으로 내려 받을 수 있다.

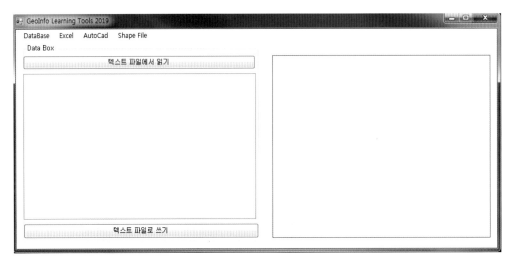

부록 그림 3.3 본 서에 설명된 내용이 정리된 연습 및 샘플용 s/w 코드 모음

3.3.1 예제 활용을 위한 참조요소 추가

Visual Studio 프로그래밍 도구tool들은 개체지향형 도구들이다. 프로그래밍의 모든 실행 과정을 코딩하였던 옛날과 달리 개체지향형에서는 적절한 루틴을 개체로 엮어서 각 개체를

독립적으로 사용하는 특성이 있다. 예를 들면, 당구대 위해 놓인 4개의 당구공을 움직여 당구 게임을 시뮬레이션하는 프로그램을 코딩하겠다 해보자. 모든 과정을 프로그래밍 해야 한다면 당구대 위에 놓일 당구공들의 위치에서 그들의 움직임을 각기 다르게 하나의 코드로 작성해야 할 것이다. 특정한 상황을 시뮬레이션한다면 몰라도 일반적인 코드를 작성하기는 어려울 것이다. 개체지향형 상황에서는 이러한 복잡함이 쉽게 해결된다.

당구대와 당구공 모두를 독립된 개체로 만드는 것이다. 각 당구공은 색상, 위치, 크기, 무게 등의 속성attribute을 갖는다. 그러므로 당구공이라는 개체를 만들어 놓고 속성을 바꿔서 여러 개의 당구공을 구현하면 된다. 이러한 개체에 힘을 가하여 움직임이 발생해야 한다면 이러한 행위를 제어하는 행위루틴behavior을 만들어주면 된다. 공에 힘을 가하여 공이 움직이는 방향 및 속도를 계산하고, 그 결과 좌표를 개체의 속성에 반영하는 루틴은 메소드method라는 구성요소로 만들 수 있다. 당구대 위에 4개의 당구공이 이러한 구성요소를 기반으로 움직인다면 상당히 보편적인 당구 게임이 어렵지 않게 재현될 수 있을 것이다. 여기에 한 가지 첨가하면, 당구대와 당구공은 당구라는 큰 카테고리에 속한다. 이 카테고리를 개체지향 개념에서는 클래스class라 칭한다. 조금 더 구체화 하자면 당구라는 클래스 내부에는 당구장들이라는 클래스가 있을 수 있고 당구장 내부에는 여러 개의 당구대라는 클래스가 있을 수 있고 그 속에는 당구공이라는 개체들이 존재한다. 이와 같이 개체는 다른 개체에 포함될 수도 있으며 다른 개체가 갖고 있는 특성을 물려받을 수 있으며 이들이 서로 평행한 관계에서 운용되는 시스템이 개체지향형 프로그래밍이다.

Microsoft사는 1990년대 초반부터 이러한 개념이 적용된 프로그램을 제작하여 공급하기 시작하였다. 엑셀이나 워드와 같은 프로그램 자체를 독자적인 클래스로 만들고 그 내부의 기능을 개체로 구분하여 각 개체의 속성과 메소드 등을 제작한 것이다. 예를 들면 엑셀의 쉬트sheet는 독자적 개체로 그 내부에 독립된 테이블 구조를 포함하는 것이다. 이와 같은 클래스들이 정리되어 제공되는 구성요소들이 COMComponent Object Model(OLE, OCX, ActiveX 등도 COM에서 진화한 것임)과 DLLDynamic Link Library(동적 링크 라이브러리: 내부에는 다른 프로그램이 불러서 쓸 수 있는 다양한 함수들을 가지고 있음)과 같은 라이브러리이다.

본 서에서 사용할 데이터베이스, 엑셀, AutoCad, GIS 루틴들 모두 Microsoft사의 Visual Studio 프로그래밍 툴tool에 포함되지 않은 외부 구성요소들로서 이들을 불러와 참조에 첨가해줘야 한다. 단계적으로 다음과 같은 작업을 수행하면 된다. 본 서는 Visual Studio 2013을 기반으로 제작된다.

vb.net 프로젝트 만들기

컴퓨터에 Visual Studio 2013을 설치한 후에 부록 그림 3.4와 같이 단계적으로 프로젝트를 만든다.

(a)   (b)

(c)

부록 그림 3.4 프로젝트 만들기

① (a) : 프로그램을 실행시킨다(버튼 1, 2).

② (b) : 프로그램이 실행되면 파일 → 새로 만들기(3) → 프로젝트(4)를 순차적으로 실행하면 프로젝트 제작을 위한 (c) 창이 열린다.

③ (c) : 프로젝트를 만들기 위한 대화창으로 다음의 내용을 숙지하면 된다.

- 1. Visual Studio는 vb.net뿐 아니라 C#, C++ 등 여러 가지의 언어를 통합으로 사용할 수 있다. Visual Basic을 선택하면 vb.net 언어를 사용함을 의미한다.
- 2. 프로젝트가 대화창 없는 단순 콘솔 프로그램인지, 인터넷 베이스의 홈페이지를 작성하는 (ASP NET) 프로그램인지 등의 설정을 하는 창으로서 우리는 Window Forms 응용프로그램을 작성한다.
- 3. 솔루션 디렉토리 만들기를 반드시 선택한다. 이렇게 되면 다음 (4) 프로젝트 이름과 동일한 디렉토리가 형성되고 프로그램의 내용 모두가 이 디렉토리에 저장된다.
- 4. 프로젝트의 이름과 위치를 이곳에서 설정해준다.

부록 그림 3.4의 과정을 통해 Windows Forms 응용프로그램이 실행되면 참조요소들을 추가해야 한다. 우리가 사용해야 할 외부 루틴들은 데이터베이스, 엑셀, AutoCad와 GIS 파일 읽는 루틴들이다. 이들을 위해서는 부록 그림 3.5와 같이 단계적으로 메뉴를 수행하여 부록 그림 3.5의 C에 있는 COM과 NET 형식의 참조 파일들을 추가해줘야 한다.

데이터베이스 Access와 엑셀은 Microsoft사의 제품이기 때문에 같은 회사 제품인 Visual Studio에서 참조파일을 제공한다. 그러므로 이들을 첨가하면 된다. 부록 그림 3.5(b)의 참조 창에서 "추가" 버튼을 누르면 부록 그림 3.6과 같은 참조관리자 창이 열리게 되고 이곳에서 좌측의 "COM" 항목을 선택하여 Microsoft DAO Object Library(Access 데이터베이스), Microsoft Excel(엑셀), Microsoft Office Library들을 부록 그림 3.6과 같이 선택 후 확인 버튼으로 끝내면 된다.

AutoCad의 경우는 먼저 컴퓨터에 AutoCad를 설치해야 한다. 이 예제에서 사용된 CAD는 AutoCad2009이다. 프로그램이 설치되면 "C:\Program Files\Common Files\" 디렉토리 밑에 "Autodesk Shared"라는 디렉토리가 형성된다. 이 디렉토리 내부에 acax17enu.tlb과 axdb17enu.tlb 이라는 파일들을 부록 그림 3.6의 "찾아보기" 버튼을 이용하여 참조에 선택해주면 된다. 본 예제의 경우는 AutoCad 2009를 설치하였으므로 acax17enu.tlb, axdb17enu.tlb 파일들이나 상위버전의 경우는 acax20enu.tlb과 axdb20enu.tlb 등과 같이 파일의 명칭이 다소 다를 수 있다.

　Shape 파일의 정보를 읽는 루틴은 공개용 컴퍼넌트인 Easy GIS를 활용한다. 이 컴퍼넌트 들은 인터넷을 통해 내려 받으면 된다. AutoCad와 동일하게 "찾아보기" 버튼을 이용하여 EGIS.Controlls.dll, EGIS.ShapeFileLib.dll을 첨가해준다.

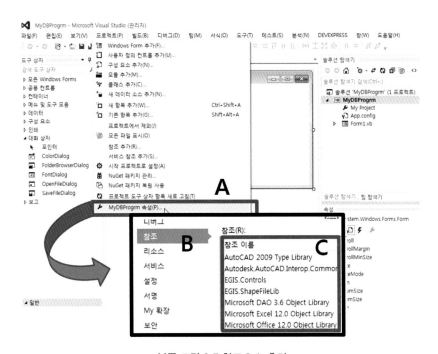

부록 그림 3.5 참조요소 추가

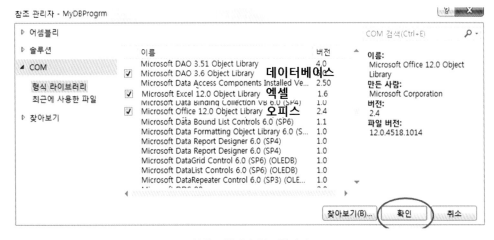

부록 그림 3.6 참조관리자

3.3.2 Importing

앞서 말한 참조 루틴을 프로그래밍 환경에서 사용하려면 코드창의 머리에 다음과 같은
참조파일들을 불러와야 한다.

```
Imports  System.IO
Imports  System.Data.OleDb
Imports  Microsoft.Office.Interop.Excel
Imports  Autodesk.AutoCAD.Interop.Common
Imports  Autodesk.AutoCAD.Interop
Imports  EGIS.ShapeFileLib
Imports  EGIS.Controls
```

3.3.3 데이터베이스 예제

가장 쉽게 접할 수 있는 관계형 데이터베이스는 MS Office에 포함되어 있는 Access라는
Software이다. 데이터베이스 테이블들은 직접 Access를 실행시켜 제작할 수 있으며 이 테이
블에 자료를 쓰거나, 읽거나, 바꾸거나, 지우는 작업을 SQL을 이용하여 수행하는 예를 설명
하도록 하겠다. 한 가지 주의할 점은 본 서에서 소개하는 vb.net의 OleDb 방법은 파일이 오
래된 버전이어야 한다. 그러므로 파일들을 항상 Access2000 혹은 Access2002~2003 버전으
로 저장해주는 것이 중요하다.

데이터베이스의 외부 접근은 SQL 구문들이 주가 된다. 그러나 파일을 열어주는 루틴이
나 레코드셋에서 자료를 읽는 방법 등도 필요하다.

자료 읽기

다음의 루틴은 데이터베이스 파일을 읽어주는 루틴으로 dbName이 파일의 이름이다. 참
고로 Access 파일의 확장자는 ".mdb"이다. 파일을 열어서 데이터베이스에 접근할 수 있는
connection을 설정하고 connection을 열어준다.

```
Dim  connection  As  System.Data.OleDb.OleDbConnection
Dim  dbName  As  String＝dataDir  &  "sampleDB.mdb"
Dim  ConnectString  As  String
            ＝("Provider＝Microsoft.Jet.OLEDB.4.0;Data  Source＝"  &  dbName)
connection＝New  System.Data.OleDb.OleDbConnection(ConnectString)
connection.Open(  )
```

다음의 SQL은 'SlopeData'라는 테이블에서 'Height' 항목이 20보다 큰 자료를 고르라는 내용이다.

```
Dim  MySQL  As  String＝"select  *  from  SlopeData  where  Height  >  20"
```

SQL을 실행시켜 oleDBAdapteR이라는 변수를 통해 SQL에 정의된 내용을 DtSet이라는 변수로 읽어온다.

```
Dim  oleDBAdapteR  As  New  OleDbDataAdapter(MySQL,  connection)
Dim  DtSet  as  New  DataSet
oleDBAdapteR.Fill(DtSet,  "ATable")
```

읽혀진 자료(레코드)들 중 [ID], [Area], [Length] 항목들을 "," 구분자로 분류하여 lstData 라는 리스트 박스에 써준다.

```
For  i  =  0  To  DtSet.Tables(0).Rows.Count  -  1
    lstData.Items.Add(DtSet.Tables(0).Rows(i)("ID")  &  ","  &
        DtSet.Tables(0).Rows(i)("Area")  &  ","  &  DtSet.Tables(0).Rows(i)("Length"))
Next
```

데이터베이스의 연결을 닫는다.

```
connection.Close( )
```

자료쓰기

파일을 열어서 데이터베이스에 접근할 수 있는 connection을 설정하고 열어준다.

```
Dim connection As System.Data.OleDb.OleDbConnection
Dim dbName As String＝dataDir & "sampleDB.mdb"
Dim ConnectString As String
        ＝("Provider＝Microsoft.Jet.OLEDB.4.0;Data Source＝" & dbName)
connection＝New System.Data.OleDb.OleDbConnection(ConnectString)
connection.Open( )
```

SQL을 실행시킬 때 사용되는 실행개체command object인 OleDbCommand 변수를 생성하고 (변수 이름은 DBCommand 임), 그 변수에 데이터베이스(＝connection)를 연결한다.

```
Dim DBCommand As New OleDbCommand
DBCommand.Connection＝connection
```

SQL 구문을 실행개체 DBCommand를 통해 실행시킨다. 앞서 설명한 SQL Insert 구문을 참고하기 바란다.

```
Dim DataValue As String
DataValue = "0,40,140,50,'화강암','쓰기예제'"
DBCommand.CommandText="Insert into SlopeData
([ID],[Height],[Length],[MaxGradien],[Litho1A],[Plane]) values (" & DataValue & ")"
DBCommand.ExecuteNonQuery( )
```

데이터베이스의 연결을 닫는다.

```
connection.Close( )
```

테이블 내의 자료 바꾸기

파일을 열어서 데이터베이스에 접근할 수 있는 connection을 설정하고 열어준다.

```
Dim connection As System.Data.OleDb.OleDbConnection
Dim dbName As String=dataDir & "sampleDB.mdb"
Dim ConnectString As String
        =("Provider=Microsoft.Jet.OLEDB.4.0;Data Source=" & dbName)
connection=New System.Data.OleDb.OleDbConnection(ConnectString)
connection.Open( )
```

SQL을 실행시킬 때 사용되는 실행개체command object인 OleDbCommand 변수를 생성하고 (변수 이름은 DBCommand임), 그 변수에 데이터베이스(=connection)를 연결한다.

```
Dim DBCommand As New OleDbCommand
DBCommand.Connection=connection
```

SQL 구문을 실행개체 DBCommand를 통해 실행시킨다. 전기한 update SQL 구문을 참고하기 바란다.

```
Try
    DBCommand.CommandText="update SlopeData set [Height]=999 where [ID]=0"
    DBCommand.ExecuteNonQuery( )
Catch
End Try
```

데이터베이스의 연결을 닫는다.

```
connection.Close( )
```

테이블 내의 자료 지우기

파일을 열어서 데이터베이스에 접근할 수 있는 connection을 설정하고 열어준다.

```
Dim connection As System.Data.OleDb.OleDbConnection
Dim dbName As String=dataDir & "sampleDB.mdb"
Dim ConnectString As String
        =("Provider=Microsoft.Jet.OLEDB.4.0;Data Source=" & dbName)
connection=New System.Data.OleDb.OleDbConnection(ConnectString)
connection.Open( )
```

SQL을 실행시킬 때 사용되는 실행개체command object인 OleDbCommand 변수를 생성하고 (변수 이름은 DBCommand임), 그 변수에 데이터베이스(=connection)를 연결한다.

```
Dim DBCommand As New OleDbCommand
DBCommand.Connection=connection
```

SQL 구문을 실행개체 DBCommand를 통해 실행시킨다. 전기한 delete SQL 구문을 참고하기 바란다.

```
Try
    DBCommand.CommandText="Delete * from SlopeData where ID=0"
    DBCommand.ExecuteNonQuery( )
Catch
End Try
```

데이터베이스의 연결을 닫는다.

```
connection.Close( )
```

3.3.4 엑셀 예제

엑셀을 vb.net에서 활용하기 위해서는 엑셀의 단계별 개체를 변수로 지정해주어야 한다. 엑셀의 파일을 열면 부록 그림 3.7과 같은 창이 열린다. 이 창을 자세히 관찰하기 바란다. 엑셀자체(s/w)의 창은 그 속에 파일창을 포함한다. 부록 그림 3.7에 표시된 "창 닫기" 버튼들을 수행해보면 이 두 단계의 창들을 이해할 수 있을 것이다. 또한 엑셀의 단위 파일 내부에는 여러 개의 테이블을 만들 수 있는데, 이들을 sheet라 한다. 이 각 개체들을 다음과 같이 변수로 설정하는 것이다.

```
Dim oXL As Application ············ 엑셀 s/w
Dim oWB As Workbook ··········· 파일
Dim oSheet As Worksheet ········ 테이블
```

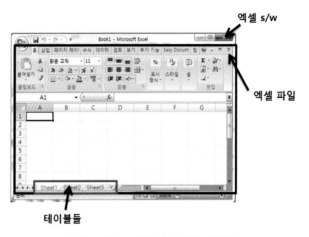

부록 그림 3.7 엑셀의 단계별 개체들

변수들이 설정되었으면 각 변수에 내용을 할당하여 파일을 열어줘야 할 것이다.

---

oXL=CreateObject("Excel.Application")－엑셀을 열어 oXL이라는 변수에 할당한다.
oXL.Visible＝True－엑셀 자체의 속성 중 하나인 visible

엑셀이 oXL이라는 변수에 할당되어 열려 있으니, 엑셀의 기능 중 파일 열기를 수행하여 fN이라는 파일(예 c:\aTest.xls")을 열어 oWB라는 변수에 할당한다.

---

oWB＝oXL.Workbooks.Open(fN)

자료 읽기와 쓰기는 다음의 3단계만 이해하면 쉽게 응용할 수 있을 것이다.

- 1단계 : 자료처리를 할 테이블을 설정한다.
  oSheet＝oWB.Worksheets("Sheet1")
- 2단계 : 테이블 내에서 자료의 위치를 표시할 문자를 설정한다.
  Dim R As String＝"A1"
- 3단계 : 자료를 읽거나 써준다.
  aTXT＝oSheet.Range(R).Value ·········· 자료의 읽기
  oSheet.Range(R).Value＝"자료" ········ 자료를 쓰기

자료의 위치는 세로줄의 순서를 알파벳으로, 가로줄의 순서를 숫자로 조합하여 문자를 만들면 된다. 위 예제의 'A1' 경우는 첫 번째 줄 첫 번째 열의 위치인 것이다.

	A	B	C	D	E	F
1	A1	B1	C1	D1	E1	F1
2	A2	B2	C2	D2	E2	F2
3	A3	B3	C3	D3	E3	F3
4	A4	B4	C4	D4	E4	F4

3.3.5 AutoCad 예제

AutoCad의 개체 만들기는 복잡할 수 있다. 광역적으로 사용할 수 있는 다음의 변수를 만들고 다음의 루틴을 불러 쓰는 것을 권장한다.

Public vAcadApp As Object ····· S/W
Public vAcadDoc As Object ····· 파일

3.3.5.1 AutoCad s/w 구동하기: AutoCad를 열어준다.

```
Public Sub LoadAcad( )
        'Save current culture to variable
        thisThread = System.Threading.Thread.CurrentThread.CurrentCulture
        'Set culture on whatever you want
        thisThread = New System.Globalization.CultureInfo("en-US")
        Dim appProgID As String = "Autocad.Application"
        ' ΠGet reference on intergace IDispatch
        Dim AcadType As Type = Type.GetTypeFromProgID(appProgID)
        ' Launch Acad
        vAcadApp = Activator.CreateInstance(AcadType)
        Dim visargs( ) As Object = New Object(0) { }
        visargs(0) = True
        ' Set application window visible
        vAcadApp.GetType( ).InvokeMember("Visible", BindingFlags.SetProperty, Nothing, vAcadApp,
                                        visargs, Nothing)
        Dim AcadDocs As Object = vAcadApp.GetType( ).InvokeMember("Documents",
                              BindingFlags.GetProperty, Nothing, vAcadApp, Nothing)
        Try
           ' Get reference on active document
           'vAcadDoc = vAcadApp.ActiveDocument
           vAcadDoc = vAcadApp.GetType.InvokeMember("ActiveDocument", BindingFlags.GetProperty,
                                        Nothing, vAcadApp, Nothing, Nothing)
           ' Get reference of  AcadUtility
           'Util = vAcadDoc.GetType( ).InvokeMember("Utility", BindingFlags.GetProperty, Nothing,
                                        vAcadDoc, Nothing)
           ' Get reference on ModelSpace
           Dim oSpace As Object = vAcadDoc.GetType.InvokeMember("ModelSpace",
                              BindingFlags.GetProperty, Nothing, vAcadDoc, Nothing)
        Catch ex As System.Exception
           MsgBox("Reason: " & ex.Message & vbLf & "Trace: " & ex.StackTrace)
        End Try
End Sub
```

3.3.5.2 파일 열기: 주어진 이름의 AutoCad 파일을 열어준다.

```
Public Sub LoadAcadFile(ByVal aFN As String)
        'Save current culture to variable
        thisThread = System.Threading.Thread.CurrentThread.CurrentCulture
        'Set culture on whatever you want
        thisThread = New System.Globalization.CultureInfo("en-US")
        Dim appProgID As String = "Autocad.Application"
        ' ΠGet reference on intergace IDispatch
        Dim AcadType As Type = Type.GetTypeFromProgID(appProgID)
        ' Launch Acad
        vAcadApp = Activator.CreateInstance(AcadType)
        Dim visargs( ) As Object = New Object(0) { }
        visargs(0) = True
        ' Set application window visible
        vAcadApp.GetType( ).InvokeMember("Visible", BindingFlags.SetProperty, Nothing, vAcadApp,
                                    visargs, Nothing)
        Dim AcadDocs As Object = vAcadApp.GetType( ).InvokeMember("Documents", BindingFlags.GetProperty,
                                                    Nothing, vAcadApp, Nothing)
        Dim args( ) As Object = New Object(1) { }
        args(0) = aFN
        args(1) = False 'read-only = false
        ' open a drawing
        Dim AcDoc As Object = AcadDocs.GetType.InvokeMember("Open", BindingFlags.InvokeMethod,
                                                    Nothing, AcadDocs, args, Nothing)
        Try
            ' Get reference on active document
            vAcadDoc = vAcadApp.GetType.InvokeMember("ActiveDocument", BindingFlags.GetProperty,
                                                    Nothing, vAcadApp, Nothing, Nothing)
            ' Get reference on ModelSpace
            Dim oSpace As Object = vAcadDoc.GetType.InvokeMember("ModelSpace", BindingFlags.GetProperty,
                                                    Nothing, vAcadDoc, Nothing)
        Catch ex As System.Exception
            MsgBox("Reason: " & ex.Message & vbLf & "Trace: " & ex.StackTrace)
        End Try
End Sub
```

3.3.5.1~2에 정리된 코드들로 AutoCad를 열고 파일을 "vAcadDoc"이라는 변수에 저장하였을 경우 다음의 루틴들을 참고하기 바란다.

선분그리기

선분의 좌표를 입력해야 하는데, x, y, z 좌표를 1차원 배열로 입력해야 한다. 일반적으로 x, y 좌표로 기록된 배열(이 경우는 리스트박스에 한 줄에 하나의 x, y 좌표가 쓰여 있음)의 경우는 다음과 같이 1차원 배열로 바꿔줘야 한다.

```
Dim k As Integer = lstData.Items.Count
Dim LnCoorD(k * 3 - 1) as Double
For i As Integer = 0 To k - 1
    D = Split(lstData.Items(i).ToString, ",")
    LnCoorD(kk) = CSng(D(0))
    LnCoorD(kk + 1) = CSng(D(1))
    LnCoorD(kk + 2) = 0
    kk = kk + 3
Nex
```

AutoCad를 열어준다.

```
LoadAcad( )
```

다음의 코드가 실제로 캐드에 선분을 그려주는 루틴이다.

```
Dim aPolyLine As Object
aPolyLine = Nothing
aPolyLine = vAcadDoc.ModelSpace.AddPolyline(LnCoorD)
```

다음의 코드는 그려진 선분의 속성을 바꿔주는 루틴으로 이 예와 같이 두께뿐 아니라 선분의 색상, 레이어 등을 바꿀 수 있다.

```
For kkk=0 To k-1
    aPolyLine.SetWidth(kkk, 10, 10)
Next kkk
```

그려진 개체에 외부 자료를 설정할 수 있으면 크게 도움이 된다. 예를 들면 좌표를 갖고 있는 이미지 지도에 선분 형태의 도로를 그려 넣었을 경우 그 도로의 고유번호ID를 선분에 입력해두면, 선분으로부터 고유번호를 탐색하고 그 번호로부터 데이터베이스 정보를 검색할 수 있는 등 도형과 dB를 연결하는 고리가 될 수 있다. 자료의 입력은 자료의 종류Data Type와 자료 자체Data를 배열로 설정하여 이를 'SetXData'라는 메소드를 사용해 도형요소에 설정하는 것으로 코드는 다음과 같다.

```
Dim DataType(0 To 7) As System.Int16
Dim Data(0 To 7) As Object
        DataType(0)=1001 : Data(0)="TEST_SSET"
        DataType(1)=1000 : Data(1)="213"
        DataType(2)=1003 : Data(2)="48"              ' layer
        DataType(3)=1040 : Data(3)=412312.213        ' real
        DataType(4)=1041 : Data(4)=1237324938        ' distance
        DataType(5)=1070 : Data(5)=32767             ' 16 bit Integer
        DataType(6)=1071 : Data(6)=32767             ' 32 bit Integer
        DataType(7)=1042 : Data(7)=10                ' scaleFact
aPolyLine.SetXData(DataType, Data)
```

다음과 같은 루틴을 사용하면 AutoCad Command를 코딩을 통해 직접 실행시킬 수도 있다. 실행할 때 사용되는 엔터키의 입력을 'vbCr'로 사용함을 유의하도록 하자. 이 경우는 AutoCad에서 'zoom' → 'extend'를 수행함과 같다.

```
vAcadDoc.sendcommand(Command( ) & "zoom" & vbCr & "e" & vbCr)
```

이미지 불러오기

파일을 열고 개체를 할당하는 것은 앞의 루틴과 동일하고 영상파일의 개체를 다음과 같이 정의하고 AutoCad창에 입력하는 것은 다음과 같다.

```
Dim geoObj As New Object
geoObj = vAcadDoc.ModelSpace.AddRaster(idxMap, basePt, 1, 0)
```

여기에서 idxMap은 jpg, bmp 등의 이미지 파일 이름이며, basePt는 영상의 좌측 하단부 좌표로서 다음과 같이 정의된다.

```
Dim basept(0 To 2) As Double   'As Single ' New Object
basePt(0) = 0 ·········· x좌표
basePt(1) = 0 ·········· y좌표
basePt(2) = 0 ·········· z좌표
```

그 뒤의 1과 0은 각각 축척(이미지 사이즈를 줄이거나 늘림)과 회전각도를 입력하면 된다. 참고로 지도를 스캔하여 이미지로 불러들일 경우, 이미지의 폭(픽셀 수)과 좌표의 비율을 축척으로 사용하여 이미지를 불러들이면 AutoCad의 좌표가 지형 좌표와 동일해질 수 있다.

위의 루틴은 이미지를 CAD에 불러오고, 불러온 이미지를 'geoObj'라는 변수에 저장하였다. 이와 같이 개체가 설정되어 있으면 다음과 같이 그 개체의 속성을 변경할 수 있다.

```
geoObj.scaleentity(basept, 2)     '축척변경
geoObj.Rotate(InsertPt, rot)      '회전변경
```

AutoCad 도면에 그려진 도면요소를 마우스를 이용하여 선택하는 방법

캐드에 그려진 도면에 외부자료를 입력할 수 있음을 설명한 바 있다. 그러므로 s/w로 그려진 도면에서 입력되었던 고유 ID나 주향/경사와 같은 외부정보를 읽기 위해서는 그려진 개체를 마우스로 선택할 수 있어야 한다. 이 과정은 다음과 같다.

선택한 개체들을 저장할 수 있는 변수를 만든다.

```
Dim ssetObj As AcadSelectionSet
  ssetObj = vAcadDoc.SelectionSets.Add("TEST_SSET")
```

AutoCad창에서 개체들을 선택하는 루틴이다.

```
ssetObj.SelectOnScreen( )
```

AutoCad 도면에서 마우스 클릭으로 클릭지점의 좌표 읽기

다음의 루틴은 Cad 도면의 좌표를 마우스로 읽을 수 있게 한다. 한 점의 좌표만을 원할 때는 첫 번째 줄의 루틴만을 사용하면 된다. 두 번째 줄은 첫 번째 줄에서 읽은 좌표를 기준으로 만들어지는 박스의 코너점이다.

```
Dim pt1 As Object
Dim pt2 As Object
pt1 = vAcadDoc.utility.GetPoint(, "첫 번째점: ") '한 점만을 원할 경우는 이 루틴만 사용
pt2 = vAcadDoc.Utility.GetCorner(pt1, "두 번째점: ")
```

읽혀진 점의 좌표는 1차원 배열로서 다음과 같이 읽어낼 수 있다. lstData라는 리스트 박스에 좌표의 x, y값을 쓰는 루틴이다.

```
lstData.Items.Add(pt1(0) & "," & pt1(1))
```

레이어 첨가하기

AutoCad에서는 도형요소들을 레이어를 이용해 분류하고 정리하는 것이 매우 편리하다. 정리할 기준이 만들어졌으면 프로그래밍 기법을 이용하여 레이어들을 만드는 것이 유용할 수 있다. 다음의 루틴은 LyColor라는 색상을 가지는 LaName이라는 이름의 레이어를 만들어 주는 루틴으로 코드의 의미는 루틴 내에 설명되어 있다.

```
Sub MakelayerInAutoCad(LaName As String, LyColor As Color)
        ' 변수들을 정의함
        Dim laObj As Object, mkObj As Object, i As Integer
        For i=0 To vAcadDoc.Layers.count - 1 '열려져 있는 도면의 레이어 개수만큼 반복함
            laObj=vAcadDoc.Layers.Item(i)      '순차적으로 레이어를 laObj라는 개체로 받음
            If LaName < > laObj.name Then      '순차적 레이어의 이름이 새로 만들 레이어와
                                                 같으면 루틴을 끝냄

                Exit Sub
            End If
        Next I
        ' 동일한 이름의 레이어가 없을 경우는 새로운 레이어를 만듦
        mkObj=vAcadDoc.Layers.add(LaName)
        mkObj.color=LyColor
        laObj=Nothing
        mkObj=Nothing
End Sub
```

3.3.6 GIS와 Shape 파일

3.3.6.1 벡터GIS와 위상구조

벡터 GIS는 도면의 모든 개체를 점, 선, 면의 형상 중 하나로 모델화한다. 그리고 이 개체를 데이터베이스에 연계하여 저장한다[부록 그림 3.8].

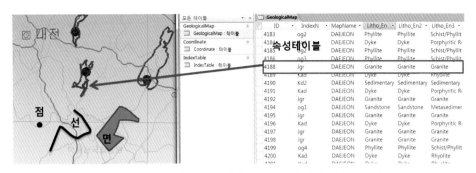

부록 그림 3.8 벡터GIS의 도형요소(점, 선, 면)들과 이와 연계된 속성테이블

위상구조topology는 초기 벡터GIS의 도형구조로 도형선분을 데이터베이스로 정리하여 도형들의 상호관계를 인지할 수 있게 만드는 흥미로운 알고리듬이다. 이해를 돕기 위해 부록 그림 3.9(a)와 같이 가상으로 충청, 전라, 경상 다각형이 바다에 둘러싸인 도면을 만들어보자. 경상다각형 내부에는 두 도로와 보문호라는 닫혀진 다각형이 포함되어 있다. 다각형 polygon들은 선분arc으로 구성되며 선분의 시작점과 끝점을 노드node라 한다. 물론 이 예제의 도로들과 같이 선분이 다각형의 경계가 아닌 경우도 있으며, 이러한 선분의 끝점도 노드라 한다.

위상구조는 이와 같은 점, 선, 면의 도형에 고유 ID를 부여하고[부록 그림 3.9(a)], 이들을 테이블 구조로 정리하여[부록 그림 3.9(b)-(d)] 상호관계를 검증하는 것이다. 예제 도면에는 9개의 노드가 있으며 각 노드는 부록 그림 3.9(b)와 같이 선분들로 연계되어 있다. 선분은 11개 이며 이들을 시계 반대 방향을 기준으로, 시작노드와 끝노드 및 좌측 다각형과 우측 다각형의 고유ID 테이블로 정리할 수 있다[부록 그림 3.9(c)]. 마지막으로 도면은 5개의 다각형으로 구성되며, 각 다각형은 경계를 이루는 선분들로 구성된다[부록 그림 3.9(d)].

예제 도면의 위쪽을 북쪽이라 가정하면, 경상다각형은 전라다각형의 동쪽에 위치함을 선분5의 좌우 관계를 통해 알 수 있다. 충청다각형이 전라다각형의 북쪽임도 동일한 원리다. 그런데 경상 다각형 내부의 두 도로 선분은 어떠한가? 노드테이블[부록 그림 3.9(b)]에서 선분의 끝인 노드5와 노드6은 연결된 선분이 1개뿐이다. 연결된 선분들 8번과 10번은 선분테이블에서 좌측과 우측 다각형의 고유 ID가 모두 4번으로 동일하다[부록 그림 3.9(c)]. 다각형 ID들이 동일한 선분이 하나 더 있다. 선분9이다. 당연한 결과이다. 선분은 다각형 내부에 포함되어 있으니 선분을 둘러싸고 있는 좌/우측 다각형의 고유 ID는 당연히 동일해야 한다.

그러나 선분9와 같은 경우는 도로가 두 개로 갈라지면서 끝 노드에 연결된 선분이 한 개 이상이 될 것이며 도로의 끝부분 노드는 연결된 선분이 없는 것이다. 이러한 연관관계를 이용하면 각 다각형에 포함된 도로들을 구분하여 앞에서 설명된 SQL로 탐색하는 것이 가능하다.

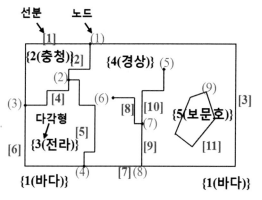

(a) 예제 도면. 점, 선, 면으로 구성된 도면요소들은 각기 고유 ID 를 갖고 있다.

ID	선분
1	1,2,3
2	2,4,5
3	1,4,6
4	5,6,7
5	10
6	8
7	8,9,10
8	3,7,9
9	11

(b) 노드(점)에 연결된 선분들

ID	시작점	끝점	좌측 다각형	우측 다각형
1	1	3	2	1
2	1	2	4	2
3	1	8	1	4
4	3	2	2	3
5	4	2	3	4
6	4	3	1	3
7	8	4	1	4
8	6	7	4	4
9	8	7	4	4
10	7	5	4	4
11	9	9	5	4

(c) 선분들의 시작, 끝 노드와 좌우측 다각형들의 ID

ID	선분들	명칭
1	1,3,6,7	바다
2	1,2,4	충청
3	4,5,6	전라
4	2,3,5,7	경상
5	11	보문호

(d) 다각형을 구성하는 선분들의 ID들

부록 그림 3.9 벡터 GIS의 위상구조(topology)

보문호라는 다각형은 어떠한가? 노드테이블에서 노드에 연결된 선분이 한 개인 점은 경상다각형에 포함된 도로의 끝부분들과 동일하다. 그러나 다각형의 경계를 구성하는 선분11은 시작 노드와 끝 노드가 동일하다. 어떤 선분의 시작점과 끝점이 같을 수 있을까? 이는 원과 같이 닫혀진 다각형일 경우에만 가능하다. 한편 닫혀진 다각형의 경계는 좌측과 우측의 다각형 고유 ID가 당연히 다를 수밖에 없으며, 그중 하나는 닫힌 다각형 자신의 ID인 것이다. 다각형으로 정의된 행정구역 내에 포함된 호수를 찾거나, 호수의 위치로 포함된 행정구역을 찾는 것은 이와 같은 위상 알고리듬으로 쉽게 해결된다. 소위 커버리지 혹은 주제도라 명명된 GIS의 도면은 이와 같은 위상구조를 정리해야 하므로 하나의 그래픽 파일로 만들어질 수 없으며, 자료 테이블을 포함하는 다수의 파일이 모여서 하나의 디렉토리로 정리됨을 이해해야 할 것이다.

3.3.6.2 Shape 파일과 속성자료

인접다각형의 경계를 공유하는 위상구조와 달리 Shape 파일은 각 다각형을 독립된 개체로 정의한다. 그러므로 인접된 두 다각형은 경계부에 동일한 선분이 두 번 그려지는 다소 단순한 자료구조이다. 위상구조와 Shape 파일 공히 도형자료(점, 선, 면)와 연계된 속성자료가 함께 모여서 GIS의 주제도를 구성한다. 속성자료는 도형 자체의 정보(예, 도형의 좌표, ID, 도형의 연결 관계 등)와 각 도형과 연계된 일반적인 자료(예, 선분에 연결된 고속도로 이름, 공사시점, 보수시점, 관리자 등)와 같은 내부(도형) 및 외부(속성) 데이터베이스로 구성되며 이들은 단일 파일이 아닌 여러 개의 데이터베이스 파일을 하나의 디렉토리(폴더)로 묶어서 정리된다. 물론 내부와 외부 데이터베이스의 항목이 정해져 있는 것은 아니다. 모든 외부 데이터베이스의 항목을 내부 데이터베이스에 포함시켜도 문제될 것은 없다.

흔히 대용량의 정보를 처리하려면 상용 s/w를 이용한 수작업보다는 s/w를 제작하여 Shape 파일의 내부 데이터베이스를 읽는 것이 효과적이다. 예를 들면 전국 규모의 전산지질도로부터 지질도에 포함된 면구조 심벌의 위치와 주향/경사 값을 읽어오는 것이나, 전국에 분포하는 모든 화강암의 경계좌표를 읽는 일과 같은 경우들이다.

3.3.6.3 Easy GIS(EGIS)를 이용한 Shape 파일 내부자료 읽기

다음의 루틴은 EGIS를 이용하여 Shape 파일을 열고 파일의 자료를 읽어오는 루틴들이다. 셰입 파일은 주제도 디렉토리 안에 속성 데이터를 "DBF" 연장자를 갖는 데이터베이스4 형태의 파일로 저장한다. 이 파일들은 엑셀로 부르면 읽힐 수 있는 파일들이다. 그러므로 다음의 루틴으로 내부자료를 읽어보기 바란다.

파일 열기

EGIS를 사용하기 위해서는 Shape 파일을 연결할 수 있는 컨트롤을 사용해야 한다. EGIS 컨트롤은 도면이 그려지는 입력창인데 이 창은 도면을 그리는 역할 외에도 그려진 도면의 내부정보를 갖고 있어 이를 통해 Shape 파일의 속성정보를 읽을 수 있는 것이다. 컨트롤을 사용하기 위해서는 부록 그림 3.10의 (a)에서 (d)까지의 단계적 작업으로 도구상자에 EGIS 도면입력 도구를 형성한다. 그리고 부록 그림 3.11의 과정을 통해 윈도우 폼에 EGIS 컨트롤을 입력하고 그 이름을 'SfMap1'이라 설정한다.

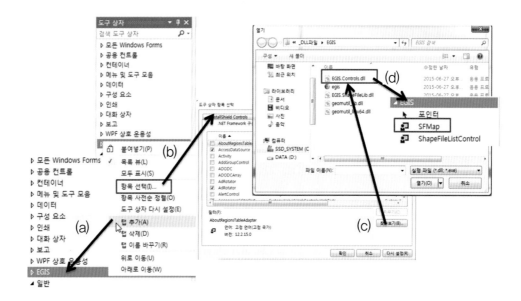

(a) 도구상자 박스에서 마우스의 우측 버튼을 눌러 메뉴를 활성화시킨 후, "탭 추가" 메뉴를 이용하여 EGIS라는 폴더를 만들어준다.
(b) 다시 메뉴를 활성화한 후, "항목선택" 메뉴를 선택한다.
(c) 활성화된 항목선택창에서 "찾아보기" 메뉴를 활성화한다.
(d) EGIS 파일이 저장된 곳에서 "EGIS.Controls.dll" 파일을 선택하여 열기로 입력창을 닫으면, 도구상지에 "SFMap"과 "ShapeFileListControl"이라는 도구들이 만들어진다.

부록 그림 3.10 EGIS 컨트롤 사용을 위한 도구상자 설정

컨트롤에 Shape 파일을 불러오는 것은 다음의 코드로 가능하다. 다음의 코드는 D 디렉토리의 "가덕"이라는 폴더에 동일 지역의 다양한 주제의 Shape 파일들이 저장되어 있다고 가정할 때(예를 들어, 그 디렉토리에 지질도 경계, 면구조, 단층, 단면 등의 주제파일들이 저장

되어 있을 경우) 이들 중 "HE30AS.shp"(가덕도폭의 면구조 주제) 파일을 컨트롤에 불러오는 루틴이다. 이 코드는 불러온 Shape 파일의 도면을 컨트롤에 그려줄 뿐 아니라 파일 자체를 "sf"라는 변수에 저장한다. 그러므로 속성자료는 이 변수를 통해 읽힐 수 있는 것이다.

```
SfMap1.ClearShapeFiles( )
Dim PathName as String＝"D:\ShapeExample\road.shp"
Dim fName as String＝"D:\ShapeExample\road.shp"
Dim sf As EGIS.ShapeFileLib.ShapeFile
sf＝SfMap1.AddShapeFile(PathName, fName, "NONE")
```

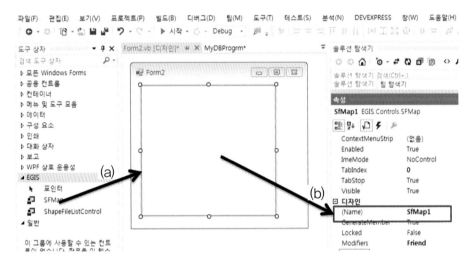

(a) 마우스로 SFMap이라는 도구를 드래깅하여 윈도의 폼에 가져온다.
(b) 속성창에서 컨트롤의 이름을 "SfMap1"이라 설정하여 준다.
부록 그림 3.11 도구상자에서 EGIS 도면을 입력할 수 있는 컨트롤을 윈도우 폼에 입력하고 그 이름을 "SfMap1"이라 설정한다.

속성자료 읽기

다음의 코드는 위에서 설명된 코드를 통하여 Shape 파일을 "SfMap1"이라는 컨트롤로 불러온 이후에 그 파일의 내부 속성자료를 읽는 루틴이다.

```
Dim MC As Integer
Dim MarkerS(  As PointD
Dim TMCrd As String
    For i=0 To SfMap1(0).RecordCount-1 'Shape 파일 내부에 있는 개체의 개수
    'i \번째 개체의 속성자료를 "attributeValues( )"라는 문자배열에 저장한다.
    Dim attributeValues As String( )=SfMap1(0).GetAttributeFieldValues(i)
    Dim tTXT As String=""
        '읽어온 배열변수를 ";" 분리자를 삽입시킨 한 줄의 문자(변수 tTXT)로 합성한다.
    For j=0 To attributeValues.Length-1
        tTXT=tTXT & attributeValues(j) & ","
    Next
    '개체가 점, 선, 면 도형일 경우 도형의 좌표를 읽는다.
    Dim data As System.Collections.ObjectModel.ReadOnlyCollection(Of PointD( )
        =SfMap1(0).GetShapeDataD(i) '도형정도를 data 변수에 저장
    '아래의 7줄은 도형의 좌표를 읽어와 "TMCrd"라는 문자변수에 다음의 형식으로
     '저장한다.   TMCrd=x1/y1:x2/y2:x3/y3:.........
    ReDim MarkerS(data.Item(0).Length)
    MC=data.Item(0).Length
    MarkerS=data(0)
    TMCrd=""
    For j=0 To MC - 1 'zero based
        TMCrd=TMCrd & MarkerS(j).X & "/" & MarkerS(j).Y & ":"
    Next
    '앞에서 읽은 속성자료와 좌표자료를 합하여 "lstData"라는 리스트박스에 써준다.
    tTXT=tTXT & ":::" & TMCrd
    lstData.Items.Add(tTXT)
  Next  '파일 내부의 모든 도형개체에 대하여 이를 반복한다.
```

이 예제 코드는 가덕도폭의 지질구조 주제에 대한 내부 속성자료를 불러오는 것으로 그 결과는 다음 그림과 같이 속성자료는 주향과 경사에 대한 값을 알려주고, 좌표는 면구조의 주향방향 선분에 대한 좌표임을 알 수 있다.

부록 4
응용프로그램에 필요한 루틴들

부록4 응용프로그램에 필요한 루틴들

4.1 역거리 가중치 보간법(Inverse Distance Weight Interpolation)

보간법의 일종으로 모르는 지점의 값을 유추할 때 주변의 값을 참고하는 과정에서, 가까이 있는 자료 값에 더 많은 가중치를 적용하는 방법이다. 예를 들어 지형도의 고도자료가 부록 그림 4.1(a)와 같이 $x_1 \cdots x_4$와 같이 주어졌을 때, 원으로 표기된 $x_?$의 고도값을 유추하고자 한다면, 원으로부터 거리가 가까운 x_4의 가중치가 가장 높고, 거리가 가장 먼 x_1의 가중치가 가장 낮게 반영된다는 의미이다. 거리를 가중치화하기 위해서는 거리의 역산 값을 가중치로 취하면 거리가 가까울수록 가중치의 값이 커지게 된다[식 4.1].

$$x_? = \frac{\sum W_i \cdot x_i}{\sum W_i}$$

$$W_i = \frac{1}{d_i}$$

식 4.1

위 수식은 거리 d_i와 주어진 위치에서의 고도값 x_i를 이용하여 알고자하는 위치 $x_?$의 고도값을 구하는 수식으로 알려진 위치에 적용되는 가중치 W_i는 거리의 역산으로 계산된다. 부록 그림 4.1(a)의 예제에서 가중치의 합은

$$\sum W_i = \frac{1}{3} + \frac{1}{2} + \frac{1}{1.2} + \frac{1}{1} = 2.67$$

이 되고,

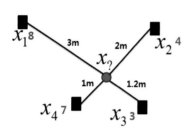 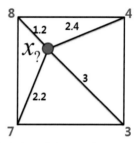

(a) 주변에 주어진 값들의 배열이 일정치 않을 때   (b) DEM과 같이 규칙적으로 제작된 자료의 내부 한 점에서의 값을 보간할 때

부록 그림 4.1 역거리 가중 보간의 예

알고자 하는 위치의 고도값은 다음과 같이 계산된다.

$$x_? = \frac{\left(\frac{1}{3} \times 8\right) + \left(\frac{1}{2} \times 4\right) + \left(\frac{1}{1.2} \times 3\right) + \left(\frac{1}{1} \times 7\right)}{2.67} = 5.3125$$

등간격의 고도자료인 DEM을 제작할 때, 등고선의 정점 등 주변의 고도자료를 이용하여 등간격 그리드의 코너점들의 고도를 유추하는 방법이 이와 같다면, 등간격으로 작성된 그리드 자료에서 그리드 내부의 값을 읽어내는 방법은 부록 그림 4.1(b)와 같으며 그 계산은 다음과 같다.

$$\sum W_i = \frac{1}{1.2} + \frac{1}{2.4} + \frac{1}{3} + \frac{1}{2.2} = 2$$

그리고,

$$x_? = \frac{\left(\dfrac{1}{1.2}\times 8\right) + \left(\dfrac{1}{2.4}\times 4\right) + \left(\dfrac{1}{3}\times 3\right) + \left(\dfrac{1}{2.2}\times 7\right)}{2} = 6.258$$

4.2 주향/경사와 단위벡터

선분의 방위를 경사값 α와 경사방향 β로 표기할 수 있으며, 그 선분이 가리키는 방향의 단위벡터(a, b, c)와의 관계는 식 4.2와 같다(Priest, 1983).

$$\alpha = \arccos \left| \frac{c}{\sqrt{b^2 + c^2 + 1}} \right|$$
$$\beta = \arctan \frac{b}{a} + Q$$

식 4.2

위 수식에서 Q값은 경사방향 β가 0~360° 영역 내에 존재하도록 b와 c값의 영역에 따라 설정해주는 값으로 다음의 표와 같다.

b	c	Q
≥ 0	≥ 0	0
< 0	≥ 0	180
< 0	< 0	180
≥ 0	< 0	360

선분의 경사값 α와 경사방향 β를 이용하며 단위벡터를 구하는 방법은 식 4.3과 같이 계산한 후 단위벡터로 변환해주면 된다.

$$a = \cos\alpha \cos\beta$$
$$b = \sin\alpha \cos\beta$$

식 4.3

데이터마이닝과 비탈면

부록5　데이터마이닝과 비탈면

5.1 데이터마이닝 기법의 원리

　데이터마이닝의 모든 영역을 단순히 정리하기는 어려우므로, 이 기법에 대해 적절히 소개된 교재 Witten and Frank(2005)나 정사범과 송용근(2015)을 참조하기를 권장한다. 데이터마이닝은 대형 데이터베이스 내부에 존재하는 자료의 구조(patterns, statistical models, relationships)를 추출하는 데 매우 유용한 기법이다. 즉, 데이터마이닝은 다량의 자료 내부에 존재하는 규칙들(패턴이나 변수들이 규칙성 등)을 전산기법으로 정의하고 정의된 규칙을 다른 데이터베이스에 적용하여 그 데이터베이스로부터 규칙에 의해 유도된 결론을 추정하는 기법이다. 이 기법은 의학, 유통학 등 많은 분야에서 성공적인 적용결과를 내고 있어 그 응용분야가 급속적으로 팽창하고 있으며 불확실성이 많이 존재하는 지반공학 분야의 적용사례가 최근 들어 급증하는 실정이다.

　지구과학의 자료구조는 매우 복잡하며 자료의 정의 자체도 부정확한 문제를 갖고 있다. 예를 들어 암상과 같은 지질자료는 정의가 포괄적이며 주관적인 문자자료이다. 이러한 경우 일반적인 통계방법으로는 분석이 곤란하다. 또한 주향/경사와 같이 일반적인 단순 숫자로 표현되기 어려운 자료를 다뤄야 하는 문제가 있다. 그러므로 다양한 자료를 처리할 수 있는 유연성 있는 방법을 필요로 한다. 데이터마이닝 기법은 숫자와 문자자료를 포함하는 자료군을 통계적으로 처리할 수 있는 기법으로 지구과학 분야에 매우 유용한 기법이라 할 수 있다.

5.1.1 데이터마이닝 기법의 변천사

데이터마이닝 기법의 원리는 통계, 인공지능, 전산학습 등의 분야에서 수십 년에 걸쳐 개발되어왔다. 데이터마이닝은 초기에 자료를 컴퓨터에 저장하기 시작한 이후로, 저장된 자료의 접근성을 꾸준히 발전시키면서, 사용자가 실시간으로 자료의 내부를 항해할 수 있는 수준으로 발전해왔다. 가공되지 않은 현장자료에서 자료의 패턴을 추출해 가공하거나 오차를 수정해 가공하는 등 정보의 의미를 갖는 자료구조로의 변화가 이뤄진 지난 40~50년간의 변화단계가 부록 표 5.1에 정리되어 있다.

부록 표 5.1 데이터마이닝 기법의 변천사

Evolutionary steps	Technologies	Providers	Characteristics
Data collection (1960s)	Computers, tapes, disks	IBM, CDC	Retrospective, static data delivery
Data access (1980s)	Relational databases, SQL, ODBC	Oracle, Sybase, Informix, IBM, Microsoft	Retrospective, dynamic data delivery at record level
Data navigation (1990s)	On-line analytic Processing (OLAP), Multidimensional databases (Cubes)	Cognos, Arbor, Pilot, Microstrategy, ORACLE, IBM	Retrospective, dynamic data delivery at multiple levels
Data mining (Present)	Statistics, machine learning, AI	SAS, SPSS, IBM, ORACLE, Cognos, Microsoft	Prospective, proactive information delivery

5.1.2 데이터마이닝 기법(Data mining techniques)

데이터마이닝은 통계학, 인공지능, 전산학습, 데이터베이스와 같은 분야의 학제 간 공동연구의 산물이다. 데이터마이닝의 기법은 크게 분류법classification, 회귀법regression, 클러스터링clustering 기법, 군집association 기법, 순차sequence 기법으로 나뉜다.

분류법(Classification)

자료를 검증하여 검증 결과에 의해 자료를 특정 자료군에 배정하는 과정을 통해 자료군의 종류를 설정함과 동시에 모든 자료를 몇 개의 군으로 나누는 방법이다. 다양한 기법이 개발되어 있는데, 이들은 다음과 같다: Linear Discriminant Analysis, Nave Bayes/Bayesian Network, OneR, Neural Networks, Decision Tree(ID3, C4.5), K-Nearest Neighbors(IB) and Support Vector Machines(SVM).

회귀법(Estimation (Regression))

분류법은 이산discrete의 자료를 다루는 반면에 회귀법은 연속적인 자료를 다룬다. 분석의 결과는 일종의 연속함수로 표현되는데, 이 연속함수는 연속성이 있는 수치자료를 입력하여 이 자료의 분포에 가장 적합한 함수를 찾은 과정에서 결정된다. 다양한 방법이 사용되며 이 중 대표적인 것은 다음과 같다: Multiple Linear Regression, Principal Components Regression, Partial Least Square, Neural Networks, Regression Tree(CART, M5).

클러스터링(Clustering)

이 기법은 규칙성이 없는 자료의 군에서 부분적인 규칙성을 찾아서 이들을 분류해, 몇 개의 동일성격을 갖는 소 자료군을 만드는 것이다. 분류법은 자료의 군을 정의하면서 각 자료가 소속될 군을 결정해 자료를 할당하는 과정으로 진행되나, 클러스터링은 지정된 자료 군을 사용하지 않는다. 대표적인 방법은 다음과 같다: K-Mean Clustering, Self Organizing Map, Bayesian Clustering, COBWEB.

군집(Association)과 순차(sequence)분석

분석하는 자료의 군에서 어떤 자료의 속성의 특성이 서로 유사하여 이들을 동일 군으로 묶어야 하는지를 결정하는 과정이다. 군집분석을 위한 다양한 기법들이 개발되어 있는데, 이들은 Priori, Markov Chain, Hidden Markov Model 등이 있다.

위에서 정리된 다양한 마이닝 기법 중 본 연구에 가장 적합한 방법은 분류법classification이라 할 수 있다. 대량의 지구과학 자료로부터 비탈면의 안정성을 유추하기 위해서는 의사결정나무decision trees나 신경망분석neural networks과 같은 비모수non-parametric 분류법이 적합하다.

5.2 의사결정나무(Decision trees)

의사결정나무는 자료의 분류를 계층적hierarchical으로 수행하며, 각 분류단계에서 하나 이상의 가지 구조로 자료의 특성을 분류한다. 자료가 다양한 속성을 갖고 있을 때, 분류에 가장 큰 영향을 미치는 속성을 선택하여 가지로 분류하며, 각 가지에서 다시 가장 적합한 속성을 선택하여 분류를 진행한다. 여기에서 가지가 생성되는 마디node가 정의되며, 첫 번째의 마디를 뿌리마디root node라 정의한다[부록 그림 5.1]. 마디에서는 조건에 의해 분류될 항목이 집합으로 군집화(분류집합)된다[부록 그림 5.1]. 예를 들면 분류될 항목이 나이라 하면 40세 이상의 집합과 40세 미만의 집합으로 분리되어 해당 집합의 조건을 가지에서 따라가는 것이다.

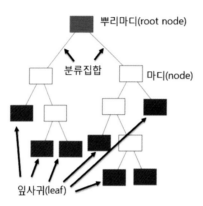

부록 그림 5.1 의사결정나무. 위로부터 아래로 가지를 만들며 형성되는 분류집합, 마디와 잎사귀. 분류집합을 2개로 국한한 예로 분류집합의 개수를 반드시 2개로 국한할 필요는 없다.

의사결정나무를 이용한 분류의 목적은 속성의 특성에 따라 입력된 자료를 특정 카테고리로 분류하는 데 있다. 그러므로 입력 자료가 주어지면, 속성 값에 의해 계층적으로 분류해 나가서 자료의 카테고리(범주)를 설정하는 것을 목적으로 한다. 여기에서 분류될 최종 카테고리(범주)는 나무의 잎사귀leaf라는 의미에서 잎이라 정의한다[부록 그림 5.1]. 의사결정나무의 각 단계에서 가지로 분류된 자료는 다음 단계의 가지로 분류되기도 하지만, 가지 자체가 잎일 수도 있다. 이와 같이 의사결정나무는 입력된 자료가 최종 분류단계인 잎이 될 때까지 위에서 아래로 분류를 지속해나가는 것이다.

의사결정나무를 제작하는 다양한 기법이 개발되었다. 이들을 정리하면, ID3(Quinlan, 1986), classification and regression tree(CART)(Breiman, 1984), Chi-Square Automated Interaction Detection CHAID(Kass, 1980), C4.5 혹은 See5/C5.0(Quinlan, 1993) 등이 있다.

5.2.1 의사결정나무의 제작 단계

의사결정나무를 제작할 때 가장 중요한 과정은 마디에서 가지를 결정하는 것이다. 즉, 어떤 속성을 선택하여 어떠한 분류기준으로 그 속성을 분류하여 가지를 만드느냐 하는 것이다. 이들 중 어떤 속성을 먼저 마디로 지정하여 분류를 시작할 것인가가 중요하다. 본 서에서 설명되는 C4.5 알고리듬은 마디에 지정될 속성의 선택을 위해서 정보이론information theory (Shannon, 1949)을 이용한다. 정보이론은 자료의 분포 양상을 정량화한 엔트로피라 불리는 지수를 활용한다. 엔트로피는 다음 식과 같이 정의된다:

$$Entropy(p1,\ p2,\ p3\ \cdots\ pn)$$
$$= -p1\log p1 - p2\log p2 - p3\log p3 \cdots - pn\log pn$$

위에서 'p'는 하나의 속성군에서 자료의 집합이 갖는 확률로서 확률의 값을 2진 로그로 처리함으로 자료 분포를 지수화한 것이다. 엔트로피의 값이 높으면 자료의 분포가 굴곡이 없이 고른 것이며, 낮으면 자료의 분포에 고저가 명확해서 자료를 구분할 때 분별력이 높음을 의미한다. 위의 공식에서 로그 함수에 음수를 취한 것은 확률의 값이 1 이하이므로 로그의 값이 음의 수로 계산되므로 이를 양수화한 것이다.

의사결정나무의 마디에서 가지의 분할은 정보이득비율information gain ratio을 계산하여 결정한다. 정보이득비율은 가지의 분할로 인해 파생되는 엔트로피의 감소를 정량적으로 계산하는 것이다. 즉, 엔트로피의 값이 낮아지면 자료의 분별력이 높아지므로 가지를 분할함으로 얻어지는 자료 분별력의 증감을 계산하는 것이다. 각 마디에서 자료의 가지 분할이 적절한 것인가를 정보이득비율로 계산하게 되는데, 그 계산방법을 정확히 이해하기 위해서 다음의 부록 표 5.2와 같은 비탈면 정보를 가지고 분할과정을 이해하도록 하자.

절리방향	풍화	침출Seepage	비탈면경사	붕괴이력
역방향	Low	없음	>41	no
역방향	Low	없음	<41	no
정방향	Low	없음	>41	yes
저각도	Moderate	없음	>41	yes
저각도	High	있음	>41	yes
저각도	High	있음	<41	no
정방향	High	있음	<41	yes
역방향	Moderate	없음	>41	no
역방향	High	있음	>41	yes
저각도	Moderate	있음	>41	yes
역방향	Moderate	있음	<41	yes
정방향	Moderate	없음	<41	yes
정방향	Low	있음	>41	yes
저각도	Moderate	없음	<41	no

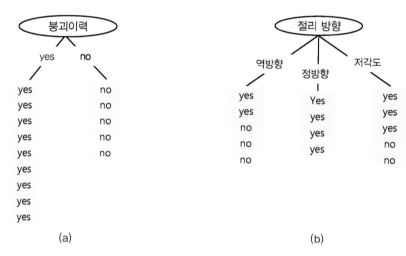

(a)   (b)

부록 그림 5.2 비탈면테이블의 붕괴이력과 절리방향 항목의 분류집합들에 대한 확률

절리방향 항목에 대한 엔트로피와 정보이득비율을 직접 계산하는 과정에서 가지의 분할이 어떻게 이뤄지는가를 통해 의사결정나무를 이해하여 보도록 하자. 먼저 테이블의 절리방향, 풍화, 침출, 비탈면경사는 항목들이고 붕괴이력은 항목의 조건들이 결합되어 최종적으로 만들어낼 결과 카테고리(잎사귀)인 것을 잊지 말자. 그러므로 의사결정나무는 각 마디에

서는 항목들의 조건을 평가하여 가지들을 만들 것이며, 최종 가지의 끝은 붕괴이력이라는 잎사귀leaf가 되는 것이다.

잎사귀 항목인 붕괴이력의 엔트로피 계산은 부록 그림 5.2(a)와 같이 전체 14개의 자료 중 붕괴자료yes가 9개이고 붕괴되지 않았던 자료가 5개이므로 다음의 식과 같이 0.94의 엔트로피가 계산된다.

$$\text{Entropy}(t) = - \sum_{i=1}^{k} p(j|t) \log_2 p(j|t) \qquad \text{엔트로피의 계산수식}$$

$$\text{Entropy}(N_0) = - \left(\frac{9}{14}\right) \log_2 \left(\frac{9}{14}\right) - \left(\frac{5}{14}\right) \log_2 \left(\frac{5}{14}\right) = 0.94$$

절리방향 항목은 역방향, 정방향, 저각도로 분류되는 분류집합들이 있다. 각 집합들에 대한 잎사귀 카테고리인 yes와 no는 부록 그림 5.2(b)와 같다. 그러므로 각 분류집합들의 엔트로피는 다음과 같이 계산된다.

$$E_{역방향} = - \left(\frac{2}{5}\right) \log_2 \left(\frac{2}{5}\right) - \left(\frac{3}{5}\right) \log_2 \left(\frac{3}{5}\right) = 0.97$$

$$E_{정방향} = - \left(\frac{4}{4}\right) \log_2 \left(\frac{4}{4}\right) - \left(\frac{0}{4}\right) \log_2 \left(\frac{0}{4}\right) = 0$$

$$E_{저각도} = - \left(\frac{3}{5}\right) \log_2 \left(\frac{3}{5}\right) - \left(\frac{2}{5}\right) \log_2 \left(\frac{2}{5}\right) = 0.97$$

정보이득Information Gain은 해당항목을 가지로 설정하였을 때 자료 내부의 분포에 대한 혼돈성이 얼마만큼 줄어드는 가에 대한 척도이다. 즉, 해당 항목을 가지로 설정하여 자료를 분류하면 내용의 분류가 가지런해지는 척도이며, 자료의 가지런해짐(혼돈이 줄어듦)은 엔트로피로 계산된다.

정보이득IG은 가지의 위치인 마디node의 윗부분인 부모마디parent node의 엔트로피와 가지로 분류된 아랫부분의 자식마디child node 엔트로피 변화를 다음과 같은 수식으로 계산한다.

$$IG_{해당항목} = \text{Entropy}_{부모마디} - \sum \frac{자료개수_{자식마디 \ 분류집합}}{자료개수_{부모마디}} \times \text{Entropy}_{자식마디 \ 분류집합}$$

시작 시점에서는 최종 잎사귀 카테고리인 붕괴이력이 자료 혼돈의 시점인 뿌리마디root node이며 첫 부모마디의 역할을 한다. 그리고 절리방향, 풍화, 침출, 비탈면경사 항목들이 차례로 자식마디로 적용되면서 정보이득을 계산하여 이득이 가장 적어서 혼돈이 가장 많이 줄어드는 항목을 최종 자식마디로 선택하게 되는 것이다.

절리방향 항목에 대한 정보이득은 다음과 같이 계산된다.

$$IG_{절리방향} = \text{Entropy}(N_0) - \left(\frac{5}{14} E_{역방향} + \frac{4}{14} E_{정방향} + \frac{5}{14} E_{저각도} \right)$$

$$IG_{절리방향} = 0.94 - \left(\frac{5}{14} \times 0.97 + \frac{4}{14} \times 0 + \frac{5}{14} \times 0.97 \right) = 0.247$$

유사한 방법으로 다른 항목들의 정보이득을 계산하면 풍화가 0.029, 침출이 0.152이며 비탈면경사가 0.048이 된다. 부모마디의 엔트로피는 일정하므로 자식마디의 엔트로피가 가장 작은 항목의 정보이득값이 가장 큰 값으로 계산될 것이다. 그러므로 정보이득값이 가장 큰 항목으로 분류될 경우 분류 후 정보의 혼돈이 최소화된다. 우리의 예제에서는 의사결정나무의 첫 번째 가지는 정보이득이 0.247로 가장 큰 절리방향 항목으로 분할되어야 할 것이다.

정보이득으로 평가되는 혼돈의 변화에 대한 계산은 자식마디 항목의 분할 개수가 많은 항목에 더 많은 점수를 부여하는 단점이 있다. 이를 보완하기 위해서 C4.5 알고리듬은 정보이득비율Gain Ratio이라는 평가기준을 사용한다. 정보이득비율은 항목의 분할개수를 다음의 수식과 같이 분할정보로 표준화normalize한 값이다.

$$\text{Gain Ratio} = \frac{IG}{분할정보}$$

여기에서, $분할정보 = -\sum_{i=1}^{k} \left(\frac{n_i}{n} \log \frac{n_i}{n} \right)$

앞에서 계산된 각 항목들의 정보이득값들을 정보이득비율값으로 환산해보자. 먼저 절리방향에 대한 분할정보는 다음과 같이 계산되며, 이를 적용한 정보이득비율은 0.157이 된다. 동일한 방법으로 계산된 정보이득비율의 값은 풍화가 0.019, 침출이 0.152이며 비탈면경사가 0.049가 된다. 그러므로 절리방향이 첫 번째 분할마디가 되며 그 마디에서는 역방향, 정방향, 저각도의 분류집합으로 분할을 시작할 것이다. 다음단계의 분할은 지금 분할된 분류집합을 뿌리마디로 하고 나머지 항목들[부록 그림 5.3]의 정보이득비율을 계산하여 다음 분할항목을 설정하게 되는 것이다. 이러한 반복과정은 가지가 하나의 잎으로 설정되거나 정보이득의 값이 0에 근접하여 더 이상 가지 분류가 필요 없을 때까지 계속된다.

$$\text{분할정보}_{\text{절리방향}} = -\left(\frac{5}{14}\right)\log_2\left(\frac{5}{14}\right) - \left(\frac{4}{14}\right)\log_2\left(\frac{4}{14}\right) - \left(\frac{5}{14}\right)\log_2\left(\frac{5}{14}\right) = 1.577$$

$$\text{Gain Ratio}_{\text{절리방향}} = \frac{0.247}{1.577} = 0.157$$

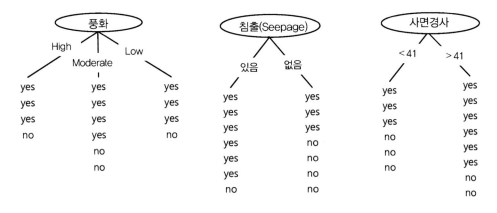

부록 그림 5.3 풍화, 침출, 비탈면경사 항목들에 대한 분류집합들과 각 분류집합에 속하는 잎사귀 카테고리 정보의 개수들

위의 과정으로 제작된 초기 의사결정나무는 학습 자료를 너무 세분한 나머지 지나치게 많은 가지를 갖고 있는 'overfitting' 특성을 갖는다. 이는 학습에 이용된 모든 자료를 분류에 적용하여 가능한 정확한 분류를 유도하고자 하는 알고리듬에서 유래된다. 이러한 'overfitting' 문제는 속성의 자료값이 넓은 영역을 갖고 있을 때 작성된 초기 의사결정나무에서는 대부분 발생한다(Witten and Frank, 1999). 이러한 문제를 보완하기 위해서는 적절한 알고리듬에 의한 의사결정나무의 가지치기Prune를 수행해야 한다.

5.2.2 가지치기(Pruning the tree)

일반적으로 의사결정나무를 만드는 과정에서 학습 자료의 모두가 특정 분류에 속하도록 분류 알고리듬이 만들어져 있으므로 처음에 제작된 나무구조는 가지가 많을 수밖에 없으며 당연히 'overfitting'이 이루어진다. 흔히 다량의 자료 중 일부를 무작위로 선택하여 이들을 학습 자료로 이용하여 학습된 의사결정나무를 제작하고, 제작된 나무에 선택되지 않은 자료를 입력하여 분류 결과를 검증하는 방법이 사용된다. 이때 학습 자료를 이용해 처음 제작된 의사결정나무는 주어진 학습 자료를 가장 적절히 분류할 수 있게 제작되므로 검증자료를 분류할 때는 오차를 발생시킬 수 있다. 한편 학습 자료에 일부 잘못된 자료가 포함되어 있을 경우에는 의사결정나무가 이를 바탕으로 제작되므로, 전반적인 자료를 분류하는 나무구조로는 부적합할 수도 있다. 그러므로 신뢰할 수 있는 의사결정나무를 제작하기 위해서는 overfitting된 나무구조의 가지치기가 반드시 수행되어야 한다.

가지치기는 크게 두 가지 방법으로 나뉜다. 첫 번째는 후 가지치기Postpruning(혹은 역방향 가지치기Backward)로 먼저 의사결정나무를 제작한 후, 전체 나무구조의 가지치기를 수행하는 방법이다. 두 번째 방법은 선 가지치기Prepruning(혹은 진행방향 가지치기Forward) 기법으로, 나무구조를 제작하는 과정에서 각 마디에서 가지치기를 수행하면서 나무의 하부구조로 내려가는 기법이다.

가장 널리 사용되는 가지치기 기법은 '후 가지치기'이다. 이 기법 역시 두 가지의 방법이 있는데, 첫 번째는 하부나무구조의 치환법Subtree replacement이며 두 번째의 방법은 하부나무구조의 raise 기법이다. 전자는 나무구조의 잎에서 시작하여 나무구조의 시작부인 뿌리로 올라가면서 정보의 분할이 뚜렷하지 않은 가지 자체를 제거하고 잎을 상위 가지구조로 접합시킴으로 나무구조를 단순화한다. 후자는 전자보다 복잡한 계산과정을 거친다. 후자의 경우 가지와 마디 혹은 마디와 마디의 관계를 검증하여 학습 자료가 더 많이 분포하는 나무구조를 따르고 그렇지 못한 가지나 마디를 제거하게 된다.

후 가지치기Prepruning 기법은 의사결정나무를 완성하고 전체의 가지에 대한 분석을 수행하지 않으므로, 단계별 작은 가지에서 연산이 수행되므로 연산속도가 빠르다는 장점이 있다. 이 경우, 각 가지에서 정보이득Information Gain이나 오차감소Error Reduction와 같은 계산법을 사용하여 임의의 기준치Threshold를 벗어나는 자료구조의 분할을 제어하게 된다. 문제는 임의의 기준치를 어떻게 설정하느냐 하는 것이다. 기준치가 너무 높게 설정되면 가지분류가 너무 단순화되어서 완성된 의사결정나무가 자료의 분류를 합리적으로 해줄 수 없다는 단점이 있으며, 기준치가 지나치게 낮게 설정되면 의사결정나무는 많은 분류가지를 가지나 역시 전반적인 자료 분류의 신뢰도를 낮추는 결과를 갖는다. 반면에 전 가지치기Postpruning는 먼저 학습 자료가 허용하는 모든 마디와 가지를 제작한 후 전체 나무구조를 대상으로 가지치기를 수행하므로 연산이 많이 수행되어야 하는 단점이 있다. 그러나 학습 자료에 대해 분류가 가능한 모든 마디와 가지를 작성한 후 이 분류를 대상으로 적합성을 검증하므로 모든 가능성에 대한 검증이 가능하다. 그러므로 후자가 많은 연산 시간을 필요로 하지만 더 신뢰할 수 있는 결과를 도출할 수도 있다.

5.2.3 예측결과의 검증

대량의 자료에서 자료의 경향을 파악하여 제작된 의사결정나무가 얼마나 정확한 것인가를 평가하는 방법들이 중요할 것이다. 이러한 평가는 대부분 작성된 의사결정나무를 적용하여 입력 자료를 재분류해볼 경우, 원래의 분류와 어느 정도 일치하는가를 평가하는 다양한 통계적 방법들이 존재한다.

5.2.3.1 혼돈행렬(Confusion Matrix)

혼돈행렬은 예측된 자료가 상호 어떤 관계인가를 측정하는 방법으로 부록 그림 5.4의 예를 통해 이해하도록 하자. 최종 분류하고자 하는 클래스의 분류집합이 강아지와 고양이일 경우, 분류된 자료의 실제 이름과 의사결정나무에 의해 예측된 자료의 개수를 테이블로 만들면 부록 그림 5.4와 같다. 이 경우 강아지를 강아지로 예측된 경우를 TPTrue Positive라 하고, 실제는 강아지 인데 고양이로 예측된 경우를 FNFalse Negative, 예측된 것은 강아지 이지만 실제는 고양이인 경우를 FPFalse Positive, 고양이를 고양이로 예측된 경우를 TNTrue Negative라 한다. 이와 같이 예측된 결과의 상호관계를 테이블로 만들면 분류 항목들 간의 상호관계를 쉽게 이해할 수 있다.

이러한 혼돈행렬을 이용하여 작성된 의사결정나무의 성공률Success Rate을 계산할 수 있는데, 수식은 성공적으로 분류된 자료의 개수를 전체 자료의 개수로 나눠주는 다음과 같은 식이 된다.

$$\text{Success Rate} = \frac{TP + TN}{TP + TN + FP + FN} \qquad \text{Error Rate} = 1 - \text{Success Rate}$$

부록 그림 5.4의 예제를 이용하여 이들을 실제로 계산하여 보자.

$$\text{Success Rate} = \frac{5 + 8}{5 + 8 + 4 + 3} = \frac{13}{20} = 0.65 \qquad \text{Error Rate} = 1 - 0.65 = 0.35$$

예측된 분류

		강아지	고양이
실제 분류	강아지	**5** TP	**3** FN
	고양이	**4** FP	**8** TN

부록 그림 5.4 혼돈행렬

5.2.3.2 TP와 FP 비율

TP$^{\text{True Positive}}$ 비율은 각 클래스에서 분류된 클래스의 자료가 얼마나 정확한지에 관한 비율이다.

$$\text{TP 비율} = \frac{TP}{TP + FN} = \frac{5}{5 + 3} = 0.625$$

한편 FP$^{\text{False Positive}}$ 비율은 분류된 클래스에서 얼마나 많은 자료가 잘못 분류되었는지에 대한 비율이다.

$$\text{FP 비율} = \frac{FP}{FP + TN} = \frac{4}{4 + 8} = 0.33$$

5.2.3.3 정밀도(Precision)와 재현율(Recall)

실제 분류된 자료에서 정확히 분류된 자료의 확률을 측정하는 정밀도^{Precision}와 예측된 분류들에서 정확히 분류된 자료의 확률을 측정히는 재현율^{Recall}이 있다. 두 분류 중 어떤 것이 더 의미 있는 평가를 해준다고 확언하기는 어렵다. 흔히 두 평가확률의 조화평균Weighted Harmonic Mean인 F-measure 값을 그 평가 기준으로 활용하기도 한다.

$$\text{Precision(정밀도)} = \frac{TP}{TP + FP} \qquad \text{Recall(재현율)} = \frac{TP}{TP + FN}$$

$$\text{F-measure} = \frac{2 \times precision \times recall}{precision + recall}$$

$$\text{Precision(정밀도)} = \frac{5}{5 + 4} = 0.556 \qquad \text{Recall(재현율)} = \frac{5}{5 + 3} = 0.625$$

$$\text{F-measure} = \frac{2 \times 0.556 \times 0.625}{0.556 + 0.625} = 0.588$$

5.2.3.4 카파 지수(Kappa Statistics)

카파 지수는 예측된 결과와 실제와의 유사성을 다음과 같은 식으로 측정한다.

$$K = \frac{\text{예측된 정확도}_{Observed\ Accuracy} - \text{기대한 정확도}_{Expected\ Accuracy}}{1 - \text{기대한 정확도}_{Expected\ Accuracy}}$$

이 수식에서 예측된 정확도는 성공률Success Rate이고, 기대한 정확도는 다음과 같이 계산된다.

$$\text{기대한 정확도}_{Expected\ Accuracy} = \frac{\sum \frac{(TP + FN)(TP + FP)}{\text{전체 자료 개수}}}{\text{전체 자료 개수}}$$

위의 예제를 대상으로 계산해보면 다음과 같다.

$$K = \frac{\frac{13}{20} - \text{기대한 정확도}_{Expected\ Accuracy}}{1 - \text{기대한 정확도}_{Expected\ Accuracy}}$$

$$\text{기대한 정확도} = \frac{\left(\frac{(5+3)\times(5+4)}{20}\right) + \left(\frac{(8+4)\times(8+3)}{20}\right)}{20} = 0.51$$

$$K = \frac{0.65 - 0.51}{1 - 0.51} = 0.28$$

카파 지수는 완전불일치값인 −1에서 완전일치값인 1 영역 내의 값으로 계산된다. 상대적인 값으로 계산 값에 어느 정도 정확성이 평가되는가 하는 것은 부록 표 5.3과 같이 일정하지는 않다.

부록 표 5.3 카파 지수의 평가

Kappa	Landis and Koch(1977)	Fleiss(1981)
0.96−1	Almost perfect	Excellent
0.91−0.95		
0.86−0.9		
0.81−0.85		
0.75−0.8	Substantial	Fair to good
0.71−0.75		
0.65−0.7		
0.61−0.65		
0.56−0.6	Moderate	
0.51−0.55		
0.46−0.5		
0.41−0.45		
0.36−0.4	Fair	Poor
0.31−0.35		
0.26−0.3		
0.21−0.25		
0.16−0.2	Slight	
0.11−0.15		
0.06−0.1		
0−0.05		
<0	No agreement	

5.2.3.5 예측결과의 응용

암상을 의사결정나무로 분류하여 부록 그림 5.5와 같은 혼돈행렬을 얻었다 가정하자. Bacal(2017)은 이러한 혼돈행렬로부터 매우 흥미로운 부분을 확인하고 이를 이용하여 암상을 재분류하고 그 결과 매우 높은 예측결과를 얻는 데 성공하였다. 안구상 편마암의 경우는 화강편마암과 비교해볼 때 TP로 분류된 자료는 30개로 많지 않은 자료들이다. 그러나 화강편마암으로 분류된 FP와 FN은 각기 180개와 150개로 적지 않은 자료들이다. 이 의사결정나무는 지화학자료와 암상의 관계를 모델화 하여 작성된 것이다. 지화학적 특성으로 봐서는 두 암상의 성격이 충분히 유사할 수 있다. 이러한 사안으로 미루어 안구상 편마암은 화강편마암과 통합함이 충분히 논리적이라 할 수 있다.

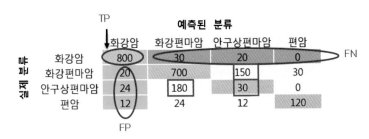

부록 그림 5.5 암상분류의 혼돈행렬

이 예제는 매우 중요한 교훈을 주고 있다. 암반이나 지반공학과 같은 분야에서 이와 같이 분류 자체가 정확하지 못한 자료를 분석해야 할 경우가 있다. 완전히 경험에 의존하여heuristic 자료 분리를 다시 해야 할 것인가, 데이터마이닝의 글러스터링 기법과 같은 통계기법을 사용하여 자료 분류를 다시 할 것인가data driven? 어쩌면 위 예제는 두 방법을 동시에 사용하여 합리적인 분할을 수행할 수 있음을 보여주고 있다.

5.2.4 자료항목의 중요성 검증

의사결정나무를 제작하여 자료가 갖고 있는 내부의 규칙을 찾는 방법 못지않게 분류하고자 하는 최종 클래스에 어떤 항목들이 중요한 영향력을 미치는가를 정량적으로 이해하는 것이 중요할 수 있다. 예를 들어 비탈면의 붕괴가 최종 클래스이고 이에 영향을 미치는 요인들이 누수, 강우, 경사, 높이, 절리방향, 암질, 풍화도 등이 있다고 하자. 비탈면이 붕괴될 때 이들 중 어떤 항목들이 순차적으로 영향을 미칠까 하는 의문이다. 대부분의 전문가들은 "강우, 누수 등이 매우 중요한 요인이고 그 외에도 절리방향이나 …" 등의 전문지식을 갖고 있다. 그러나 이러한 지식은 경험에 의존한 지식이고 데이터베이스에 정리된 자료의 경향이 정량적으로 판단해주는 중요성의 순서는 어떠한가를 이해하는 것은 매우 흥미로운 일이다.

중요성의 순서를 판단하는 다양한 계산방법[부록 표 5.4]이 있으며 계산 방법에 따라 조금씩 다른 순서가 계산된다. 이는 서로 교차하여 영향을 미치는 자료항목의 영향력 자체가 절대적인 서열로 계산되기는 어렵다는 의미이기도 하다. 그러나 모든 방법에서 계산된 서열을 박스도표로 표현해보면 개략적인 경향을 이해하는 데 도움이 될 수도 있다. 부록 그림 5.6은 풍화에 영향을 미치는 지화학 원소들의 영향력 순서를 박스도표로 표기한 예이다. 풍화도를 모델하는 데 첫 번째 중요한 항목이 조구조구였으며, 이어서 암상이었고 그 다음으로 Mg, Ca, Al, K 등으로 이어지는 원소major oxide들임이 흥미롭다.

부록 표 5.4 영향력 계산에 활용될 수 있는 방법들

방법	내용
Information Gain (Quinlan, 1993)	항목의 선택이 엔트로피를 얼마나 줄여주는가에 대한 척도로 평가한다.
Gain Ratio (Quinlan, 1993)	Information Gain 방법과 유사하게 평가하지만 분류집합의 개수가 많아지므로 파생되는 편파적 계산결과(bias)를 수정한다.
OneR(Holte, 1993)	한 번에 한 가지 항목에 대하여서만 가상의 의사결정나무를 제작하고 최종 잎사귀 매듭에서의 분류오차(classification error)를 계산하고 오차가 작은 항목의 순서로 영향력을 높게 평가한다.
Symmetrical Uncertainty (Hall and Holmes, 2003)	다음의 수식과 같이 엔트로피를 이용하여 영향력을 계산한다. $$su = 2 \times \frac{\text{Information Gain}}{\sum \text{Entropy}}$$ Gain Ratio와 유사하게 Information Gain 값을 부모와 자식매듭의 엔트로피 값들의 합으로 평준화 해 줌으로 편파적 계산결과를 보정한다. 계산수식에 2를 곱함으로 계산결과를 0과 1 사이의 수자로 얻게 되며 1에 가까울수록 상관관계가 높음을 의미한다. 동일 계산 알고리듬으로 다른 항목들 간의 상관관계를 계산하여 상관관계에 대한 중복성(redundancy)을 계산할 수 있다. 해당항목의 높은 상관관계와 다른 항목들과의 낮은 상관관계로 항목의 순서를 정한다.

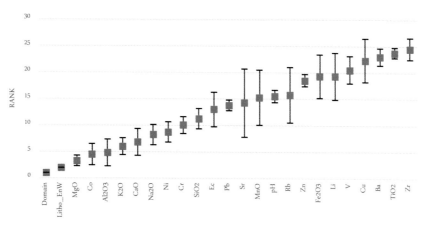

부록 그림 5.6 부록 표 5.4의 방법으로 계산된 지화학과 암상 및 조구조구 항목들의 풍화도에 대한 영향력 분석결과. 각 항목의 영향력 순위(rank)를 박스도표로 표기한 결과

5.3 데이터마이닝 분석기법에 의한 비탈면 안정성 평가 연구

　강재와 같이 인공적으로 제작된 균질한 물체는 공학적 물성이 정확하여 변형이나 내구성에 대한 공학적 예측이 정확한 편이다. 그러나 토사나 암반의 경우는 물체의 내부 구성이 매우 불균질하고 안정성에 기여하는 요인들이 다양하며 이들의 상호관계가 얽혀 있다. 그러므로 물성에 관한 경험식이 많으며 안정성 예측의 결과 역시 인공적 물질만큼 정확하지 못한 것도 사실이다. 비탈면의 안정성 평가는 특히 이러한 어려움을 많이 갖고 있는 분야라 할 수 있다(Shahin et al., 2001).

　비탈면의 안정성 평가에 가장 많이 활용되는 방법이 투영망, 한계평형, 수치해석으로서 이들은 공히 평가대상의 물성이 어느 정도 균질함을 가정하고 평가블록의 기하학적 형상, 토사, 암괴 혹은 활동면의 물성 등을 기반으로 안전율을 계산하게 된다. 그러나 비탈면의 안정성은 강우, 지질, 지형 등 다양한 부수적 요인에 영향의 받기도 하므로, 안정성을 평가하는 데 전문가의 경험이 매우 중요하기도 하다. 일반적으로 경험이 필요한 분야를 과학적 혹은 공학적으로 해결하기 위해서는 발견법Heuristic적 접근과 데이터에 의한 경험식Data Driven적 접근방법이 사용된다. 예를 들어 비탈면의 안정성에 기여하는 강우, 암상, 경사도, 높이 등의 요인이 비탈면의 안정성에 기여하는 정도를 전자의 경우는 숙련된 기술자가 적절한 가중치를 부여하는 것이며, 후자의 경우는 각 요인에 대하여 그간 붕괴된 비탈면과 안정한 비탈면의 확률 등을 계산하여 기존의 데이터로부터 그 가중치를 계산하는 것이다.

비탈면의 경우와 같이 안정성에 영향을 주는 요인들이 서로 연관 되어 있는 경우는 각 요인들이 안정성에 미치는 영향력의 가중치를 단순 확률로 계산하기가 쉽지 않을 수 있다. 예를 들면 강우가 많으면 비탈면의 붕괴위험이 높아지나 화강암과 편암의 경우 그 위험도의 강도가 다를 수 있다. 또한 경사가 크거나 작은 경우, 비탈면의 높이가 높고 낮은 경우 등 모든 경우의 조합이 서로 다른 가중치를 가질 것이다. 암반이나 토사와 같이 자연의 현상들이 예측하기 어렵게 엮여 있는 경우는 이러한 변수의 조합요인이 큰 경우가 많다.

데이터마이닝은 전기한 바와 같이 변수의 조합에 의한 특정 이벤트(본 예의 경우는 비탈면의 붕괴)의 발생에 기여하는 가중치를 기존 붕괴 데이터를 통해 구축하는 기법이다. 일반적으로 기존의 이력을 이용하여 분석될 요인의 확률을 계산하고, 변수의 조합에 따른 확률의 변화를 정리하여 일종의 자료 경험식을 만드는 과정으로, 컴퓨터를 이용하여 자료의 조합과 그 조합의 경험식을 제작하므로, 이를 흔히 기계학습Machine Learning이라 한다. 비탈면과 같이 다양한 변수의 조합에 의해 안정성이 변할 수 있으며 이 변화와 관련된 경험식을 만들 수 있는 다량의 자료가 존재한다면 비탈면의 안정성 분석방법으로 기계학습은 가장 적합한 방법이라 할 수 있다.

변수가 많고 그 변수의 다양한 조합이 안정성과 연관된 비탈면의 연구에는 다양한 기계학습 연구가 수행되었는데, 신경망분석(Shahin et al., 2001; Neaupane and Achet, 2004; Wang et al., 2005; Ermini et al., 2005; Shahin and Jaksa, 2005; Das and Basudhar, 2008), 의사결정나무(Hwang et al. 2009), 서포트 벡터 머신(Samui, 2008, Marjanović et al., 2011, Pourghasemi et al., 2013), 유전 연산법에 근거한 GP(Genetic Programming)(Garg et al., 2014) 등의 기법이 사용된다.

Shahin et al.(2001)은 지반공학에서 다루는 물성의 불균질성을 언급하며 이러한 불균질한 요인의 조합을 다루는 데 인공지능 기법이 효율적이라고 강조하였다. 그들은 이 논문에서 soil behaviour, site characterisation, earth retaining structures, settlement of structures, slope stability, design of tunnels and underground openings, liquefaction, soil permeability and hydraulic conductivity, soil compaction, soil swelling and classification of soils 등 지반공학의 모든 분야에서 인공지능 방법을 사용하기를 권고하였는데, 이러한 권고는 인공지능의 다양한 기법들인 의사결정나무, 서포트 벡터, GP 등 모든 기계학습의 방법에도 동일하게 적용되는 권고라

할 수 있다. 비탈면 연구에 인공지능이 활용된 예로 Neaupane and Achet(2004)는 히말라야 산사태에 대한 분석을 수행하면서 강우, 비탈면경사, 지하수위, 토양의 강도 및 강우의 침투율 infiltration coefficient을 대상으로 비탈면의 안정성을 모델링하였다. Wang et al.(2005)는 Yudonghe 산사태의 인공지능 분석을 통해 내부의 불연속면, 불연속면 파괴의 성장Growth of Ruptures, 층리의 배열, 지하수 침투 등이 붕괴의 중요한 요인이라 주장하였다. 또한 Ermini et al.(2005)은 산사태 붕괴에 대한 예측에 암상, 자연비탈면의 구배, 단면형상Profile Curvature, 토지 피복 형태, 비탈면 상부의 초과 중량 영역 등의 요인을 고려하였다. 한편 Das and Basudhar(2008)의 경우는 잔류 내부마찰각과 같이 지반의 기초적인 물성을 추정하는 데 인공지능 기법을 사용하였다.

유사한 산사태 예측 모델을 의사결정나무로 수행한 예는 Hwang et al.(2009), Yeon et al.(2010) 등에서 찾아볼 수 있으며, 서포트 벡터 머신을 활용한 예는 Marjanović et al.(2011), Pourghasemi et al.(2013) 등이 있다.

기계학습의 다른 한 분야로 생물의 진화를 모방한 진화연산을 트리구조로 정리하여 트리의 노드가 연산자 역할을 하는 구조와 이 구조의 전이, 변이 등으로 진화시켜 입력된 자료의 학습모델을 수식화하는 GPGenetic Programming 기법이 있다. 이 기법은 LGPLinear Genetic Progrmming (Brameier and Banzhaf, 2007), GEPGenetic Expression Programmiong(Ferreira, 2001), MEPMulti Expression Programming(Oltean and Dumitrescu, 2002) 등과 같이 다양한 기법이 존재하며 이 기법들은 학습된 결과를 수식으로 표기하므로 각 요인들의 중요도를 실제 관찰할 수 있는 장점이 있다. Alavi and Gandomi(2011)은 한계평형 방법으로 계산된 26개 비탈면의 안전율과 각 비탈면의 높이(H), 경사각(u), 비중(γ), 점착력(c), 내부마찰각(N)을 입력하여 안전율 계산의 방법을 모델 한 결과 각 방법(LGP, GEP, MEP)에 대하여 다음의 수식과 같은 결과를 구하였다.

Genetic Programming(GP)으로 계산된 안전율

$$FS_{LGP} = \phi\left(\frac{1}{\theta c - 7H - 7\theta} + \frac{9 + \gamma}{\theta(H + 2\theta + 8)}\right) + 1$$

$$FS_{GEP} = \phi\frac{10(H + \phi - 10)}{7H\theta} + \frac{\gamma}{(H - c)(H - c - 9)} + \left(\frac{c}{H/4c + 28}\right)^9$$

$$FS_{MEP} = \frac{6}{\phi - 1/6H - 2\theta - 1} + H\frac{\gamma + 2\phi + 3}{(H + \theta)^2} - \frac{\theta}{c((1/4)H - 2c)} + 1$$

한편 Ahangar-Asr et al.(2010)은 최적의 다항식 구조를 이용한 기계학습 방법인 EPR^{Evolutionary} _{polynomial regression}(Rezania et al., 2008)을 이용하여 원호파괴와 쐐기파괴의 안전율 수식을 부록 그림 5.7과 같이 제시하였다.

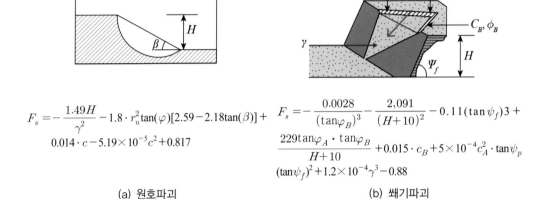

$$F_s = -\frac{1.49H}{\gamma^2} - 1.8 \cdot r_u^2 \tan(\varphi)[2.59 - 2.18\tan(\beta)] + 0.014 \cdot c - 5.19 \times 10^{-5} c^2 + 0.817$$

$$F_s = -\frac{0.0028}{(\tan\varphi_B)^3} - \frac{2,091}{(H+10)^2} - 0.11(\tan\psi_f)3 + \frac{229\tan\varphi_A \cdot \tan\varphi_B}{H+10} + 0.015 \cdot c_B + 5 \times 10^{-4} c_A^2 \cdot \tan\psi_p (\tan\psi_f)^2 + 1.2 \times 10^{-4} \gamma^3 - 0.88$$

(a) 원호파괴　　　　　　　　　　　　(b) 쐐기파괴

부록 그림 5.7 Ahangar-Asr et al.(2010)에 의해 기계 학습된 원호파괴와 쐐기파괴의 안전율(EPR기법이 적용)

비탈면 연구와 같이 고려해야 할 변수가 많으며 그 변수들이 서로 연계되어 복잡한 관계를 갖고 있을 때 기계학습과 같은 접근방법은 매우 유용한 방법일 수 있다. 최근 기계학습과 연관된 연구가 관심을 갖는 것도 이러한 이유에서이다. 이 기법들 중 신경망, 의사결정나무, 서포트 벡터 머신과 같은 기법들과 GP는 처리할 수 있는 자료의 구조에 큰 차이가 있다. 후자의 경우는 서열형^{Ordinal}, 간격형^{Interval}, 비율형^{Ratio}과 같이 숫자로 높낮이를 표현할 수 있는 자료들에는 매우 유용하나 범주형^{Categorical} 자료를 표현하는 데 한계가 있다. 예를 들면 암상, 조구조구, 토지이용도 등과 같은 자료는 수치화된 자료로 기계학습을 수행하는 데 한계가 있다. 그러므로 비탈면 분석의 경우는 전자의 기법들이 적합할 것이며, 이들은 주로 기존의 산사태와 관련된 연구에 많이 활용되었다.

신경망, 의사결정나무, 서포트 벡터 머신기법은 방법 자체가 매우 다른 방면에 다양한 종류의 자료에 대한 기계학습을 추구하는 최종 목표는 동일한 것으로 어떤 방법이 우수한 결과를 도출하느냐 하는 것에 대한 연구도 많이 수행되어 왔다. 그 예로 Pradhan(2013)은 세 방법을 적용한 결과 신경망 분석이 상대적으로 우수한 결과를 보인다 하였다. 그러나 일괄적인 우수성에 대한 연구결과는 아직 없다.

　산사태의 예측에 사용되는 입력자료는 대부분 지질, 지형, 토질, 강우 등의 자료로서 부록 그림 5.8은 최근 Pourghasemi et al.(2013)이 이란의 Golestan province에서 서포트 벡터 머신을 이용하여 산사태 예측 모델을 만들면서 고려한 14가지 자료의 예이다. 여기에 제시된 자료는 자연비탈면의 붕괴에 영향을 미치는 주요 요인들에 대한 최신 자료의 하나로서 비탈면연구와의 유사성을 고려할 때 주목할 필요가 있는 자료라 할 수 있다.

　전기한 산사태 연구 동향은 최근의 것이며 초창기 산사태 예측모델은 베이시안과 같은 전통 통계기법이 활용되었다. 일반적으로 특정 요인이 특정 사건에 미치는 영향은 단순통계에서 시작된다. 예를 들어 화강암과 편암의 붕괴될 확률을 구한다면, 암상이라는 단일 요인을 대상으로 붕괴라는 사건의 확률을 계산하게 된다(예, 화강암 10%, 편암 25%). 이러한 단순 통계에서 벗어나 상호관계를 복합적으로 고려하는 다변량 통계해석이 도입되기 시작한 것이다. 예를 들면 전기한 화강암과 편암의 확률은 그렇다 하더라도 풍화가 많은 화강암과 풍화가 적은 편암은 다른 붕괴확률을 갖게 된다는 것인데, 풍화의 정도를 암상의 확률에 어떻게 적용하느냐에 따라 확률예측의 접근방향이 달라지는 것이다. 초기 광물탐사에 활용되고 있었던 베이시안 통계기법은(Bonham-Carter et al., 1988; Wright and Bonham-Carter, 1996; Carranza and Hale, 1999; Asadi and Hale, 2001) 기본적으로 계산된 사전확률에 첨부되는 요인들의 사후확률을 구하여 이 확률의 영향을 첨부해주는 것으로, 다변수가 연계된 산사태 연구와 같은 분야에 잘 맞는 연구방법이었다. 이와 같이 베이시안 통계기법을 활용한 산사태 예측연구들(Chung et al., 1995; Chung and Fabbri, 1998)이 다변수 영향력 분석의 초기 접근방법이었다면 최근은 전기한 기계학습에 의한 분석방법이 주를 이루는 연구경향이라 할 수 있다.

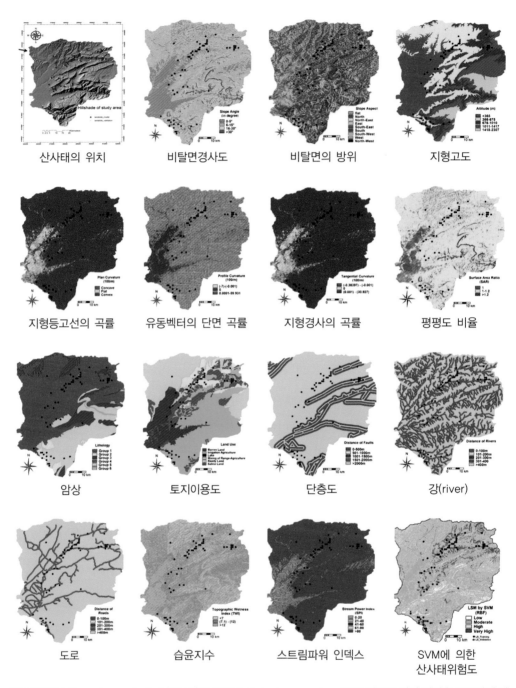

부록 그림 5.8 Pourghasemi et al.(2013)이 이란의 Golestan province에서 서포트 벡터 머신을 이용하여 산사태 예측 모델을 만들면서 고려한 14가지 자료. $c = \sin\beta$

:: 참고문헌

Ahangar-Asr, A., Faramarzi, A. and Javadi, A.A., 2010, "A new approach for prediction of the stability of soil and rock slopes", Engineering Computations Journal, Vol. 27 No. 7.

Alavi, A.H., Gandomi, A.H., 2011. A robust data mining approach for formulation of geotechnical engineering systems. Eng. Comput. 28 (3), 242-274.

Asadi H.H., Hale M., 2001, Apredictive GIS model for mapping potential gold and base metal mineralization in Takab area, Iran. Computer & Geosciences 27: 901-912.

Bacal ,2017.Predictive lithologic mapping of South Korea from stream sediment geochemistry using decision tree classifiers, pp74, unpublished MSc theses, PaiChai University.

Bonham-Carter GF, Agterberg FP, Wright DF, 1988, Integration of geological data sets for gold exploration in Nova Scotia. Phtogramm Eng Rem Sens 54, pp.1585-1592.

Brameier, M. and Banzhaf, W., 2007, Linear Genetic Programming, Springer ScienceþBusiness Media LLC, New York, NY.

Carranza E.J.M., Hale M., 1999, Geological-constrained probabilistic mapping of gold potential, Baguio District, Philippines. Geocomputation 99, July 2528, Fredericksburg, Virginia, Conference Volume on CD-ROM.

Chung, C.F., Fabbri, A.G., Van Westen, C.J., 1995, Multivariate regression analysis for landslide hazard zonation, In: A. Carrara and F. Guzzetti (eds), Geographic Information Systems in Assessing Natural Hazards, Kluwer, Dordrecht, pp.107-133.

Chung, C.F. and Fabbri, A.G., 1998, Three Bayesian prediction models for landslide hazard, In: A. Bucciantti (ed.), Proceedings of International Association for Mathematical Geology 1998 Annual Meeting (IAMG'98), Ischia, Italy, pp.204-211.

Das, S.K., Basudhar, P.K., 2008. Prediction of residual friction angle of clays using artifical neural network. Engineering Geology 100 (3e4), 142e145.

Ermini, L., Catani, F. and Casagli, N., 2005, "Artificial neural networks applied to landslide susceptibility assessment" Geomorphology, Vol. 66, No. 1-4, pp.327-343.

Ferreira, C., 2001, "Gene expression programming: a new adaptive algorithm for solving problems" Complex Systems, Vol. 13, No. 2, pp.87-129.

Garg, A., Garg, Ankit, Tai, K., Sreedeep, S., 2014, An integrated SRM-multi-genetic programming approach for prediction of factor of safety of 3-D soil nailed slopes. Engineering Applications of

Artificial Intelligence 30, 30e40.

Hall M., and Holmes G,, 2003, Benchmarking Attribute Selection Techniques for Discrete Class Data Mining, IEEE TRANSACTIONS ON KNOWLEDGE AND DATA ENGINEERING, Vol. 15, No. 3.

Pourghasemi H.R., Jirandeh A. G., Pradhan B., Xu C., and Gokceoglu C., 2013, Landslide susceptibility mapping using support vector machine and GIS at the Golestan Province, Iran 2, Journal of Earth System Science, 122(2), 349-369.

Holte, R.C., 1993, Very simple classification rules perform well on most commonly used data sets. Machine Learning, 11(1), 63-90.

Hwang S.G, Guevarra IF, Yu BO., 2009, Slope failure prediction using a decision tree: A case of engineered slopes in South Korea. Engineering Geology 104(1-2): 126-134.

Marjanović M, Kovaević M, Bajat B and Vít Voženílek V., 2011, Landslide susceptibility assessment using SVM machine learning algorithm; Eng. Geol. 123 225-234.

Neaupane, K.M. and Achet, S.H., 2004, "Use of backpropagation neural network for landslide monitoring: a case study in the higher Himalaya" Engineering Geology, Vol. 74, pp.213-226.

Oltean, M. and Dumitrescu, D., 2002, "Multi expression programming" Technical Report, UBB-01-2002, Babes-Bolyai University, Cluj-Napoca.

Priest S.D., 1993. Discontinuity analysis for rock engineering. Chapman & Hall, London, p.473.

Pourghasemi, H.R., Jirandeh, A.G., Pradhan, B., Xu, C., Gokceoglu, C., 2013. Landslide susceptibility mapping using support vector machine and GIS at the Golestan Province, Iran. J. Earth Syst. Sci. 122, 349-369.

Quinlan J.R., 1986, Induction of decision trees. Mach Learn 1(1): 81-106

Quinlan, J.R., 1993, C4.5: Programs for Machine Learning, Morgan Kaufmann.

Rezania, M., Javadi, A.A. and Giustolisi, O., 2008, "An evolutionary-based data mining technique for assessment of civil engineering systems", Journal of Engineering Computations, Vol. 25, No. 6, pp.500-517.

Samui, P., 2008, Slope stability analysis: a support vector machine approach, Environmental Geology, 56: 255.

Samui, P., Dixon, B. 2012, Application of support vector machine and relevance vector machine to determine evaporative losses in reservoirs. Environmental Geology 56 (2), 255e267, 35.

Shahin, M.A., Jaksa, M.B., Maier, H.R., 2001, Artificial neural network applications in geotechnical engineering. Australian Geomechanics 36 (1), 49-62.

Shahin, M.A., Jaksa, M.B., 2005, Neural network prediction of pullout capacity of marquee ground anchors. Computers and Geotechnics 32 (3), 153-163.

Shannon, C.E., 1949. A Mathematical Theory of Communication. The Bell System Technical Journal 27. 379-423.

Wang, H.B., Xu, W.Y. and Xu, R.C., 2005, "slope stability evaluation using back propagation neural networks" Engineering Geology, Vol. 80, pp.302-315.

Witten I.H, Frank E., 1999, Data Mining: practical machine learning tools and techniques with java implementations. Morgan Kaufmann Publishers, San Francisco, p.416.

Witten I.H., Frank E., 2005, Data Mining: Practical Machine Learning Tools and Techniques. 2nd edition. Morgan Kaufmann Publisher, p.524.

Wright D.F., Bonham-Carter G.F., 1996, VHMS favourability mapping with GIS-based integration models, Chisel Lake-Anderson Lake area, in : Bonham-Carter, Galley, and Hall (eds.): EXTECHI:A multidisciplinary approach to massive sulfide research in the Rusty Lake-Snow Lake greenstone belts, Manitoba. Geolocical Survey of Canada, Bulletin 426: 339-376.

Yeon Y.K, Han, J.G. and Ryu, K.H., 2010, "Landslide susceptibility mapping in Injae, Korea, using a decision tree". Engineering Geology, Vol. 116 (3-4), pp.274-283.

Wolf, Paul R. and Dewitt, Bon A. (2000), "Elements of Photogrammetry: with applications in GIS (3rd Ed.)", McGraw-Hill, USA.

정사범, 송용근, 2015, 데이터마이닝 개념과 기법, p.864, 에이콘, 원작 Data Mining: Han J., Kamber M., Pei J.

임재형, 2018, 스마트폰을 이용한 3차원 공간정보 획득 시스템 개발; 충남대학교 박사학위 논문, p.212.

■ 찾아보기

기타

■ 저자 소개

황상기

학력

고려대학교 이과대학 지질학 학사(1973.3.-1980.9.)

캐나다 Acadia University 구조지질학 석사(1982.9.-1985.9.)

캐나다 UNB 구조지질학 박사(1985.9.-1990.2.)

주요 경력

한국자원연구소(현 한국지질자원연구원) 선임 연구원(1990.8.-1996.2.)

현 배재대학교 공과대학 건설환경철도공학과 교수(1996.3.-)

암반 구조

초판인쇄 2019년 5월 20일
초판발행 2019년 5월 30일

저　　자 황상기
펴 낸 이 김성배
펴 낸 곳 도서출판 씨아이알

책임편집 박영지, 최장미
디 자 인 김진희, 윤미경
제작책임 김문갑

등록번호 제2-3285호
등 록 일 2001년 3월 19일
주　　소 (04626) 서울특별시 중구 필동로8길 43(예장동 1-151)
전화번호 02-2275-8603(대표)
팩스번호 02-2265-9394
홈페이지 www.circom.co.kr

I S B N 979-11-5610-756-9 93530
정　　가 33,000원